中国高等院校艺术设计专业系列教材

电脑图文设计

赵海频　金琳 编著

上海人民美術出版社

目录

序

十年前，电脑图文设计软件的使用在国内还是刚刚兴起，甚至还是很多设计人员的瓶颈。但到了今日，这些软件都成为了设计工作者非常通用的基本工具，也为设计师的创作如虎添翼。本书的编著者均是从事电脑图文设计的资深教师，在总结了十年的教学经验，参考了国际流行的先进技巧，并结合诸多实战案例，编著了这本图文并茂、案例丰富、具有实战性的教材。

本书共分九个章节，重点围绕Photoshop以及Illustrator两个软件的基础使用以及综合使用来进行教学。

第一章讲解电脑图文设计的基础概念，有关电脑系统、硬件配置；点阵图与矢量图的特点；像素和分辨率的基础；以及在设计中常用的文件格式和输入输出的方法。

第二章介绍Photoshop和Illustrator的基础知识。

第三章围绕电脑图文设计中的色彩的模式，展开讲解有关专色、评估色彩、RGB及CMYK颜色的使用的关键知识。

第四章以Photoshop为中心，讲解修饰和增强点阵位图的方法。主要内容有裁切图像、调整图像的整体色调和颜色、利用相片特效来修复照片、手动修正图像等。

第五章同样是基于Photoshop的使用，讲解对图像进行合并的诸种方式。在这一章里，讲解了Photoshop中以图层和蒙版为核心的使用技巧。图层和蒙版是Photoshop中最实用和最重要的工具，结合这两个调板的功能，可以获得更丰富多样的合成图像。

第六章绘图和第七章的图形和路径这两章都是从Photoshop和Illustrator这两个软件分别展开讲解，同时包含了这两个软件的相关内容。由于Photoshop和Illustrator软件都是由Adobe公司开发的，所以在基于矢量的绘图和图形工具的应用基本相似，所以作者在此将这两个软件一起讲解，使学生可以更快和便捷地同时掌握这两个软件中的绘图方法。

第八章文字和排版分别讲解了在Photoshop和Illustrator中文字的使用以及单页排版的功能。

第九章主要讲解两个软件之间的切换以及文档整合的综合使用。

书中一至九章由浅至深循序深入，而每个章节都有各自重点，并都配有相应案例，便于学生通过案例进一步掌握技巧。同时遍布全书还有许多小技巧、小贴示，使学生能够更快地掌握具有实际操作性的技能。

编者

2006年6月

第一章　电脑图文设计的基础概念

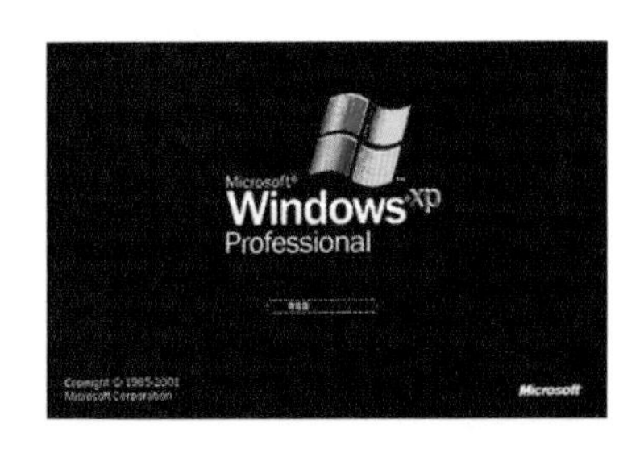

Windows 系统和 Mac 系统

图形的发展可以说与人类的发展息息相关，人类从古至今利用各种工具来绘制图形，例如：利用木片在泥板上刻画，使用笔和颜料在墙或纸上绘画图形，等等。现代社会，随着科学技术的不断进步，从上世纪80年代末90年代初开始，计算机逐渐在设计领域里被广泛运用。利用计算机进行图像编辑、图形制作、图文合成已经是平面设计师所必需掌握的能力。电脑图形设计也就是利用计算机数码系统，运用各类图形图像设计软件进行图形图像设计的设计手段。

一、电脑系统要求与硬件配置

对于电脑图形设计来说，必备的工具就是电脑。用于图形设计的电脑和一般的民用级电脑配置有所不同，其针对图像显示的要求更高，必须储存更多的图像显示信息，同时可以打开多个图形图像编辑软件进行同时操作使用，或者在同一个软件中同时打开多个图形图像文件。此外，图像图形设计软件具有图层和Undo（恢复上一步）的特性也需要大量的运算和储存空间。

操作系统——使用的电脑可以是MAC机，也可以是PC机。

对于MAC机，至少需要G3的8.6运行系统以及至少64MB的内存（运行Mac OS X时建议配置128MB的内存）。在PC机的Windows98、Windows 2000、Windows XP、Windows NT、操作系统上进行电脑图形设计至少需要一台奔腾200MHZ的IBM兼容机或者配置更高的至少64MB以上内存（推荐使用128MB内存）的机器。对于这两种操作系统，运行要求最低的安装程序需要200MB的硬盘空间。

显示器——至少能显示800×600像素和8位色（256色）或更高，目前大多数的显示器最少可以显示16位色。

二、矢量图形与位图

矢量图（Vector）与位图(Bitmap)，是电脑图形设计中经常会碰到的两种图的样式，矢量图是电脑系统里的“图形”概念，点阵位图是电脑系统里的“图像”概念。本书中的电脑图形将包含这两个概念。

● 矢量图（Vector），即图形，又称作向量图。

矢量由数学对象所定义的直线和曲线组成。矢量根据图形的几何特性来对其进行描述。矢量处理只记录凸现内容的轮廓部分，而不存储图像数据的每一点。对于一个圆形图案，只存储圆心的坐标位置和半径长度、圆形边线及内部的颜色。例如，矢量图形中圆形按某一半径画出，放置在特定位置并填充特定的颜色，其间，移动或者缩放这个圆或

矢量根据图形的几何特性来对其进行描述。矢量处理只记录凸现内容的轮廓部分，而不存储图像数据的每一点。

者更改这个圆的颜色都不会降低图形的品质。用矢量记录几何图形，可以节约存储空间。如果用矢量记录一幅内容复杂、形状多变的画面，其计算时间和文件大小要远远小于该图形作为位图的文件形式。

对于矢量图编辑的是对象和形状。矢量图形和分辨率没有关系，可以将其缩放到任意大小在输出设备上打印出来，都不会遗漏细节或清晰度。矢量图在图文编辑上对于文字的编排尤其擅长。

● 位图（Bitmap），即图像，又称为光栅图或者点阵图。

位图是电脑显示图像最通用的方式。其含义是将一幅图像分割成若干栅格，每一栅格的位置和显示属性都单独记录。这些小方形网格（位图或栅格）也就是像素，是用来代表图像，每个像素都被分配一个特定位置和颜色值。例如，在位图图像中，圆是由该位置的像素拼合而成的。在处理位图图像时，编辑的是像素而不是对象或形状。

位图图像作为庞大的点的集合而被存储和显示。一定尺寸的图像被想象成许多行和许多列的方块点状的像素的集合，根据分辨率的高低像素集合的数量也有多寡之分，相同面积的尺寸如果像素量越多，图像的颗粒也就越精细，效果也就越好。

如果图形是彩色的，每个像素由亮度（intensity）、色调（hue）、饱和度（saturation）三个属性来决定其色彩特性。通常，位图适合表现具有复杂的颜色、灰度变化的图像，以及表现阴影和色彩的细微变化的图像，如照片、绘画和数字化的视频图像。

三、像素大小

1、像素（Pixel）

原始的灰度或彩色照片都具有连续的色调，即在相邻的颜色或阴影之间是平稳过渡的，可是，计算机不能理解任何连续的东西，信息被分成可以进行处理的独立单元，像素（图形元素）就是可以用来度量图像数据的最小单元。所有数字图像显现的复杂性就在于使用这些单独的不连续的小元素去仿真连续的色调。

在点阵位图中的每一个像素有四个基本特性：大小、色调、色深度和位置，这四个属性都有助于从不同的角度定义分辨率。

2、像素尺寸

同一幅图像中的所有像素的尺寸都是一致的。一开始，像素的尺寸是由扫描图像时，即用数字化方法捕获图像时使用的分辨率确定的，例如:600ppi扫描分辨率就表示每个像素只是六百分之一英寸。输入分辨率越高，像素就越小，这就意味着每个度量单元具有较多的信息和潜在的细节，色调看起来就比较连续；分辨率低，就意味着像素越大，每个度量单元的细节就越小，因而看起来有些粗糙。一幅图像中的像素尺寸和数量组

矢量图形中圆形按某一半径画出，放置在特定位置并填充特定的颜色，其间，移动或者缩放这个圆或者更改这个圆的颜色都不会降低图形的品质。用矢量记录几何图形，可以节约存储空间。

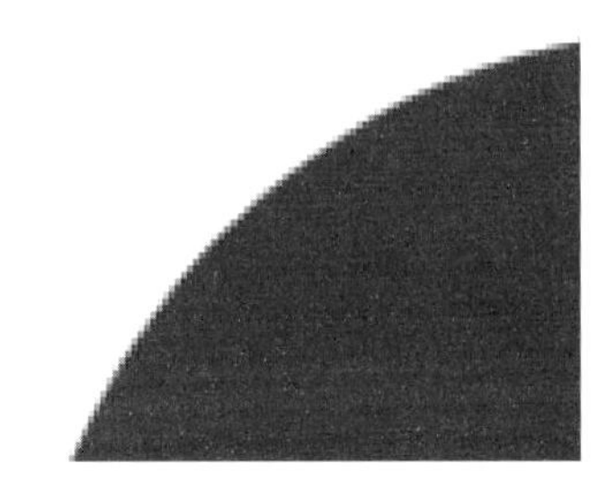

在位图图像中，圆是由该位置的像素拼合而成的。

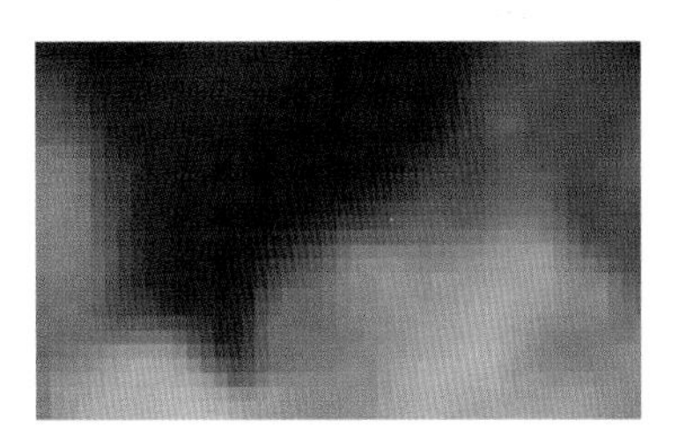

在点阵位图中的每一个像素有四个基本特性：大小、色调、色深度和位置，这四个属性都有助于从不同的角度定义分辨率。

同一幅图像中的所有像素的尺寸都是一致的。像素（图形元素）是用来度量图像数据的最小单元。所有数字图像显现的复杂性就在于使用这些单独的不连续的小元素去仿真连续的色调。

在Photoshop中的Image Size对话框顶部的Pixel Dimensions选项区，可以看到压缩的图像文件在打印或屏幕显示时的大小。还可以看到以像素为单位的宽度和高度。

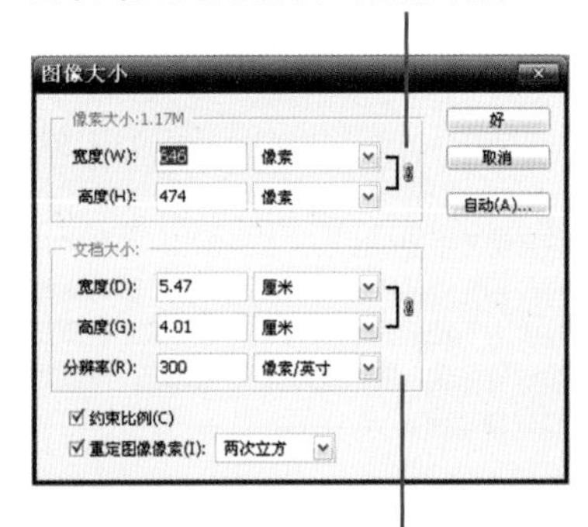

在对话框的Document Size选项区，可以看到宽度、高度以及用每英寸或者每厘米的像素表示的分辨率。当改变Document Size选项区的任何数字的时候，结果取决于是否打开了Resample Image（重定图像像素）选项。

- 如果没有选中重定图像像素，则改变框中的设置不会改变文件中的像素数量，因而也不会改变文件尺寸。
- 如果选中重定图像像素选项，则改变尺寸或分辨率中的某一个不会引起另外一个跟着进行补偿性的变化。相反，图像会重新采样，文件的大小将会改变。

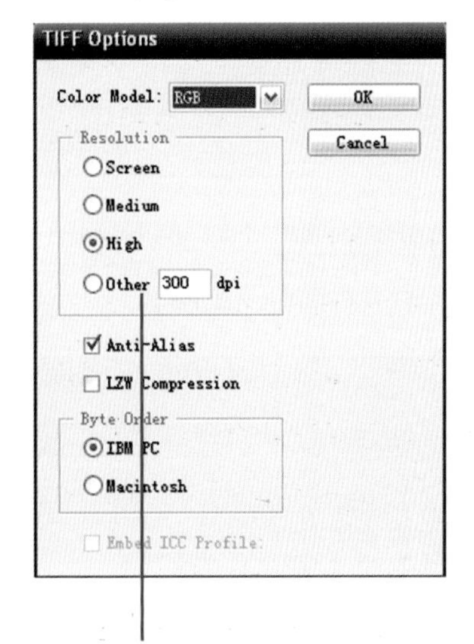

在Illustrator中，在进行位图输出的时候会遇到分辨率设定的问题（File/Export），我们可以设定输出图像是哪种分辨率模式的。

合在一起就确定了它所包含的信息总数。在制作过程中，只要改变分辨率就可以改变像素的大小，如果是输出用来印刷的，那么改变分辨率就自动地改变了印刷品的尺寸。

3、像素的颜色或色调

扫描仪或者数码相机将一个颜色或灰度值赋予图像中的每一个像素，当像素很小，而前相邻像素的颜色或色调变化很小时，就会造成一种连续色调的幻觉。使用具有低噪声系数和宽动态范围的设备扫描的图像会呈现一种非常自然的连续色调，这是因为它们包括了从亮到暗特别宽的色调范围。

4、色深度

一个单独的像素只能赋予它一个值，而且正是数字化设备的位深度或色深度确定了有多少种潜在的颜色或色调可以用来赋值。每增加一位虽然可以增加相邻颜色和色调之间过渡的平稳性，但却要求更多的数字储存空间。

5、像素位置

一幅光栅图像仅仅是一个包括很多单个像素的网格每个像素在网格内都有一个可定义的水平和垂直位置。在大多数主要的图像编辑程序中，只要图上移动一种称为滴管（Eyedropper）的工具，就可获得任何一个像素的坐标位置。网格的物理尺寸由像素的总数和分辨率确定，它又去确定各像素的相对位置。

四、分辨率

在具体的工作中，可能会遇到集中不同类型的分辨率，例如，输入（扫描）分辨率、光学分辨率、内插分辨率、图像分辨率、监视器分辨率、输出分辨率、打印机分辨率等。这些五花八门的用途拥有一个共同的特性，即都涉及到数字信息的数量和密度。这些不同的分辨率要么与用来测量信息密度的设备类型有关，要么与生产过程中不同的测量阶段有关，可以概括如下：

1、输入或扫描分辨率

是指在每英寸或每厘米原始图像上一台平板扫描仪、透明介质扫描仪，或者鼓形扫描仪捕获的信息量，输入分辨率随着每一次的扫描而不同，它只受到具体扫描设备所具有的最高光学分辨率或内插分辨率的限制。

2、光学分辨率

是指扫描仪或无胶片照相机的光学系统可以采样的最大信息量或最高信息密度（对于扫描仪是指水平的每一英寸或厘米，对于无胶片照相机则表示为一个固定的量）。

3、内插分辨率

使用于制作过程的输入和输出阶段。在输入情况下，内插分辨率是指在固件或软件算法的帮助下扫描仪可以模拟的最高信息密度，如果为了输出而已经数字化的图像没有足够的信息量去满足高质量印刷的要求，就可以采取分辨率内插法，增加一些新的像素去提高分辨率和尺寸。内插法总是会影响图像的整体性，因而尽可能地在输入和输出阶段避免使用它。

4、图像分辨率

可以在制作过程中的任何一个阶段定义数字图像的总信息量，并用像素表示(例如512×768)。当你接收时已经被扫描的Photo CD图像可以按五种或六种不同的图像分辨率进行下载。无论采用何种介质，当你确定一幅图像是否包含高质量输出所需的信息量时，图像分辨率也是很重要的。

5、监视器分辨率

是指计算机屏幕上一次可以显示的总信息量（例如1024×768像素），或者是指监视器在水平方向每一英寸的点数(例如72dpi)。显示器分辨率只会影响最终用户使用图像工作时的方便性，不会影响图像数据的输出质量。

6、输出分辨率

只适用于打印项目或印刷作业，它表示将最终文件发送到激光照排机或打印机去时所需的每英寸像素数（ppi或dpi)。印刷复现方法、挂网约定、选定的输出设备的分辨率等综合在一起可以决定图像的确切输出分辨率。如果事先知道了所期望的输出分辨率、网目版的网线密度、印刷品的尺寸、原始图像的尺寸等，就可以推导出原始图像所需的正确扫描分辨率。

6、打印机分辨率

可用来度量输出设备在水平和垂直方向可以产生的每英寸点数。打印机或激光照排机的分辨率越高，它所产生的点就越小，其结果图像的色调看起来就越具有连续性。打印机分辨率限制了打印中可以复现的单种颜色的最大数量。

五、电脑图文设计的常用软件

1、位图编辑类软件

- Adobe Photoshop

Adobe Photoshop 软件，结合捆绑的Adobe ImageReady软件，可以应用于PC和MAC电脑，其文档psd格式在这两类机器上是通用的，此软件成为应用于台式电脑的最强大的视觉传播工具之一。可以进行图像编辑处理，合成纹理、图案、各种视觉图像和各种图片特效处理，以应用于照片、印刷、插图、网络、电视和电影上。

- Painter

Painter是连接传统绘画方法和计算机中的绘画工具与方法的桥梁，通过此软件的各种笔头工具以及自然介质的工具，来模仿真实的绘画，运用Painter可以制作手绘效果很强的作品。

2、矢量图型编辑软件

- Adobe Illustrator

Adobe Illustrator是和Adobe Photoshop有着类似界面的进行矢量图形编辑的软件，和Photoshop结合在一起使用，可以更好地创建图文混排的效果。

- CorelDRAW

CoreDRAW和Illustrator一样，是矢量图形编辑软件，但是它同时还捆绑着CorelPAINT，可以同时编辑位图文件。

- FreeHand

FreeHand同样也是一个矢量图形的编辑软件，和上述两个软件一样，三者的之间运用在平面设计的技术没有什么特别的争议，只是看使用者的个人喜好而已。

- Mecromedia Fireworks

Mecromedia Fireworks是相对网络图形制作的一个矢量图形编辑软件。

3、排版软件

Adobe PageMaker、Adobe Indesign和QuarkXpress这三个软件是比较通用的排版软件，用来处理大量的文本和图片混排的工作，在利用模板和文本格式的技术上各有所长。

我们通常利用这几个软件来进行杂志或书本的专业排版工作。

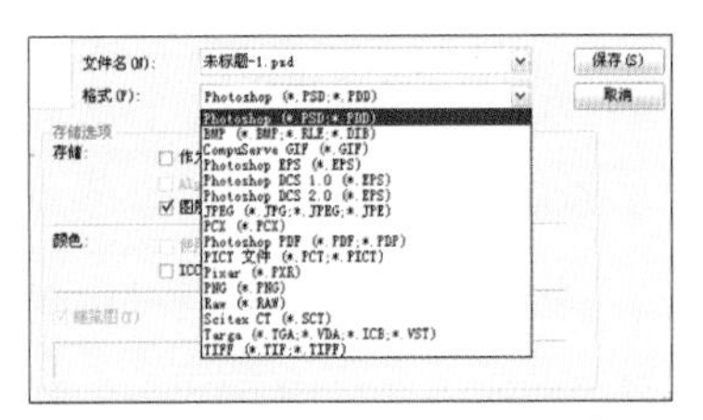

Photoshop 中的 Save As(另存为)对话框，在格式的下拉菜单中罗列着通用的格式。

Illustrator 中的 Export(导出)对话框，在格式的下拉菜单中罗列着通用的格式。

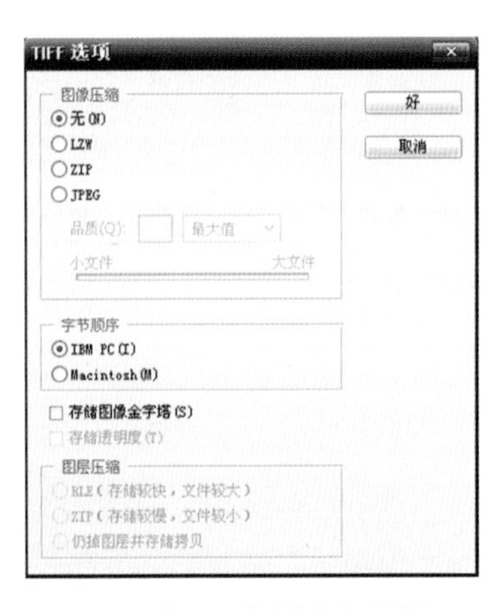

Photoshop 中 Tiff 格式的保存对话框，可以选择是否进行压缩或者将在哪个电脑系统中运用。

Adobe Photoshop 中可以使用的各个 EPS 格式选项，它们可以综合地支持对 EPS 文件印刷（或打印）方法的控制。让我们简要地查看其中的某些选项和了解它们是如何影响EPS文件中的信息的。

六、电脑图文设计的常用格式

当图形或者图像制作完毕之后，我们就要对文件进行存储，在Photoshop中,我们通常运用Save(储存)或者Save As(另存为)进行文件的储存(即作为和当前文档格式不同的另外一个文档进行储存); 而在Illustrator中，除了以上两个存储的方式之外，我们还可以通过Export(导出)进行位图的输出。以下是电脑图文设计中的一些常用的格式

1、PSD(.psd)

(photoshop 文件）格式属于photoshop的编辑格式,在保存的时候同时保留了图层、通道、路径、可编辑的活动文字、样式以及注释。使得文档能够再次编辑更为方便。

PSD格式在photoshop和painter软件中是通用的。

2、TIFF(.tif)

(Tagged Image File Format)格式专门为页面排版开发的，所有主要的图像编辑、作图、页面合成软件都支持它，而且在多个平台上都是可读的。

TIFF 格式有如下优点：

利用支持它的应用程序可以保存alpha通道的信息

利用 LZW（Lempel-Ziv_Welch）编码法压缩文件，这是一种无损型压缩，不会破坏任何数据或恶化图像质量。LZW 压缩法数据的比例只为2：1。可以将文件保存成能在特定平台上使用（MAC 和 PC 的 TIFF 格式是不同的，它们的数据排列顺序不一样）。大多数页面排版应用软件可以打开为任何一种平台生成的 TIFF 文件。但只要有怀疑，就可以采用页面排版软件将要使用的平台的TIFF 格式保存文件。

当采用TIFF格式保存CMYK图像是，就应考虑预分色。目前，大多数页面排版软件都能支持输入的CMYK TIFF图像的自动分色。在将 RGB TIFF 图像变换成CMYK方式之前，一定要确保已为印刷机正确地设置了分色信息（UCR、GCR、黑色生成等）否则，印刷后的色彩就不是你所期望的颜色。

提示 很多彩色图片中心和服务中心比较喜欢接受使用TIFF格式的预分色CMYK文件，因为一般情况下，这类文件较短，利用激光照排机处理所花的时间要比EPS文件少。

3、EPS(.eps)

EPS（Encapsulated PostScript，压缩PostScript）格式(在PC平台上缩写为.eps，再MAC平台上缩写为.epsf)是另一种跨平台的标准。开始时的想法是打算用一种可以输出到其它作图软件或页面排版程序的方法保存向量图形，但这种格式的定义从一开始就被扩展成包括光栅图像在内。EPS与TIFF一样，特别适合于印刷（或打印）输出，但由于它起源于PostScript，因而可保存其它一些信息类型，使得它在某些情况下优于TIFF格式。当你需要保持

下列类型的信息时，请使用EPS格式保存文件：

- 双色调、三色调、四色调曲线
- Alpha 通道（也可以用 TIFF 格式）
- 分色（也可以用 TIFF 格式）
- 剪辑路径

只适合于具体图像、不适用于印刷资料整体定制的挂网信息和色调曲线信息。

提示：点阵 EPS 图像不同于向量 EPS 图像，不可能无限制地放大，否则就会冒降低图像质量的风险。

说明：EPS 的保存（save）选项将随应用软件的不同而不同。

4、JPEG(.jpg)

JPEG 是 Joint Photographic Experts Group(联合摄影专家组)的简写，它负责开发这一压缩标准。通过主机软件，用户可以选择 JPEG 压缩比，从 2:1（真正的无损压缩）到约 40:1。在某些软件中，如 Adobe Photoshop，不能选择压缩比，但可以用来选择质量级来代替。随着压缩比的增加（或质量级的降低），所产生的文件就越来越短，图像中的数据就丢失得越多。

当采用JPEG保存图像时，就在8×8像素单元内产生压缩。首先将每个单元内的颜色进行比较，查看其雷同的值，只有那些差异较大的值才存储（选择的压缩比越高，看作是雷同的颜色值范围就越宽，丢弃的颜色值的数量就越多）。当再次打开文件和解除压缩时，每个单元内的所有像素只赋予一个颜色值，即压缩时认为是雷同的颜色值。

估计一幅具体的图像可以采取多高的JPEG压缩比可以有两个因素，它们分别是颜色的内容和原图的扫描分辨率。如果图像中感兴趣的细节由单一颜色块组成，那么就可以使用较高的压缩比，这时仍然不会产生很大的变化，因为图像中的颜色值都比较雷同；如果一幅图像的色块是平滑的连续的，那么高的压缩比很可能会丢失重要的缓变而造成齿形或明显觉察细节丢失。由于同样的原因，以高分辨率扫描的图像比用低分辨率扫描的图像可以承受更高的压缩比，因为在每英寸直线上包含了较宽的颜色值范围。

提示：JPEG压缩的图像可以存储多次。只要每次都使用相同的压缩比即可。如果每次保存时采用不同的压缩比，就会造成图像质量严重的降低，这时因为其算法会丢弃越来越多的数据，使得一些柔和的细节失去图像原有的面目。

在某些软件中，如 Adobe Photoshop，不能选择压缩比，但可以用来选择质量级来代替。

在 Photoshop 中导出为 web 用格式的界面，在这里可以按需要设定导出的图片为 jpg、gif 或者 png 格式，同时，可以设定颜色数以减小文档尺寸以适应网络的需要。

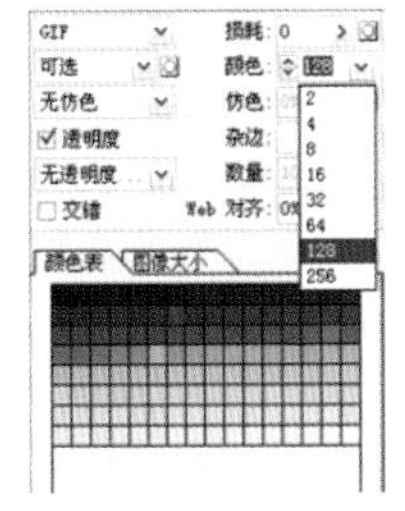

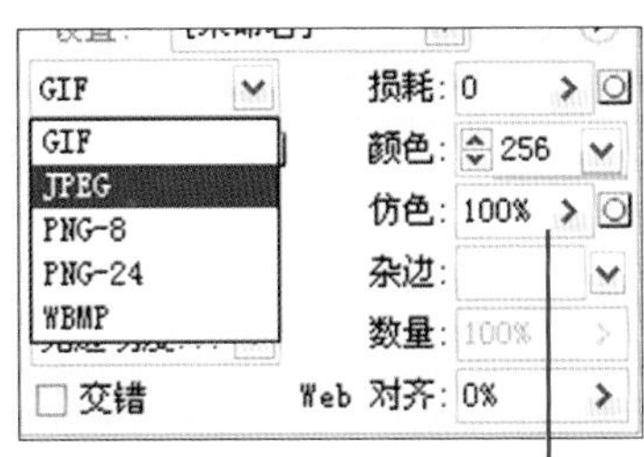

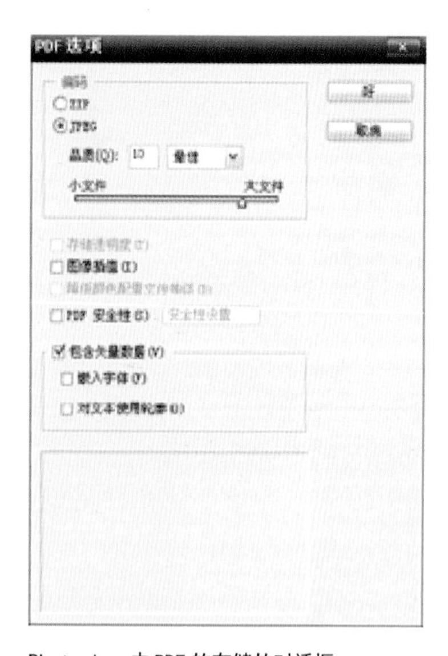

Photoshop 中 PDF 的存储的对话框

在 Photoshop 中，可以打开嵌在 PDF 文件内的单个图像，首先选择 File（文件）/ Import（导入）/PDF Image（PDF 图像）菜单命令并且选择一个 PDF 文件，打开 PDF Image Import 对话框。在其中选择置入的图片，如上图所示。另外也可以通过 File（文件）/ Automate（自动）菜单下的 Multipage PDF to PSD（多页面 PDF 到 PSD）命令把一个PDF文件的每一页都转化为单独的 Photoshop 文件，且每个文件名都包扩了一个序列号。

5、GIF（.gif）

GIF图像是经常被选择作为Internet上大多数非摄影图像的文件格式，与TIFF、PICT、或 JPEG 类似，以 GIF 格式保存文件可以融合图层和背景。对于颜色单调的图片和小的元素是很好的，但是对于大照片效果很差，因为它最多只支持 8 位颜色（256 种颜色），并且压缩方法是对颜色单调区域优化的，所以，对于颜色单调的图像，GIF 是较好的格式，可以通过减少GIF文件中的颜色来进行。但是，它却允许有限的透明度，因此可以用web页面背景来映衬图片，同时，GIF 格式是支持动画的。

6、PDF 格式

Photoshop PDF是非常灵活的文件格式，可以用诸如 Adobe Acrobat PDF的浏览器阅读文件。和PSD格式一样，它也能够保存图层、通道（包括Alpha和专色通道）。当我们以PDF格式保存文件时，会弹出PDF Option对话框，在对话框中选择 Include Vector Data 将保留路径和文字为向量（非像素）信息。

选择Embed Fonts（嵌入字体）或 Use Outlines For Text（对文本使用轮廓）选项：

- 选择Embed Fonts选项保证了文字将会按照设计的样子显示。
- 如果嵌入文字过大，可以用过选择Use Outlines For Text来保存文字边界。
- 如果两个选项都没有选，那么在PDF浏览器中文字仍然能够被编辑。

7、PC 格式

BMP、PCX和Targa都是通常应用在DOS和Windows操作平台的图片格式。BMP（位图的简写）是一种基于Windows的图形文件格式，PXC是PC Paint-brush的原有格式。这两种格式都不支持图形或者蒙板。Targa是广泛用于生成复杂的 24-bit 图形的一种形式，在制作导入Windows动画软件中多个文件时，经常用到 Traga 格式。

七、输入形式与输出形式

1、扫描和其他输入形式

扫描仪——台式、中等和高端的——把照片变成了可以在Photoshop中处理的图像文件。扫描的色彩数越高，可以记录的阴影和高光细节就越多。Photoshop 可以使用额外的信息来帮助微调颜色和色调，也可以在导入Photoshop以前，试用扫描仪本身的软件进行修改。

2、设置扫描仪

扫描仪可以让你扫描图片，这样就可以确认自己希望扫描的区域。然后可以根据指定需要的颜色模式和扫描分辨率（dpi），如果最终打印文件和原始图像大小不同，还可以输入比例因子（百分比）。

要算出保证打印效果需要的扫描分辨率，可以将分辨率（网格荧屏内每英寸的线数，即 lpi）乘以 1.5 或 2。1.5 倍数（例如，1.5 x 150lpi=225dpi 的文件）可以使那些没有严格的几何图案、清晰的色彩边界或特别细腻的细节的自然风景照片打印效果良好，而2倍乘数(一般试用 2 x 150lpi= 300dpi）是另一些容易产生直线和尖锐颜色中断的人工结构，或包含注入静止睫毛的“美人”特写照片打印效果很好。倍数超过2以后，再增加文件的尺寸就不会明显改善照片效果了。注意：对于同一份文件，分辨率放大2倍还是1.5倍，产生的文件大小差别将是2倍，如果你并不是真正需要的话，它将是额外负担。

如果是计划试用扫描图片来设计网页，那么两倍或四倍于最终需要的 72dpi 的分辨率扫描，是非常好的方法。文件越大，选取也会越容易，细致线条图最终看起来会更光滑，而且将来还可以把它应用于其他目的（较高分辨率）。

3、其他的输入方式选项

除了通过扫描输入图像以外，还可以购买照片集以及其他已经扫描并存储在光盘上的美术作品。

- 柯达的Photo CD、Picture CD以及Pro Photo CD技术提供了一种廉价和便利的技术，可以从存储在一张压缩盘上的胶片（35毫米底片、幻灯片甚至更大格式的胶片）中获得图片。如果把图片存储成以上的某种格式，最廉价和容易的方法就是把曝光图片交给提供柯达服务的照相冲洗店，尽管也可以使用已经制成的幻灯片或底片。光盘上的图片相对而言扫描质量高，并且以高效的方式压缩和存储，因此可以选择不同的分辨率或文件尺寸来打开它们。还有很多其他光盘图片格式，它们的质量也各不相同。

- 数码相机完全避免了使用胶片，并将图像存成数码图像格式，它是另外一种提供Photoshop操作对象的潜在资源。很多数码相机有USB接口，可以像硬盘驱动器一样，直接把图片载入桌面或Photoshop。数码相机的性价比也在不断提高。例如一个四百万像素的数码照相机所生成的图像，对于在台式打印机上以11×14英寸的尺寸打印具有胶片质量的图像，已经足够大了（超过10MB）。如果用类似于Alta Mira的Grnuine Fractals (www.genuinefractals.com) 放大技术，还可以打印出更大的图片。

低像素的数码相机产生的图像质量则不如胶片。但是，如果只是用于网络或一般图像说明还是完全可以的，因此在这种情况下，快速地得到图像比图像质量更为重要。

当扫描仪显示图像预览时，使用扫描软件的裁切工具来确认要扫描的区域。

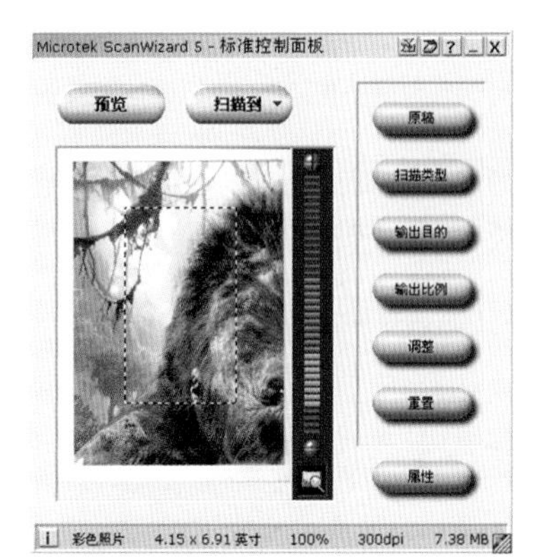

对于彩色扫描，可以设置扫描类型、调整扫描仪的分辨率和缩放设置。很多台式和其他类型的扫描仪都有内置的消网算法，用来消除莫尔纹。

利用高质量的数码相机，拍出来的图像比通常使用胶片生成的图像更清晰。

● 视频文件——直接来自摄像机或录像带——可以通过选择Photoshop中的File/Import菜单命令导入Photoshop，该命令使用视频捕捉卡提供的插件模块，实现软硬件的结合来获取信号或图像。

4、输出：校样和打印

文档制作完之后，可以在能够接受数码输入或胶片记录（如幻灯片的底片或正片）的设备上打印，例如：喷墨打印机、热转移打印机、热升华打印机以及激光彩色打印机等等。一般来说，喷墨、热转移以及热升华打印稿用于显示通常情况下在平板印刷机上打印的图像和颜色效果，也可用于获得某种特殊的艺术打印效果。

5、色彩打印

许多类型的打印涉及到四色处理方法的使用，或称为CMYK（青，品红，黄，黑）油墨和染色。

6、输出中心精美艺术打印

许多艺术家选择输出中心，或者是精美艺术版画复制输出的印刷商。

习　题

1、矢量图型点阵位图的区别？
2、如何定义像素点？其包含哪些内容？
3、什么是分辨率？各有哪些分辨率类型？
4、我们通常使用的电脑图文设计的软件有哪几类？各有什么代表软件？
5、电脑图文设计的常用文件格式是哪些？PSD、TIF、JPG文档各有什么特点与侧重点？
6、我们可以通过哪些方式输入图像？
7、文档的输出有哪些方法？

实验题

1、请使用扫描仪练习如何扫描输入纸面图像。
2、请使用数码相机拍摄并将输入电脑。
3、请练习使用打印机将图像打印输出。

第二章 Photoshop和Illustrator基础

Photoshop是进行图像编辑的点阵软件，而Illustrator是进行图形绘制的矢量软件，两者虽然在图形图像的制作上侧重点各有不同，但是，由于两个软件都是由Adobe公司生产的，因此在软件使用界面上有着相似的地方，在文件的共享方面也比其他的点阵软件和矢量软件之间来的更方便，因此，本书也着重讲解这两个软件的使用以及他们之间的文件互转。

一、Photoshop基础

1、Photoshop 工作原理

初看，象其他计算机图像处理程序一样，通过操作工具以及在菜单、调板和对话框中作各种选择来使用Photoshop。但是对大多数工具和命令来说，在对图片进行修改之前，必须通过选择一个图层或它的一个蒙版，或有时在一个图层内确定选取来告诉Photoshop我们要修改图中的那些部分。如果不制作选区，Photoshop就假定我们不想限制自己的修改范围，从而把修改应用到正在工作的图层和蒙版上的所有地方。

2、什么是Photoshop 文件?

如果退回到大约十年以前Photoshop刚刚诞生的时候，回答“什么是Photoshop文件”会是一个非常简单的问题。它就是一张由单图层的图片元素或像素（简单地说即小的颜色方块）组成的数字图片。现在的Photoshop文件要复杂得多，功能也要强大得多。

我们可以把一个典型的Photoshop图像文件看作是多个图层的叠加，这有点像一个大的汉堡包。你在屏幕中见到或是打印出来的图像，就是从顶层向下看到的结果。除背景图层以外，每种图层都可以包含一个或两个蒙版——基于像素的图层蒙版和基于指令的图层剪贴路径。并且每个蒙版都能隐藏掉图层对整体图像文件的部分影响。所有这些图层，同样除背景图层外，还可以包括一个图层样式。该样式可以生成阴影、光亮、斜面、颜色以及图案填充，同时这些样式将与图层中内容的形状相匹配。

3、Photoshop 的用户界面

Photoshop的用户界面中显示了可以使用的工具和命令，下图是一种建立高效Photoshop工作环境的方式。

4、Photoshop 的新文档

启动Photoshop并不会自动新建文档。要建一个新的空白文档，在File（文件）菜单下选择New（新建）命令，在出现的New Document（新建文

Photoshop 的新文档界面

状态栏是一种关联调板，它提供了对应于激活工具或命令的各种选项。

File/Open菜单命令的快捷方式，通过按住Ctrl单击文件的标题来打开一个菜单，显示当前文件的位置和文件夹层次，这样就可以定位并打开另一个文件了。

通过将一个调板的标题签拖动到另一个调板上，可以实现调板的“嵌套”。单击某个调板就可使其显示在最前面。

如果显示器足够大，就可以把各种调板放置到选项栏的右端的井里，然后通过单击来使调板显示出来，便于视图的管理。存储在井里的调板在我们关闭工作窗口的同时关闭。

把比例设为100%将提供最精确的试图。如果为了看到图片的更多部分而不得不采用较小的放大率，可以选择50%、25%，或者其他100不断被2除的百分比。同样，当想放大焦距以获得较近的焦距的时候，可以采用100的整倍数的%，图示中左下角的缩放文本框内可以填入我们所需要的视图比例。

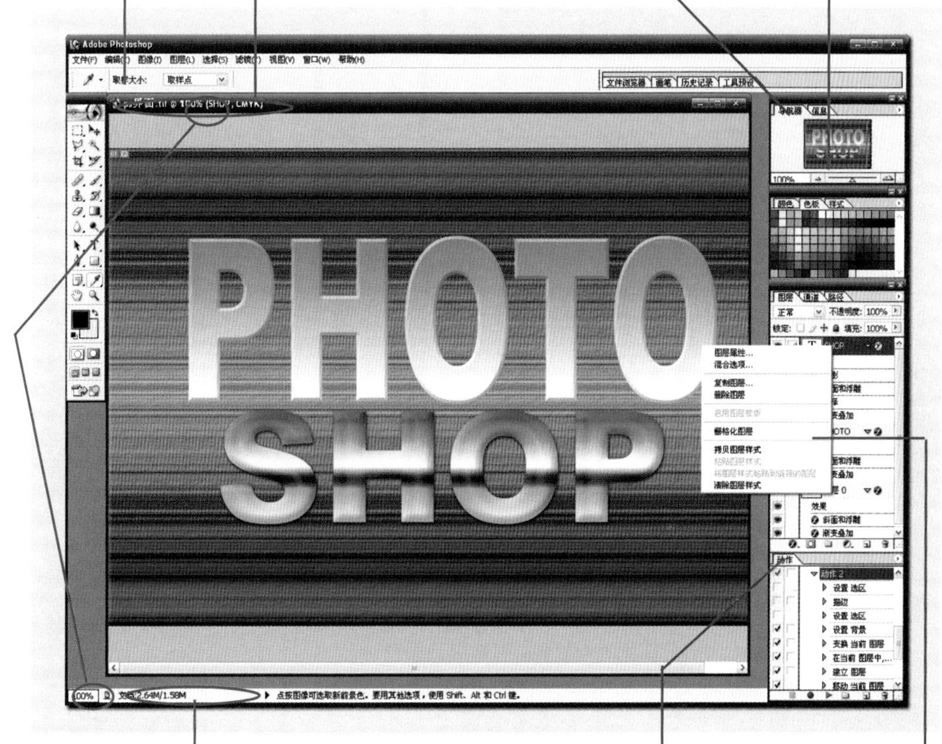

此微型框可以被设置用来查看文件大小、颜色配置文件、工作效率（指示Photoshop超出内存而不得不使用暂存盘空间的频率）以及其他的一些因素 。

通过把一个调板的标题签拖动到另一个调板的底部，直到出现双线，可以实现调板的首位相连，合并后的调板有共同的打开、关闭以及放大、缩小按钮。

几乎在任何对象的上面右击（或使用Mac单键鼠标按住Ctrl单击），都会弹出提供选择的关联菜单。

提示：

- 要在Photoshop中打开一个已经储存了的页面，可以通过双击用户界面的灰色桌面部分，就可以轻松打开Open对话框。
- 在调板中一旦新增加了自定义的笔头、颜色、样式或者动作等等，可以通过该调板的右上端的向右箭头内的下拉菜单中的存储功能把新增的内容进行存储，以便再次利用。

Photoshop工具箱

在使用选择工具的状态下，增加选择区域可按Shift键，减少选择区域可按Alt键，也可以利用选择工具的选项栏上的设置进行加减选择区域。

- 矩形选框工具 M
- 椭圆选框工具 M
- 单行选框工具
- 单列选框工具

- 套索工具 L
- 多边形套索工具 L
- 磁性套索工具 L

移动工具

在使用其他任何工具的情况下，按住Ctrl键就可以使工具变为移动工具。

魔棒工具

- 切片工具 K
- 切片选取工具 K

切片工具和切片选择工具以便在Photoshop中完成更多的网页准备工作。

裁切工具

- 画笔工具 B
- 铅笔工具 B

- 历史记录画笔工具 Y
- 历史记录艺术画笔 Y

- 修复画笔工具 J
- 修补工具 J

仿制图章工具需要用Alt快捷键来确认需要复制的像素

- 仿制图章工具 S
- 图案图章工具 S

- 渐变工具 G
- 油漆桶工具 G

- 橡皮擦工具 E
- 背景色橡皮擦工具 E
- 魔术橡皮擦工具 E

- 减淡工具 O
- 加深工具 O
- 海绵工具 O

- 模糊工具 R
- 锐化工具 R
- 涂抹工具 R

- 横排文字工具 T
- 直排文字工具 T
- 横排文字蒙版工具 T
- 直排文字蒙版工具 T

路径选择工具用于编辑和移动路径

- 路径选择工具 A
- 直接选择工具 A

- 矩形工具 U
- 圆角矩形工具 U
- 椭圆工具 U
- 多边形工具 U
- 直线工具 U
- 自定形状工具 U

Shape（形状）工具是基于矢量的图形工具。

钢笔工具用于创建路径和编辑路径上的节点

- 钢笔工具 P
- 自由钢笔工具 P
- 添加锚点工具
- 删除锚点工具
- 转换点工具

- 注释工具 N
- 语音注释工具 N

- 吸管工具 I
- 颜色取样器工具 I
- 度量工具 I

抓手工具

可以用抓手工具滚动在活动窗口中不能容下的图像，在使用抓手工具以外的任何工具的时候，只要按空格键，就可从键盘上选择抓手工具，来拖动图像。

双击抓手工具可以调整一幅图像以适合显示屏

标准模式

缩放工具

选中缩放工具，将其置于图像之上，单击一次，图像可以放大到200%的视图，按住Alt（Windows）或Option（Mac）键，缩放工具中间出现一个“－”，图像缩小。

同样的缩放功能也可以通过视图菜单的放大缩小命令来实现。

双击缩放工具，视图就可以回到100%的视图。

选色器

屏幕模式

有标准屏幕模式、带有菜单的全屏模式以及全屏模式三种模式形式，可以选择任意一款来满足自己的视屏需要。

快速蒙版模式

可以利用快速蒙版模式将选取边界转化为暂时蒙版。在蒙版模式下，Photoshop自动缺省为灰度模式。前景为黑色，背景为白色，我们可以使用绘图和编辑工具来修改快速蒙版，当再次回到标准模式的时候，会发现选区也相应地发生了变化。

用白色绘图可以清除蒙版（红色覆盖物）并增加选区；

用黑色绘图可以增加蒙版（红色覆盖物）并减少选区。

跳转到ImageReady

将当前文件跳转到ImageReady中打开，这样就能在ImageReady中为制作网页做准备了。也可以按照需要用ImageReady工具面板上的跳转按钮跳回到Photoshop。

Photoshop工具选项栏

选择任意一个工具之后，每个工具都会自带一个选项栏，可以通过选项栏的内容来设定该工具的特性，使操作更简便。

档）对话框中，可以设定文档的：

- Name（名称）、
- Preset（边框形式）、
- 图像的大小（文档的尺寸）——Width &Height和Color Mode（色彩模式：Bitmap（点阵）、Grayscale（灰度）、RGB、CMYK或者Lab）、
- Background Content（背景内容）为White（白色）、Background（背景色）还是Transparent（透明）。
- 在设置尺寸时，还可以选择适合的测量单位——pixel（像素）、inch（英寸）、cm（厘米）、mm（毫米）、Point（点）。

4、状态栏

Photoshop窗口左下角的状态栏中包含着很多信息：

(1)文件的大小

在Document Size（文档大小）模式下，栏中内容显示包括所有图层和通道在内的当前打开文件的大小（右侧数字），以及消除所有Alpha通道，把全部内容压在一个图层时的文件大小（左侧数字）——也就是说将被传输到打印机和其他输出设备时的文件大小。

(2)文件的色彩配置状况

在Document Profile（文档配置文件）模式下，栏中内容显示应用在文件上的色彩配置，如果没有应用配置，则显示“未标记的”。

(3)是否使用了暂存盘

在Scratch Sizes（暂存盘大小）模式下，框中内容粗略显示Photoshop可用的内存有多少（右侧数字），以及所有打开的Photoshop 文件、剪贴板、快照以及其他一些资源占用内存的情况（左侧数字），如果左侧数字超过了右侧，意味着Photoshop正使用虚拟内存来完成任务。

(4)内存使用率

可以通过效率指示来得知Photoshop单独使用内存的情况，而不是观察暂存盘交换数据的情况。如果比例接近100%，表示没有使用暂存盘，因此添加内存不会有帮助。

(5)占用时间

在Timing（计时）模式下，栏中内容告诉我们上次操作占用了多长时间。

(6) 正在使用的工具

由于可以选择画笔尺寸或准确的光标，而不必选择图形图标（例如选择File/Preferences/Display & Cursors菜单命令），并且可以随时隐藏包括工具箱（按Tab键）在内的所有调板，有时很难知道正在使用的工具是什么，但通过此状态模式，可以看出当前激活工具的名字。

(7)打印尺寸预显

单击栏中的数字本身将打开一个方框，它会显示图片相对于使用File/Page Setup菜单命令选择的当前页面尺寸的大小。

(8)说明内容

按住Alt/Option键的同时单击数字就会显示图像的尺寸（以像素和标尺单位表示，选择File/Preferences/Units & Rulers菜单命令设置），图像分辨率（以每英寸或每厘米的像素量计算）以及图像的颜色模式和通道数量。

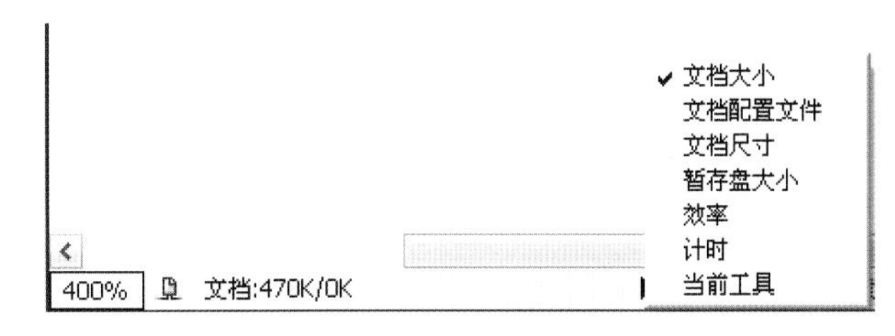

Photoshop窗口左下角的状态栏中包含着很多信息

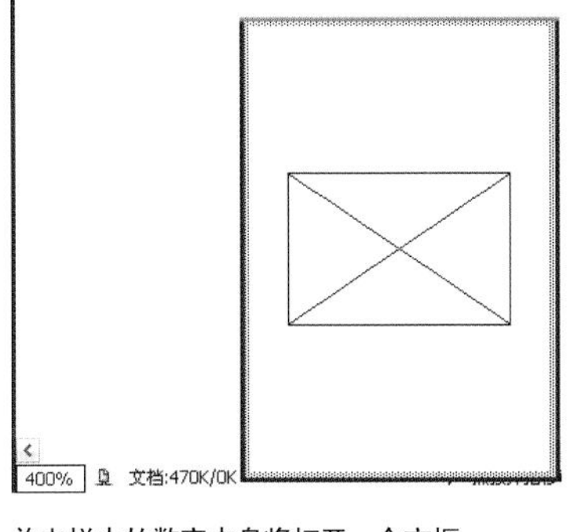

单击栏中的数字本身将打开一个方框

按住Alt/Option键的同时单击数字就会显示图像的尺寸

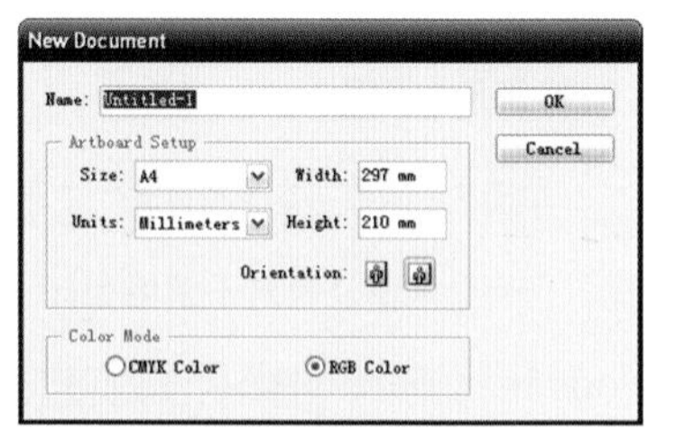

Illustrator 的新文档界面

Illustrator 的画板界面，虚线所形成的范围则为当前打印机的可打印区域，可以改变虚线框的位置，只有在打印区域内的图形才有可能被打印出来。

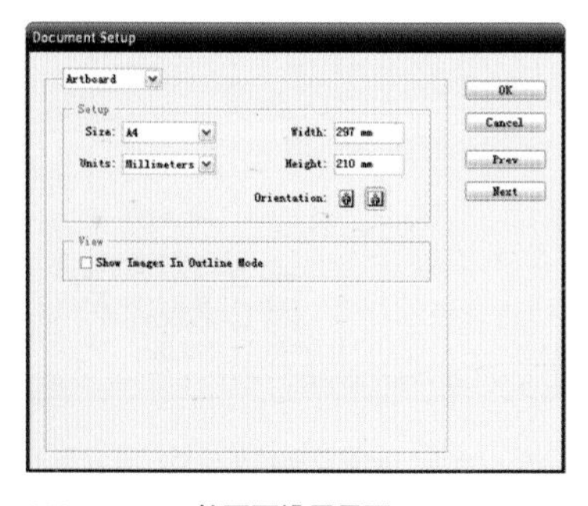

Illustrator 的页面设置界面

二、Illustrator 基础

1、Illustrator 工作原理

Illustrator主要是通过栅格化的图形绘制来进行工作的，虽然说Illustrator和Photoshop同样有图层调板，但是其作用是为了对图形进行管理，而不在图层内附带太多的样式功能。Illustrator的绘制基于节点与对象的编辑，在此之上，又包含了混合、笔刷、栅格图像、渐变网络、生动效果和透明度等功能，使图形的绘制更加地丰富多样。

2、Illustrator 的用户界面

Illustrator的用户界面中显示了可以使用的工具和命令，下图是一种建立高效Photoshop工作环境的方式。

3、Illustrator 的新文档

启动Illustrator并不会自动新建文档。要建一个新的空白文档，在File（文件）菜单下选择New（新建）命令，在出现的New Document（新建文档）对话框中，可以选择文档的色彩模式（CMYK或者RGB）和画板（Artboard）的大小（文档的尺寸）。默认页面的大小是612×792点，相当于8.5×11英寸。Illustrator不允许在同一个文档中创建艺术对象时，同时使用CMYK和RGB色彩模式。在对话框的下拉列表中用户可以选择不同的页面尺寸（运用于打印或Web格式）和页面方向，还可以选择所喜欢的测量单位。页面的大小最小可达1×1像素，最大为227×227英寸。

4、Illustrator 的画板

黑色实线所构成的方框决定了画板的尺寸和最终的文档大小，而虚线所形成的范围则为当前打印机的可打印区域。双击Hand（抓手）工具将使图像充满当前的窗口，执行View（视图）菜单下的Hide Page Tiling（隐藏页面拼贴）命令可以隐藏虚线框。使用Page（页面）工具（位于Hand工具的下拉式菜单中）单击并拖曳虚线框，可以改变虚线框的位置，只有在虚线框内的对象才能被打印出来。

5、Illustrator 的页面设置

可以使用Page Setup（页面设置）命令（File/print Setup）为当前所选的打印机设置纸张的大小和页面方向。在弹出的对话框中，从Paper Size（页面大小）选项框的下拉式菜单中选择合适的页面大小，选择Portrait（竖直）或Landscape（水平）页面方向，只有当前打印机支持的纸张大小才会在选项框的下拉式菜单中出现。

注意：Document Setup（文档设置）与Page Setup（页面设置）不同，如果改变了其中一个，需要更新另一个。

Illustrator 工具箱

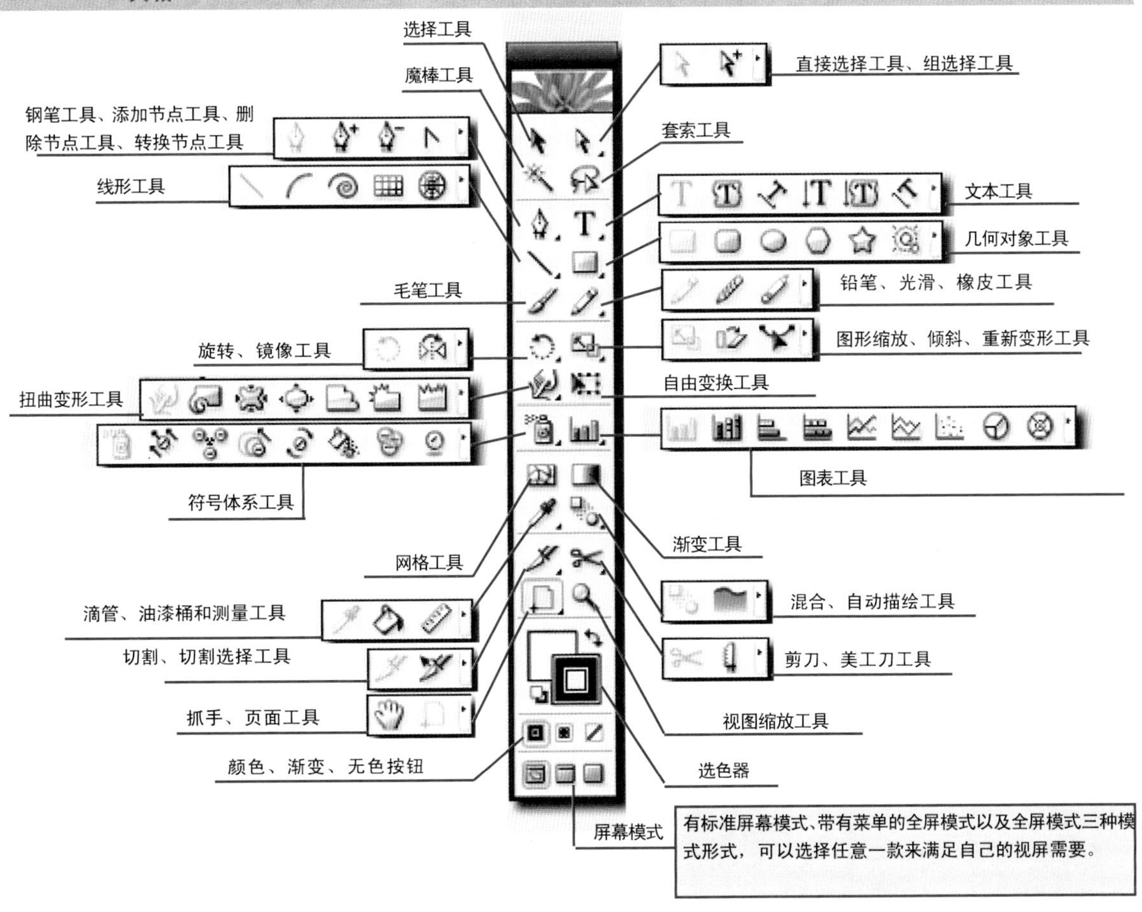

Photoshop 和 Illustrator 中具备相同特点的菜单、对话框、调板

菜单命令

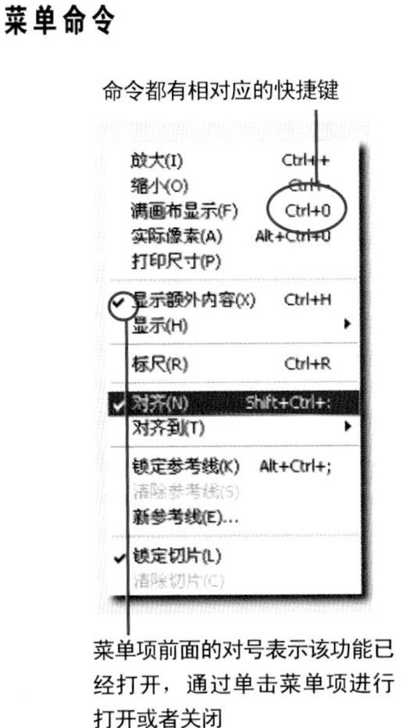

对话框

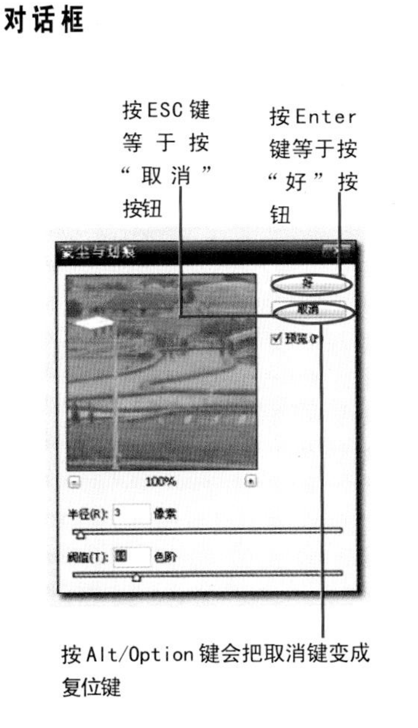

调板

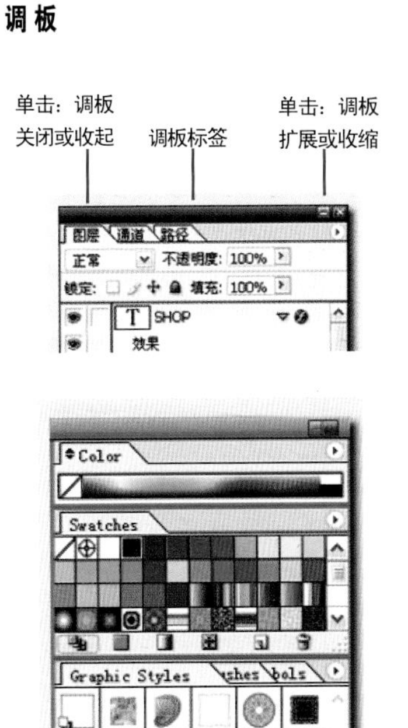

三、在Photoshop和Illustrator中选择或者指定颜色

要在Photoshop和Illustrator中选择或指定颜色，通常从以下两个途径中获得：

1.工具箱中的配色工具

2.两个调色板

Photoshop、ImageReady和Illustrator都是Adobe公司出品的软件，因此在软件界面上有很多共通之处，在文件转换和交替使用上也相对比较方便。

在Photoshop和ImageReady工具箱中的Foreground（前景）和Background（背景）颜色色块显示了在任何图层中（前景色）绘图或者在背景图层中擦除（背景色）时所得到的颜色。要设置前景或背景色，只需单击两个色块中的一个打开Color Picker对话框，并选择或指定一种颜色。

使用Color Picker可以通过观察来简单单击以选取一种颜色，或者通过输入数值在RGB、CMYK、Lab和HSB模式下混合颜色。还可以单击圆形按钮在色彩模式中切换。单击Custom按钮可以选择不同的自定义匹配模式。Color Picker也有一个复选框，可以把Color Picker限制在Web色板中的颜色范围内，还有一个框显示当前颜色对应的十六制代码。

在Illustrator工具箱中底部则是Fill（填充）和Stroke（笔画）图标（按X键可在填充和笔画之间切换）。要将对象的画笔或填充设置为None，使用“/”键，或者单击工具箱或颜色选项边上的None图标（白色小方框，中间有红色斜线）。同上所述，也可以通过Color Picker调板来指定颜色。

另外，这三种软件都可以使用下述任何一种方法设置或指定颜色:

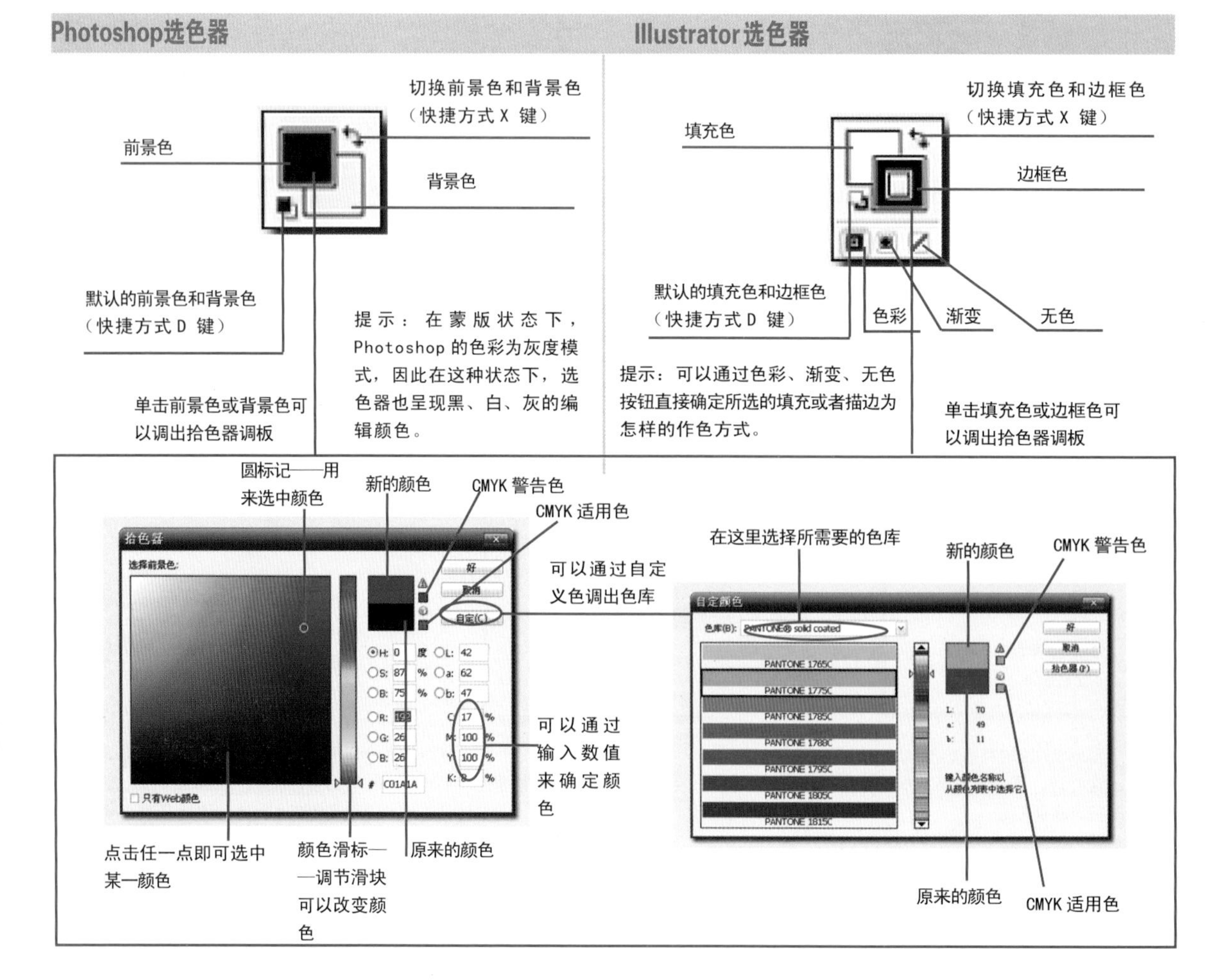

Eyedropper（吸管）工具

用吸管工具在打开的图像中点击要采样的位置，在前景色相应就出现了采样的颜色。

在Photoshop中，用吸管工具单击，从任何打开的文件中采样来设置新的前景色，按下 Alt/Option 键同时再单击，可以为背景色采样。

在 Illustrator 中，吸管工具可以拾取笔画、填充、颜色和文本属性，并和油漆桶 工具结合进行填色。

对于Photoshop中的前景色和背景色的切换，抑或是在Illustrator中填充和笔画之间的颜色切换都可以通过 Option（Mac）键或者 Alt（Win）键进行。

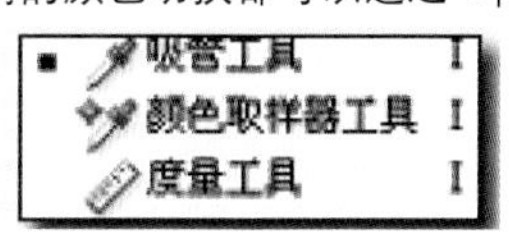

Photoshop 中的吸管工具

Illustrator 中的吸管工具

Color 调板

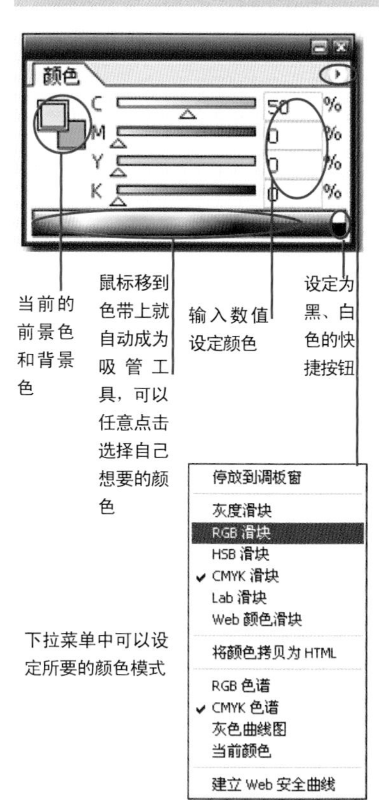

可以通过 Window 菜单打开（非常适合于某些颜色选取方法）Color 调板，其上有不同的模式和滑块，可以科学地（在移动滑块的同时读数）或者“根据感觉”（在调色板下方的颜色条中取色）来混合颜色。

Photoshop 中Color调板中有可以取色的颜色条。颜色条的颜色空间可以通过在调板的控制菜单中选择来更改。按下Shift键的同时单击颜色条可以在以下四种颜色条中切换：RGB 色谱、CMYK 色谱、Grayscale 范围和当前色（前景色到背景色）。也可以选择使得滑块和颜色条可安全用于web 发布。

Illustrator中Color调板与Photoshop的颜色不同除了是对填充和笔画的颜色设定代替了对前景色和背景色的设定之外，调板上还多了一个None按钮，可以将填充和笔画设置为没有颜色。当把“None”应用于填充或笔画时，调板中会出现 Last Color（上次颜色）选项；这样可以很容易地应用上次选择图案、渐变或设置为 None 前设置的颜色。

当前的填充色和边框色

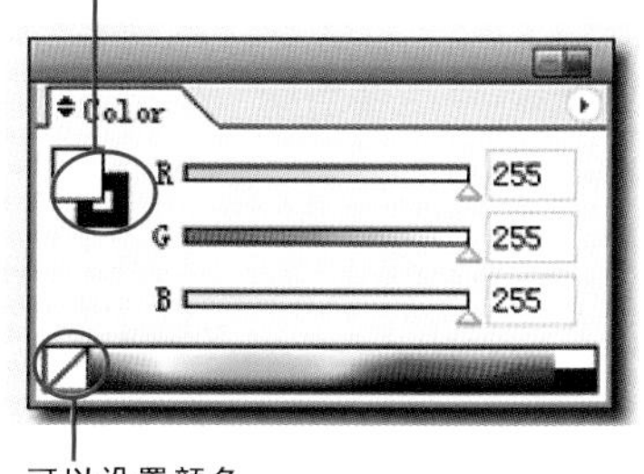

可以设置颜色为无色的按钮

在 Illustrator 中，Color 调板的下拉式菜单选项中包括 Invert（反相）和 Complement（补色）。Invert 将当前颜色转变成其相反的颜色（如同照片的底片）。Complement 将当前颜色转变成其补色。

Swatches调板

缺省情况下，Swatches调板显示了一组125种色样。单击一种色样可以选择前景色，按下Alt/Optoion键的同时可选择背景色。通过选取新的前景色并单击调板下方的Create New Swatch按钮，可以添加到调板中。从调板的控制菜单中选择Load Swatches命令，并从中选择一个色板（如Color Palette文件中的System或者Web-safe颜色），可添加一个完整的颜色组。

保存自定义的色板库

一旦设置好自己满意的Swatches 调板，便可将其存储为自定义的Swatches调板用于其它文档，这样可避免以后在文档间复制自己的成果。做法如下：首先，命名并保存文档。接着，将文档存在Swatches文件夹中，重新启动软件后就可以在Swatches Libraries（色板库）菜单中可看到保存文档的名称。

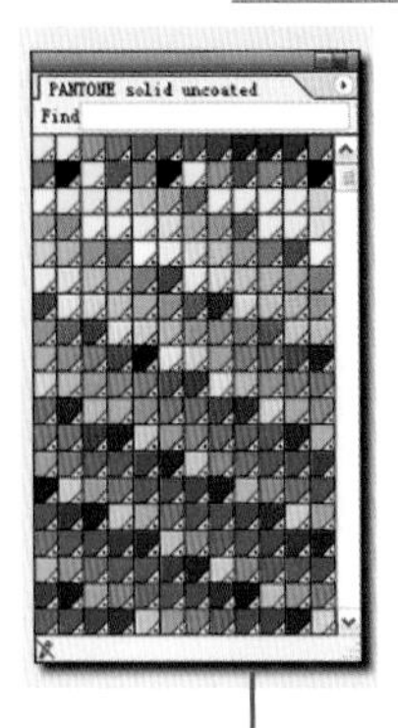

可以从调板的下拉菜单中调出色库，例如pantone 色库等，从中可以选择工作时所需要的颜色。

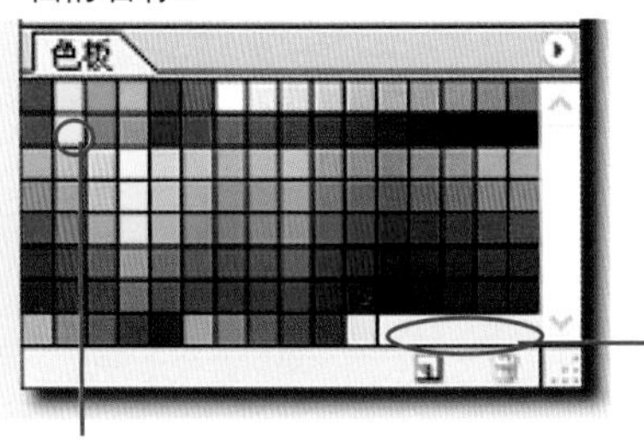

把鼠标移到色板上，光标会自动变成吸管工具，点击任一颜色即可使前景色（填充色）变为所选颜色，按住Alt键，鼠标变为剪刀工具，可以删除所选颜色，按住Shift键，可以把所选颜色设定为背景色（边框色）。

鼠标移动此空白区域，自动转变为颜料桶工具，可以把目前的所选颜色填充入调板，作为一个新的颜色样板，如果需要保留此新定义的颜色，需对样板进行保存，保存的命令在调板的下拉菜单中。

习　题

1、什么是Photoshop文件?
2、如何分别在Photoshop及Illustrator中新建文件?
3、如何分别在Photoshop及Illustrator中选择颜色?

实验题

1、请在Photoshop中新建一个文件。
2、请在Illustrator中新建一个文件。
3、请尝试在Photoshop中通过选色工具和选色调板来选择、储存颜色。
4、请尝试在Illustrator中通过选色工具和选色调板来选择、储存颜色。

第三章 电脑图文设计中的颜色

减色模型

增色模型

在减色模型中，青色、洋红和黄色油墨混合在一起，得到一个几乎是黑色的暗颜色，这通常是颜料混合而得的。
在增色模型中，红、绿、蓝光（即RGB）在屏幕中合在一起，得到白光。

24位颜色

在计算机的RGB色彩模式下，每种原色（红、绿和蓝色）都有256种不同的亮度设置。这就意味着总共有256×256×256（多于16，000，000）种混合色。该色域提供了足够的颜色，可真实地描绘我们所看到的世界。
每种原色通道所需的256（2^8=256）种不同数值要用8位计算机数据表示（每一位代表0或者1，也可以是开关信号）。为了能表示三套亮度设置——每个通道一套——要使用24个字节（$2^8 \times 2^8 \times 2^8 = 2^{24}$，约为16，700，000）。因此，能显示在计算机显示器上的全部颜色叫"24位色"，也叫百万色。

在上一章中我们讲到有关Photoshop和Illustrator中的利用色彩调色板和选色工具进行着色的方法。在这里，我们详细讲解一下电脑图形图像中颜色的特点和特色。

一、色彩模式

什么是色彩模式？

在减色模型中，青色、洋红和黄色油墨混合在一起，得到一个几乎是黑色的暗颜色。

在增色模型中，红、绿、蓝光在屏幕中合在一起，得到了白光。

1、RGB颜色

计算机显示器通过混合基本的光色彩（也叫附加原色）来产生颜色，这些原色是红色、绿色和蓝色，也称为RGB。当三种颜色以最大亮度显示时，产生的结果就是白色；当它们全部关闭时，则产生黑色。混合不同亮度的三种原色会生成RGB谱中的所有颜色。如果不是因为特殊要求而在软件中使用特定模式，RGB通常是最好的色彩模式，因为它提供了最多的功能和最大的灵活性。许多富有创造性的工作是在RGB状态下完成的，这是因为RGB色域或颜色范围要比其他的色彩模式宽。

在RGB模式下，可能会有许多不同的扫描仪、数码相机以及显示器中能实现的许多不同的色彩空间或RGB色域子集。它们根据特殊的显示器或者输入设备如数码相机或者扫描仪的色彩能力定义 。

2、CMYK色彩模式

在处理照片、插图或者其他作品时，CMYK（或叫4色处理）印刷输出是最常用的印刷输出模式。CMYK原色（也叫减性原色）分别是Cyan（青色）、Magenta（洋红）和Yellow（黄色），以及用来强化暗颜色和细节的Black（黑色）。增加黑色可使得暗颜色比混合青色、洋红和黄色得到的暗色看起来更为明快。同时，使用黑色调比暗色调需要的墨更少，这是很重要的，因为墨不能清楚地附在纸张上之前，打印会有一个上限来限制用在打印纸上的用墨量。

3、Indexed颜色模式

在一个全彩色图像中，使用256或者更少的颜色来代表潜在的上百万的颜色的过程叫做索引。索引色命令重点用于为网页提供素材或者制作颜色特效。

在Photoshop和ImageReady中转换为Indexed颜色模式的方法：

要将文件专程Indexed Color模式，使用Photoshop中的save for

web对话框上的Optimize选项卡或者ImageReady中的Optimize调板的效果要好于选择Image/Mode/Indexed Color 命令。

4、Lab 颜色模式

除了被分为三种颜色外（CMYK色彩模式下要加上黑色），颜色也可以用一个Brightness（亮度）部分和两个Hue（色相）/Saturation（饱和度）部分表示。Photoshop的Lab颜色模式就是使用这样的一个系统。柯达相片CD（它自己的相片YCC色彩系统）和模拟彩也是如此。由于Photoshop Lab颜色模式的色域足够容纳CMYK、RGB和Photo YCC色域，因此当在Photoshop内完成从RGB到CMYK或者从YCC到RGB的模式转换时，Lab色彩模式完成了一个中间步骤。Lab模式有时在锐化衣服图像并且不增加颜色对比度或者使用特效时非常有效。

5、Grayscale（灰度）

Grayscale模式下的图像和黑白相片一样，只有Brightness（亮度）值，而没有彩色图像中的Hue（色相）或Saturation（饱和度）数据。Grayscale色域中只要8位空间来存储256种阴影色（黑色、白色和灰色）。在将黑白相片重新生成彩色相片方面，Photoshop中的Channel Mixer（通道混合器）在调整图层和灵活性方面都存在优势。

6、Duotone（双色调）

尽管灰度图象能容纳256种层次的灰色，然而大多数打印处理却不能用单一颜色的油墨生成那么多不同的色调。但是用两种墨（有时甚至可以是一种墨两次送到印刷中）能够扩展色调范围。例如，通过在高光处增加第二种颜色，可以增加代表图像中最亮色调的可用色调的数目。

除了扩展色调范围外，第二种颜色可能“加热”或“变冷”黑白图像，例如，给图像着色并趋向红色或者蓝色。第二种颜色也有可能用于创建生动的效果，或者在视觉上将相片或其他设计元素连接起来。Duotone图像作为带有一组曲线的灰度文件存储，其中曲线将影响灰度信息以生成两种或者更多的分离图版进行打印。Duotone模式也包括三色调和四色调选项，以生成三色调或者四色调图版。

7、Bitmap（位图颜色）

位图模式只使用1位“颜色”数据来代表每种像素。一个像素不是关闭就是打开，这样就产生了两种“颜色”——黑色和白色的色域。

8、多通道颜色

用于查看双色调通道的图版，在任何色彩模式下，删除任何一个通道，都会转变成多通道模式。

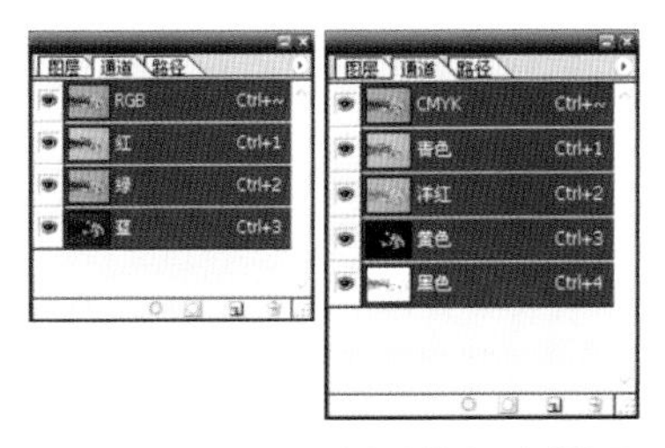

Channel调板显示了当前色彩模式下文件的原色（基本的色彩状态）。从图示中的Channel调板可以看出，左边的文件是在RGB模式下，右边的文件是在CMYK模式下。

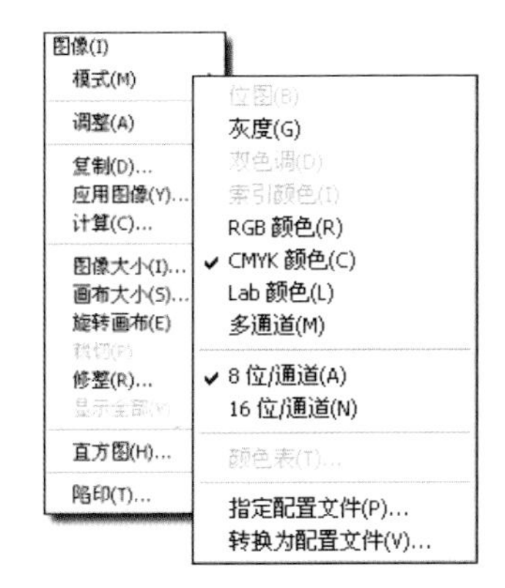

在Photoshop中变换模式都是通过图像/模式菜单来进行的，当选择图像/模式菜单命令时，会发现子菜单中的某些模式选项以灰色显示，不可用。要使这些灰色菜单可用，要先把色彩模式转换为灰度模式，其他的灰色菜单才显示为可用状态，例如位图、双色调以及索引色都是如此。

只有把色彩模式转为索引色模式，才能调出颜色表对话框

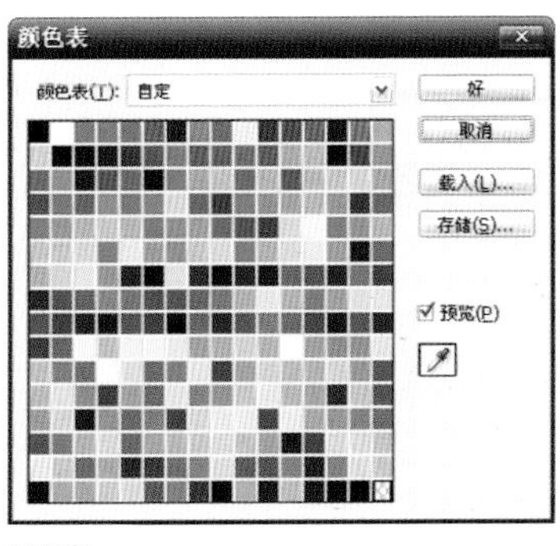

颜色表
允许你查看和编辑索引图箱的颜色，也可以在颜色表中存储颜色。

案例:陷印专色

1、用于打印特殊颜色，而不是通过重叠标准CMYK油墨颜色的半调点来产生这些颜色。通过选择通道调板的控制菜单的新专色通道选项来添加专色，用Pantone 1375C来给文字建立陷印，并且在通道内扩大选区防止在黄色和背景照片之间出现白色的裂隙。

2、在透明图层中使用白色填充文本来创建脱膜 。

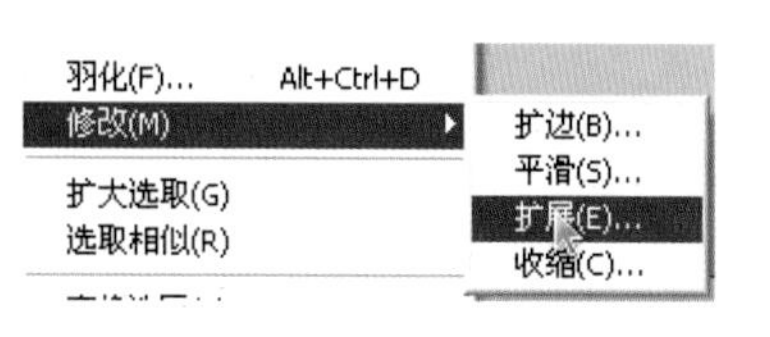

3、在按住Ctrl/⌘键的同时单击文字所在的将文字作为选区载入。由于需要套印，因此需要在原选区的基础上扩大选区，执行选择菜单下的修改/扩展命令。扩展2个像素点大小。

说明：⌘表示为MAC电脑中的苹果键。

9、专色

专色或自定义颜色，是特殊的油墨混合颜色，而不是标准的青色、洋红、黄色和黑色。大多数常见的专色时设计用于Pantone Matchaing System的油墨。它们主要用于打印特殊颜色，而不是通过重叠标准CMYK油墨颜色的半调点来产生这些颜色。在Photoshop中，可以在Duotone模式下，或者在专色通道中使用专色，通过选择Channel调板的控制菜单的New Spot Channel选项来添加。

专色通道能和CMYK油墨一起使用或者代替CMYK来使用。当绝对颜色标准（标准中的油墨是预混合的）必须满足合成颜色或者标识时，可以使用专色通道——油墨按照标准进行进行预混和使得看起来和打印色相同。另外，占色还能用于超出CMYK打印色域的颜色上，如某些橙色、蓝色、荧光色或者金属色。专色通道能用于输出对单独打印图版的控制——如海报、T恤衫等，还可以用于清除的光泽或者阴暗的光泽。

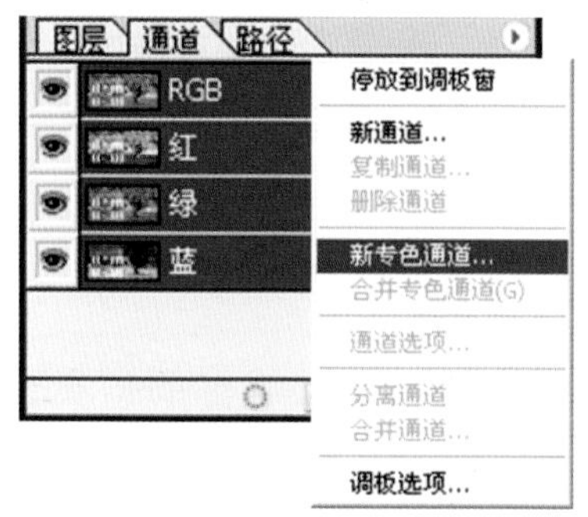

4、执行通道调板的下拉菜单中的新专色通道命令，这样就自动弹出新专色通道调板。

二、色域警告：不可打印

在各种选色调板中，有时会出现色域警告，会在屏幕上看到的RGB颜色不能用CMYK墨精确打印出来的情况下通知用户。在Info调板中，警告会以惊叹号的形式出现在CMYK值的旁边，该值代表了最为接近RGB颜色的混合色。换句话说，该CMYK值说明了使用当前的颜色设置从RGB到CMYK转换时颜色将怎样打印。在Color Picker和Color调板中，警告以“小心”标志出现，并伴随有最接近CMYK的匹配颜色色样。单击色样可以将选中的颜色变为可打印的。不过，这些色域警告一般都相对比较保守，即使能够正常打印时也会显示某些颜色不可打印。

除了超出色域警告外，Photoshop为256色Web调板的颜色提供“网页不安全”警告。指示器是一个小立方体，并伴有最接近网页色的色样。单击它可以选择网页色。

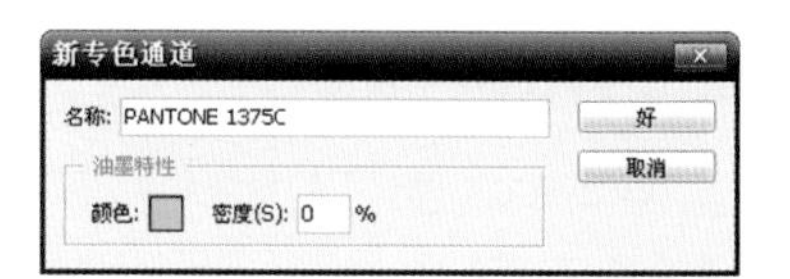

5、在新专色通道调板中单击颜色色块，可以选择一个Pantone专色，密度设置为0，可以得到透明的油墨颜色。然后在通道调板里就有一个新增的专色通道。

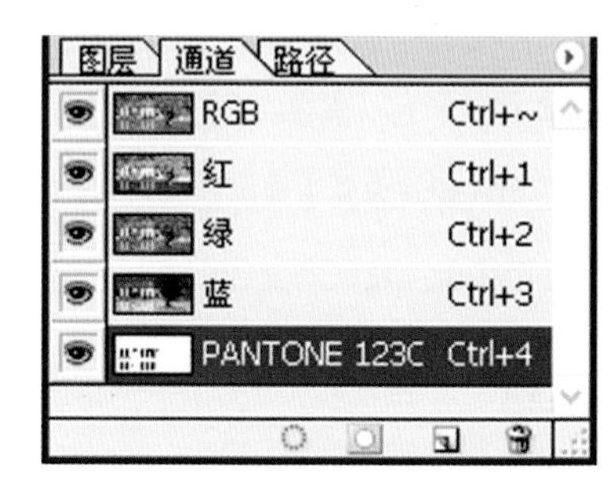

另外，Photoshop软件从View菜单中选择的Gamut Warning（色域警告）选项，可以指示出RGB图像中那些将被调整到可打印或者可见的色彩范围，该范围可以通过View/Proof Setup命令选择。缺省情况下，超出色域的颜色会用平滑的中度灰色表示。如果平滑的灰色在图中并不明显，可以改变色域警告色，首先选择Edit/Preference/Transparency & Gamut菜单命令，单击Gamut Warning选项区的Color色块，再用Color Picker工具选择一种颜色。

三、评估颜色

如果要知道图像中的原色混合后能得到什么样的颜色，可以使用Info调板和Color Sample工具。Info调板，可以交互显示颜色组成——当移动鼠标时，当前光标下像素的颜色组成就会显示出来。当上色或者进行Levels或者Hue/Saturation等色调调整操作时，Info调板会显示两组数——变化前后的颜色组成。通过选择Info调板上控制菜单中的Palette Options选项，可以组成读数选择两种颜色模式。

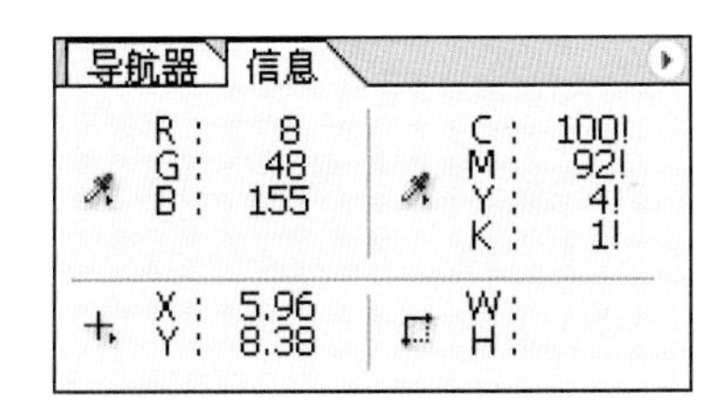

Info调板，可以交互显示颜色组成——当移动鼠标时，当前光标下像素的颜色组成就会显示出来。

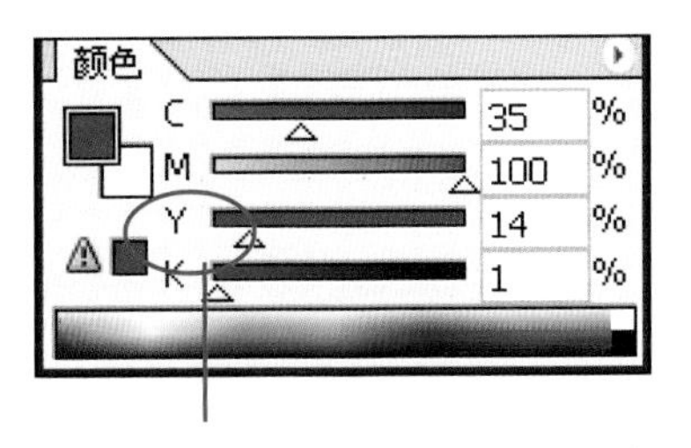

在Color Picker和Color调板中，警告以“小心”标志出现，并伴随有最接近CMYK的匹配颜色色样。单击色样可以将选中的颜色变为可打印的。

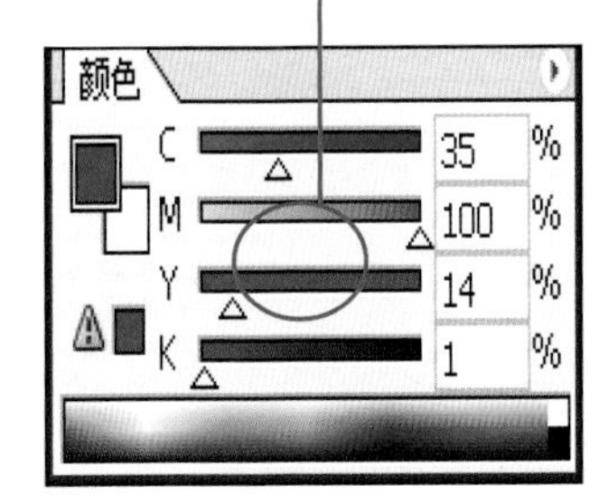

View菜单中选择的Gamut Warning（色域警告）选项，可以指示出RGB图像中那些将被调整到可打印或者可见的色彩范围，该范围可以通过View/Proof Setup命令选择。缺省情况下，超出色域的颜色会用平滑的中度灰色表示。

四、将RGB转换到CMYK模式

在准备打印图像的时候，如果不使用可使用RGB色彩空间打印的照片感光打印机的话，那么图像就要转换到CMYK色彩模式下。这可以在图像的不同开发阶段完成。例如：

1、在Photoshop中

（1）在新建Photoshop文件时就选择CMYK色彩模式（选择File/New/模式：CMYK）。

（2）某些扫描软件可以完成到CMYK的转换。

（3）如果开始时使用的是RGB模式，那么可以在开发图像的任何时候选择Photoshop的Image/Mode/CMYK Color命令将文件从RGB工作空间转换到Color Setting对话框中选择CMYK工作空间，一旦完成了转换，就不能通过Image/Mode/RGB Color命令将文件返回到RGB色彩模式。如果对操作结果不满意，并且有足够的转换步骤存在History调板上，可以通过History调板撤销操作；也可以选择在转换前制作的快照或者选择File/Revert以返回到上一个保存的版本。

（4）可以把文件置于RGB色彩模式下，将文件放在版面设计中，并用版面设计程序或者颜色分离工具分离颜色。

（5）如果最终要输出到桌面打印机，可以将文件保存为RGB模式，并且

在新建 Photoshop 文件时就选择 CMYK 色彩模式 。

在新建 Illustrator 文件时也可以选择 CMYK 色彩模式。

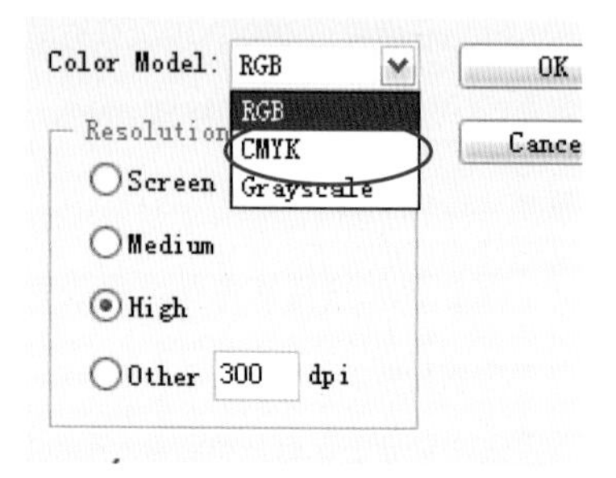

Illustrator 文档制作完成之后，在存储为位图文档的时候，采用输出命令中可以把色彩模式选择位 CMYK 模式。

让打印机软件完成"飞速"转换。许多桌面打印机甚至最后将CMYK文件转换到 RGB 模式。

2、在 Illustrator 中

（1）同样，在新建文件时就可以选择CMYK色彩模式（选择File/New/模式：CMYK）。

（2）在文档制作完成之后，在存储为位图文档的时候，采用输出命令中可以把色彩模式选择位CMYK模式。（选择File/Export/Color Mode：CMYK）

3、何时将 RGB 转换到 CMYK 最好

通常在 Photoshop 中，一般都在RGB空间下工作，直到不得已时才执行到CMYK的转换，这样会留有很大的自由度，能够获取屏幕上需要的颜色。然后使用 Photoshop 的 Hue/Saturation、Levels 或者 Curves 调整命令转换超出色域的颜色，以获得尽可能接近原始颜色的CMYK模式下的替代色 。

在RGB模式下创作的另一显著优点就是Photoshop的某些最为精细的功能不能在 CMYK 模式下工作。

4、保留一个 RGB 版本

在将RGB文件转换到CMYK模式之前保存一个RGB模式的备份。这样在需要的时候就可以从完整的 RGB 色域考试，改变文件或颜色设置标准，来制作新的 CMYK 版本。

5、在 CMYK 模式下增加饱和度

Photoshop的色域警告是为了能够识别图像中不能从RGB工作空间成功转换到CMYK模式的颜色而设计的。对于某些CMYK打印处理来说，色域警告比较保守，它"预测"出的颜色问题比实际遇到的要多。因此，不必在RGB空间中调整饱和度或者增加颜色以消除所有色域警告这些区域的颜色问题，而可以首先将图片转到CMYK模式下，然后使用Hue/Saturation调整图层的饱和度滑块以恢复颜色亮度，并将调整定位到转换过程中变暗的特定颜色范围内。

习 题

1、什么是色彩模式？色彩模式有哪几种？
2、色域警告意味着什么？如何消除色域警告？
3、怎样来评估颜色？
4、为什么要将RGB模式转换为CMYK模式？在Photoshop和Illustrator软件中分辨是怎样转换的？

实验题

1、请尝试将RGB模式转换为CMYK模式。
2、尝试观看色域警告并尝试消除色域警告。
3、如何设置陷印专色？

第四章　修饰和增强图片

第四章　修饰和增强图片

Photoshop 的裁切工具 有遮蔽的功能，可 的 ，这使得最终确定剪裁方案之前预览结果变得更为容易了。

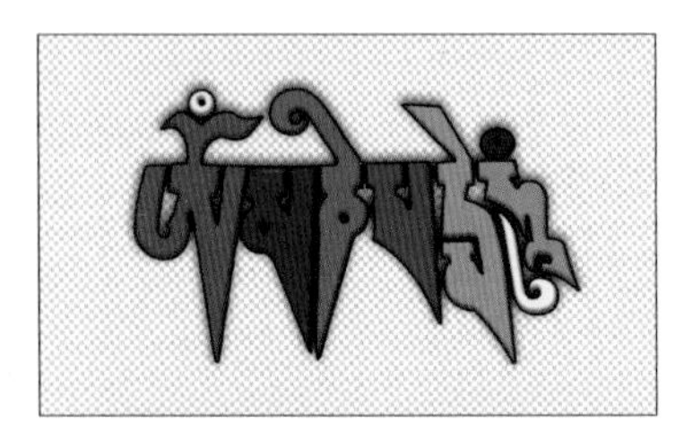

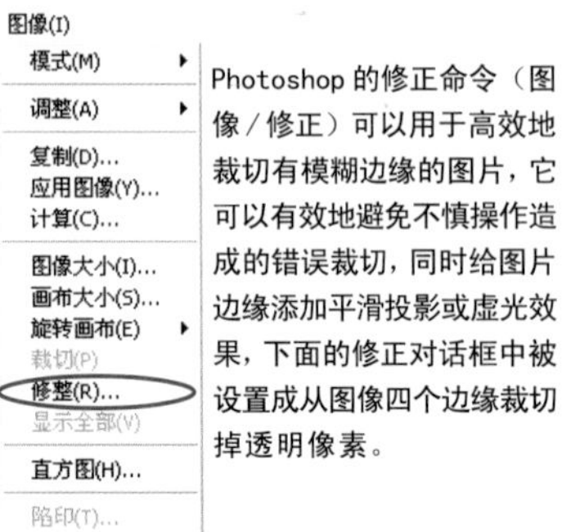

Photoshop 的修正命令（图像 / 修正）可以用于高效地裁切有模糊边缘的图片，它可以有效地避免不慎操作造成的错误裁切，同时给图片边缘添加平滑投影或虚光效果，下面的修正对话框中被设置成从图像四个边缘裁切掉透明像素。

本章讲述增强和修饰照片的几种方法——裁切图像、调整色调和颜色，修复颜色缺陷和锐化。当我们通过输入设备（第一章）获得图像之后，在某些情况下我们需要对图像进行进一步调整，例如：扫描后的照片、旧照片等等。

一、裁切图像

当需要裁切图像时，Photoshop提供了三种剪裁图像的方法:

将要保留下的区域选择成选区，然后选择 Image / Crop（裁切）命 令。

选择Image / Trim（修整）命令，并在Trim对话框指定相应的选项。

选择Crop工具，并在选项栏中指定相应的选项。

1、Imape 图像 / Crop 裁切命令

第一种裁切方法（Image / Crop）的优点是操作简单。如果我们使用Rectangular Marquee（矩形选框工具）工具创建了选区，将会沿着“行进蚂蚁”状的选择边界裁切图像。如果使用别的方法创建选区，图像将会按照能完全包括选区的最小矩形边界进行裁切，选区包括边界内任何反走样和羽化区域，但是不包括使用图层样式添加的外部效果，如投影、外部斜角以及外部发光效果等。

2、Crop 裁切工具

使用Crop工具的优点是在裁切过程中能更好地对裁切进行控制。例如，当在图像中拖动Crop工具并确定要保留区域的时候，我们可以进行以下操作：

(1)在裁切框的边或者对角手柄上拖动可以调整剪裁框架的尺寸和比例。(要在改变框架尺寸时保持高宽比不变，可按下 Shift 键后再拖动。)

(2)绕着对角手柄并在其外拖动可以旋转剪裁框架，从而改变图像的水平方向。该功能可用于拉直弯曲的扫描图，调整倾斜图像的方向或者在不同的水平方向给图像方便地重新添加框架。

(3)通过完成选项栏中的设置，只需一步就可以裁切并调整图像的尺寸，如下一页的“控制裁切”中所述。

(4)当拖动穿过整个图像时，可在图像周围增大画布，这使得工作窗口大于图像，并可向外拖动剪裁框对角上的手柄，以便在图像外剪裁。(需要更大的工作空间时，可以拖动工作窗口的右下角以增大窗口，或者缩小图形但不要缩小窗口(Windows下按下Ctrl + Alt + 减号键组合键，Mac 下按下⌘+ Option + 号键组合键)。如果使用快捷键的同时缩小了图像和窗口，这是由于选中了Keyboard Zoom Resize Windows（键盘缩放调整窗口大小）选项(选择Edit/preferences/General 菜单命

令)。这种情况下，按下Ctrl / ⌘+减号　　按　下Alt/Option键，可以缩小图形但不缩小窗口。）这种"高级剪裁"可用于为某些边上多增加画布（和其他的边相比），从而使得图像位于画布正中央。或者，在按下Alt/Options键的同时拖动鼠标，可以在所有的边上同时添加画布。

(5)修正透视误差，这是由于图像不能直着拍摄，就像高的建筑物上部看起来比较窄，挂在墙上的画像也是如此。这些处理在"控制裁切"中做了介绍。

Crop工具的选项栏有两个状态 刚选中Crop工具时显示的选项栏第一个状态；在第一个状态中完成了选项设置，并拖动Crop工具给需要保留的区域添加边框时显示的选项栏是第二个状态。第二个状态允许我们规定剪裁框外区域的显示方式，我们可以使用自己选择的颜色和Opacity遮蔽该区域。如果图像不是平滑渐变的——也就是说，它不只是由背景组成的，也没有其他图层——我们可以选择是否隐藏剪裁框外的区域（保留剪裁框外的区域，它虽然在图像边框外，但仍然可用）或者删除它。隐藏选项有很大的灵活性，可以在以后重新定义图像的边框，并且它能用于制作动画——剪裁后的图像定义了舞台区的大小。用Move工具将图像（当然包括隐藏的部分）从舞台上拖过去可以创建动画帧。隐藏也会在某些情况下带来麻烦，左边的"'隐藏'剪裁"提示中做了介绍 。

像其他的有两个状态的选项栏，Crop工具第二个状态的选项栏可以允许我们单击X取消当前的剪裁操作，或者单击√来完成剪裁操作。

超出图像边缘的裁切可以产生增加画幅的效果。

控制裁切

可以通过移动裁切工具每边中间的四个节点，来确定要裁切的水平和垂直的位置。

可以通过移动裁切工具四个角上的四个节点的旋转，来确定要裁切图像的角度。

仅仅一个步骤的裁切和旋转操作就能用于图像在水平方向上的重新定位。

当选择裁切工具，但还未进行裁切的裁切工具的选项栏状态

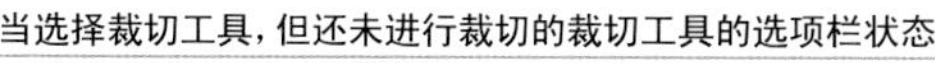

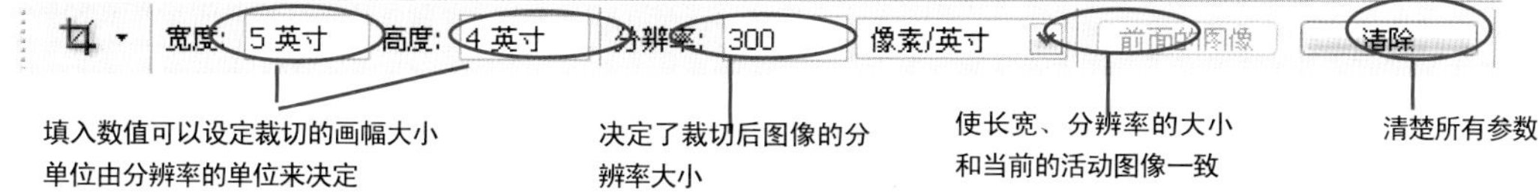

填入数值可以设定裁切的画幅大小
单位由分辨率的单位来决定

决定了裁切后图像的分辨率大小

使长宽、分辨率的大小和当前的活动图像一致

清楚所有参数

当选择裁切工具，进行了裁切动作的裁切工具的选项栏状态

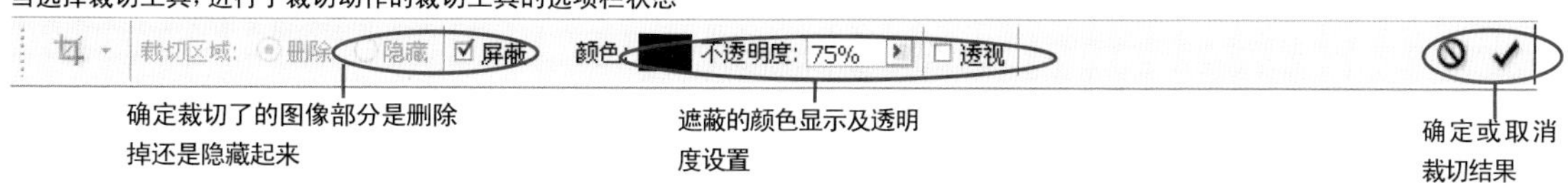

确定裁切了的图像部分是删除掉还是隐藏起来

遮蔽的颜色显示及透明度设置

确定或取消裁切结果

调整颜色和调整图层的使用

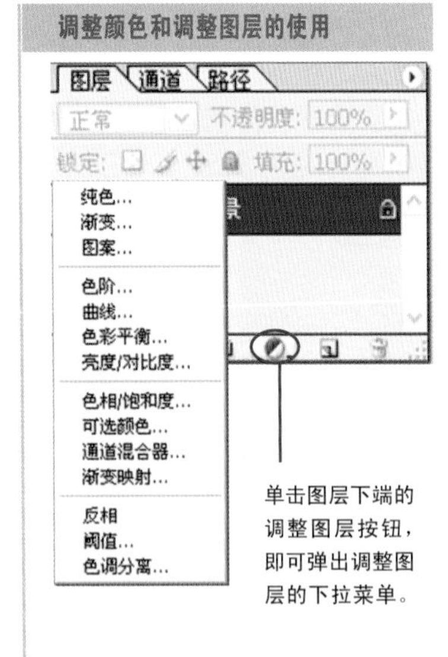

单击图层下端的调整图层按钮，即可弹出调整图层的下拉菜单。

图像菜单中的调整命令列表与调整图层的内容基本一致，但建议更多地使用调整图层。

改变图层内容

在Photoshop中，如果使用了一种类型的调整图层，然后又想把它改变成另一种调整图层，请选择Layer/Change Layer Content命令，并选择改变后的类型，并在相应的对话框中修改其参数。

二、调整图像的整体色调和颜色

Photoshop提供了一套强大的调整颜色和对比度的工具。大多数工具出现在Image/Adjust子菜单，以及单击Layers调板底部的Create New Fill/Adjustment Layer按钮（黑白圆）时弹出的Adjustment Layer列表中。根据选择的调整图层，可以将颜色改变定位到特定的颜色或者图像亮度范围的特定部分——如高亮、中间色或者阴影区域。还可以通过在调整图层上增加蒙版，或者在执行Image/Adjustment命令之前选择一块区域来指定图像调整的特定位置。

使用调整图层比直接使用调整命令要好。在调整颜色方面它显得更为灵活，这是因为在调整时不会永久改变原始图像中的颜色，还可以根据需要对它重新设置。

叠放顺序

在使用多于一个的调整图层来修正图像中的对比度、曝光度和颜色时，建议依照一定的顺序进行修正，图层的位置越低就需要越先完成修正。

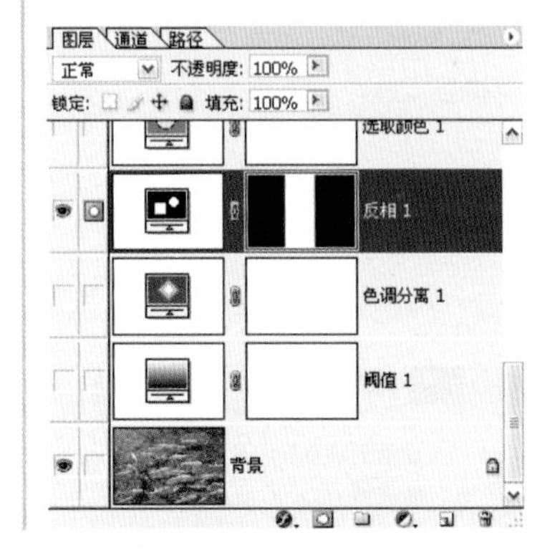

1、使用调整圈层

单击Layers调板下方的Create New Fill/Adjustment Layer按钮添加调整图层，然后从弹出菜单中选择一种需要的调整类型。因为灵活性很大，所以使用调整图层要比使用Image菜单中的命令要好得多。

2、使用调整图层的优点

由于调整操作是作为指令存储而非永久改变像素属性，因而很容易重新打开对话框并改变设置以精细调整图像，同时不会损坏图像。如果我们再去调整已经更改过的像素就可能发生图像的退化。

我们可以把调整操作指定到每个调整图层的内嵌图层遮罩上，在应用调整操作后或者以后的任何时间都可以重新设置调整效果。

调整图层的效果能应用到图层调板中位于它下方的所有图层上，也可以只作用于特定图层。为了限制调整效果的影响，可将调整图层移动到不想受到影响的图层的下方，如果这不行，可把该图层作为剪贴组的一部分。如果只想限制调整效果对当前活动图层的影响，可以在单击Create New Layer / Adjustment Layer按钮创建调整图层的同时按下Alt / Option键，然后选择Group with Previous layer复选框；也可以在添加调整图层后，在按下Alt / Option键的同时在调整图层和下方图层之间单击以创建剪贴组，按下快捷键Ctrl /⌘+也可以建立剪贴组。

3、颜色调整选项

色阶

原始图片

Levels(色阶)对话框通过柱状图给出了有关色调和颜色在图中的分配的信息和交互反馈，这要比其他的颜色或者对比度调整界面详细得多。它在调整整体的色调，或是颜色方面更为优秀。

levels的白色滑块控制图像中的高亮部分，移动时对话框顶部输入色阶右面空格的数值会相应变化。

levels滑块左边的黑色滑块主要调整阴影值，相应值显示在对话框顶部输入色阶区域左面的空格内，阴影值和高亮值的范围都是从1（黑色）-255（白色） 。

中间的灰色滑块控制图像的中间色区域，缺省值为1，滑块的左移使得中间色变亮，右移则变暗。

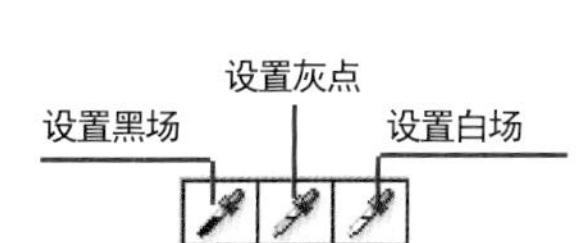

黑色吸管控制最暗区域，在图像任意点击一点，就以此点作为0点（最暗点），原先的0至此色样的数值之间的区域都归纳为0数值颜色；白色吸管控制最白区域，点击一色样，原本此色样到255之间的颜色都被归纳为255数值的颜色。此操作可以快捷地修改扫描后的黑白稿草图，具体操作如右图所示。

图1

1、手绘草图扫描后一般都比较偏灰，多数为中间层次，黑白不够鲜明，可以通过调整色阶来提高其黑白度，省略中间层次。可以先把色彩模式设置为灰度模式（图1）。

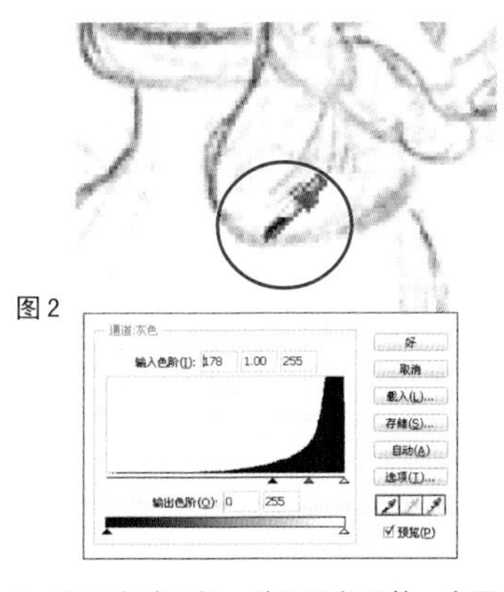

图2

2、打开色阶调板，选取黑色吸管，在黑色线条的中间层次点击（不是最黑的部分）（图2 ）。

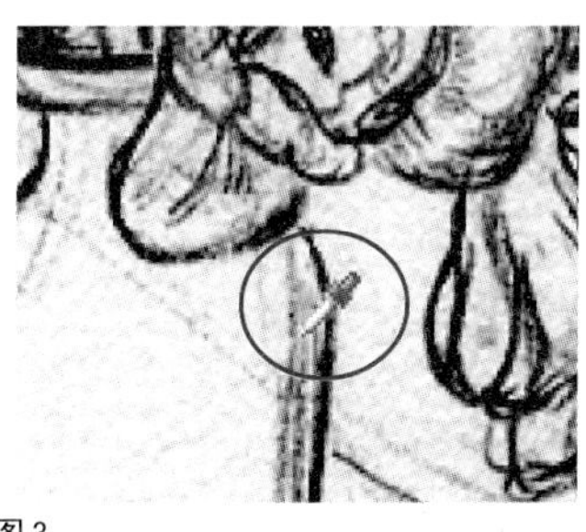

图3

3、再次使用白色吸管，点击图示中的浅灰色区域，整体色调就以230为基准，230-255之间的颜色整体提亮到255（图3）。

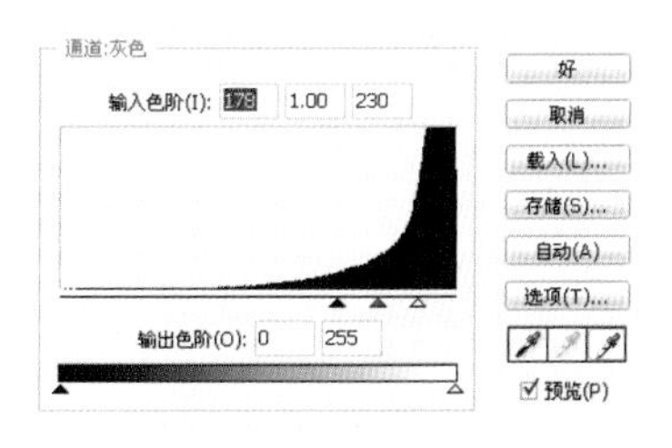

图4

4、调整暗部区域之后，图像的色调以原178数值为准，原来从0-178之间的色调整体变暗为0 （图4 ）。

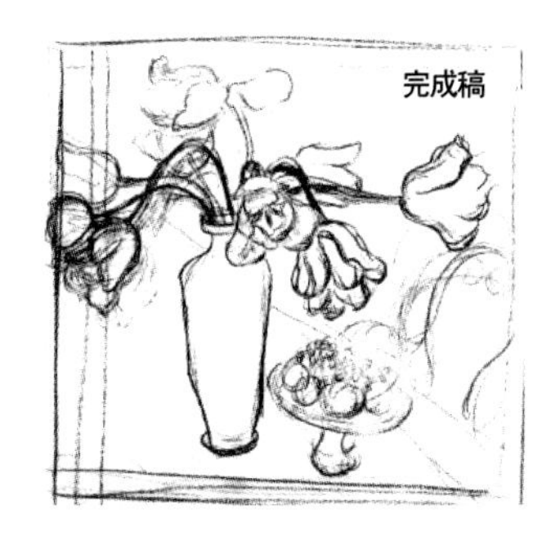

自动色阶

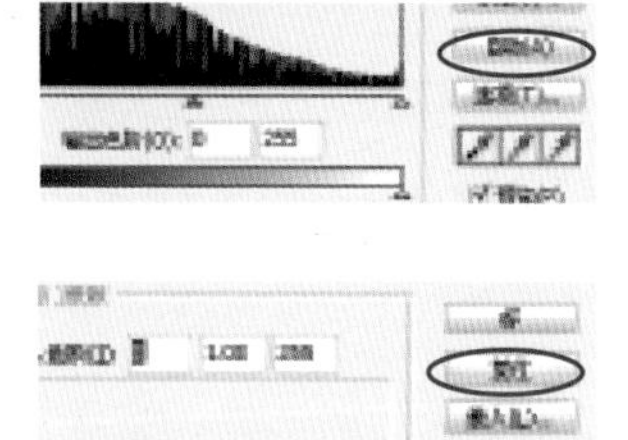

Auto Levels（自动色阶）命令是“一键调整”的，作为对颜色进行全面调整是非常有效的。在色阶对话框中，单击自动按钮或用菜单中的自动色阶命令可以自动扩展色调范围（并加大反差）。这步操作告诉Photoshop去增加图像的对比度，使图像中存在的最暗的像素变黑，最亮的像素变白，并在黑白之间的所有范围上扩展中间色调。

自动色阶调整对需要增加反差的图像处理效果很好。自动色阶能影响Color Balance（色彩平衡）。这是因为自动修正调整了每种颜色通道（RGB图像中的红色、绿色和蓝色通道；CMYK文件中的青色、洋红、黄色和黑色通道）中的“黑”、“白”点。它总是值得一试的原因就是非常快捷，如果结果不满足需要，还可以轻易取消，具体操作如下：按下Ctrl/⌘+Z组合键，或者按下Alt/Option将Cancel按 Reset按钮后再单击该按钮，然后再手动调整。

原始图片

修改后图片

有时应用于一个调整图层中的Auto Levels可以起作用，但是并不十分有效。以下操作可以一起或者分别采用：

如果应用于调整图层中的Auto Levels提高了图像的对比度，但实际上却取得更差的效果，这时可单击OK按钮接受结果然后将调整图层的混合模式设为Luminosity。

如果Auto Levels结果很好但是图像看起来对比度有点不自然。只要减少调整图层的不透明度即可从而也降低了对比度调整的强度。

自动对比度

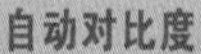

Auto Contrast（自动对比度）命令调整色调时不会影响到颜色。遗憾的是，它不能用作调整图层。要调整对比度又不影响颜色，还要有调整图层的灵活性，可以首先试试在设置为Luminosity模式Levels调整涂层中使用Auto Level命令。

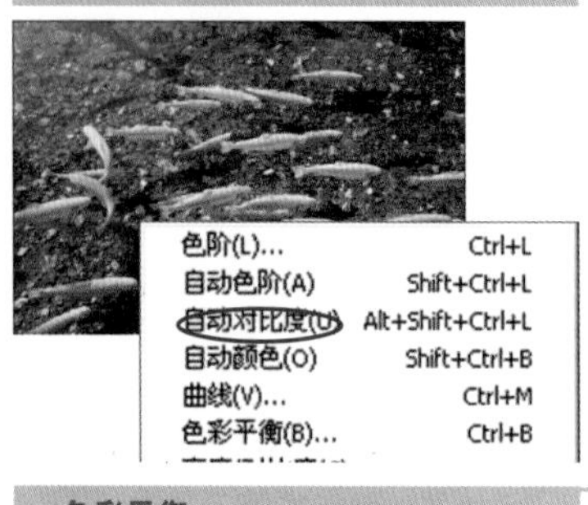

色彩平衡

Color Balance（色彩平衡）调整图层允许将定位颜色调整到高亮、中间色和阴影部分。另外，它的三色滑块也使得它可以容易地修复颜色问题：只要找到控制过多颜色（例如红色）的滑块，并将其滑向另外一端（青色）即可。

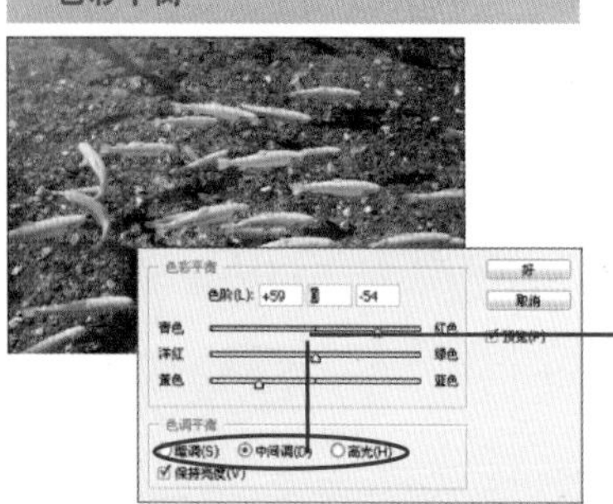

可以对暗调、中间调、高光分别进行色彩平衡的调整。

曲线

原始图片

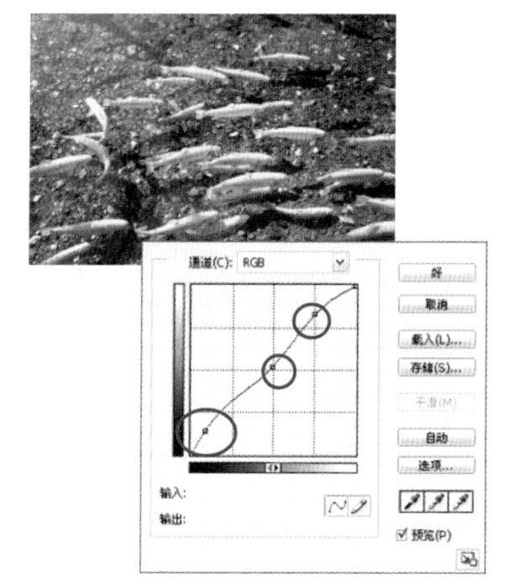

用“M”形状的曲线进行轻微调整可以显示阴影细节并增加高亮色调。

Curves（曲线）对话框可区分和调整图象中的特殊色调范围，而不用调整整体的“曝光度”。例如，可以加亮阴影色调以显示细节。Curves 对话框也可用于 制作颜色特效。另外，涂层样式中的投影、发光、斜面和浮雕选项区的 Contour 和 Gloss Contour选项也是基于Curves设置的。

如果把光标从Curves对话框中移出，光标会变为滴管工具状，再图像中单击，将会在曲线上标出该点色调值的位置，或者在按下Ctrl/⌘的同时，单击可以在曲线上　点 通过鼠标拖动或者使用方向键来移动该点，可以在加深或调亮局部色调的同时预览到调整结果。

可以用过对曲线的“M”形状调整来完成对曝光量好淡却隐藏了阴影的细节的图像的调整。该调整不能用 Levels 方法实现，操作如下：

1、调整Curves对话框的属性，使得色调条的暗端位于左下方，通过在曲线中部单击来固定曲线，可以得到能固定曲线的中点。

2、在曲线低端四分之一处单击并把曲线抬高（向左上拖动）以加亮阴影。

3、如果需要，在曲线顶端四分之一的位置处单击增加一个点，并抬高它以便轻微加亮高光部分。

注意：如果在曲线上添加的不止一个，而且不是像在“M”曲线上那样轻微校正，可能会遇到麻烦。过度调整会造成图像的极色化和过度曝光效果。

亮度 / 对比度

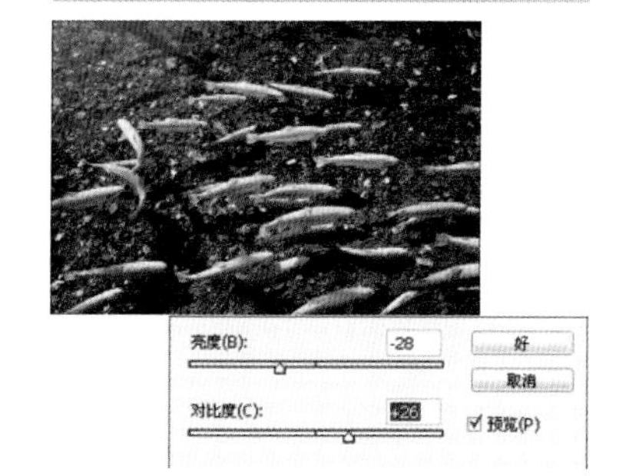

Brightness/Contrast（亮度 / 对比度）命令可用于调整蒙版的边缘。如果要调整图象中的颜色，它可以有限控制可以将图像的颜色和色调范围折中，当亮度改变时将增亮或者加暗图像整体，而当调整对比度时可以减少细节。

色相 / 饱和度

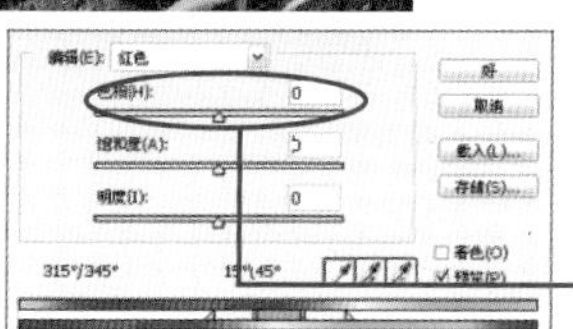

可以对不同的颜色色相分别进行调整

Hue/Saturation（色相 / 饱和度）对话框功能非常齐全，它能够分别控制 Hue（围绕色轮转移颜色）、Saturation（使颜色更中性和灰白，或者使颜色更鲜亮更强）和 Lightness。也可以用它来调整“单色调”，通过选中 Colorize 复选框来染色图像。除了整体改变颜色外，还可以分别给与 6 种色系（红色、黄色、绿色、蓝色、青色和洋红）不同的变化，并且使用滑块扩大或者缩小定位的颜色范围，以及控制改变的颜色和未改变的颜色之间的过渡——可以使简便，也可以是跳跃。

去色

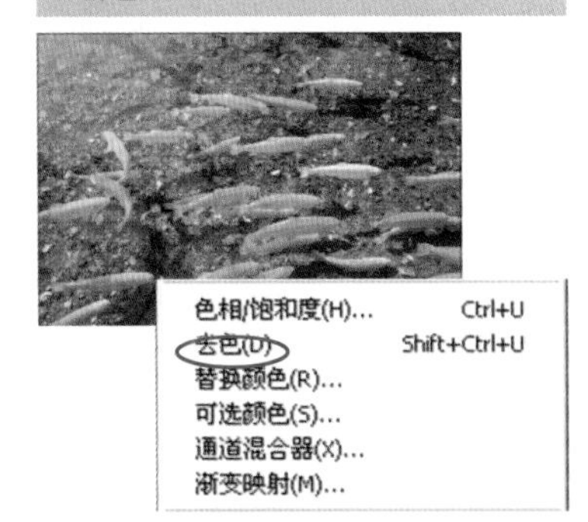

Desaturate（去色）命令是一种“删除”颜色以产生灰度效果的方法，但是在文件中仍保留颜色空间，以便能还原颜色。Desaturate 也使“单击调整”的命令，但是由于它不能用作调整图层（它会永久改变图像，并且对于大多数图像它不提供到黑白模式的最佳转换方法），因此最好在 Hue/Saturation 调整图层或者单色 Channel Mixer调整图层中使用Saturation滑块。

替换颜色

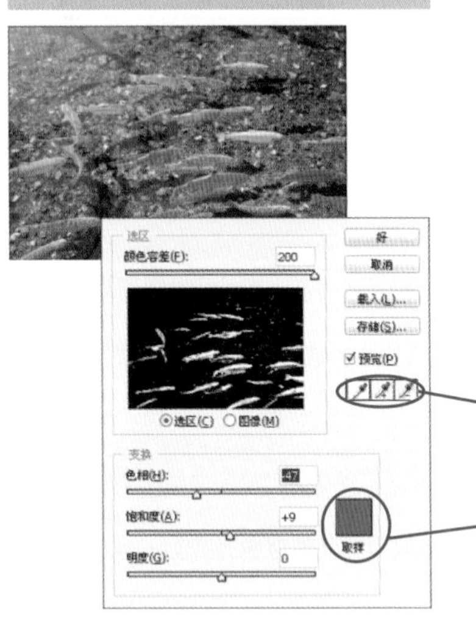

Replace Color（替换颜色）对话框包含一些强大的控制。它允许基于颜色采样制作选区，然后改变选中颜色的色相、饱和度和亮度，这些都只在一个操作中完成，其预览功能使你在使用颜色调整合 Fuzziness（模糊度）设置进行试验的 时候，可以看到选区的改变效果，其中模糊度控制着改变色和未改变色之间的渐变。缺点就是在以后的颜色变更上显得不够灵活。没有办法保存选区边界，而且Replace Color命令不用做调整图层。

这里的三个吸管工具和颜色无关，而是对需要更改颜色的范围进行选择、增加或者减少。

改动后的颜色会在这个颜色框中显示出来。

可选颜色

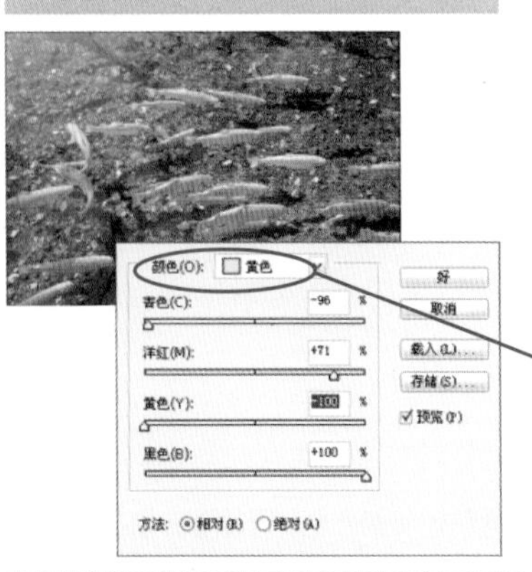

Selective Color（可选颜色）命令是为增加或者减少青色、洋红、黄色和黑色、白色和中间色之一。它有时候用来在颜色校正的基础上进行调整，并表明没有获得目标色。当打印机提示需要增加一定百分比的原色的时候，可以使用 Selective Color命令。如果习惯于以墨的形式考虑，该命令同样适于在开始时调整图像中的颜色 。

选择颜色的类型

渐变映射

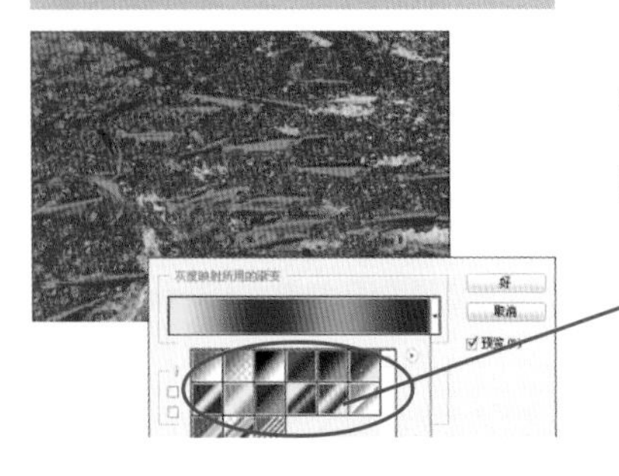

新增的Gradient Map调整命令能使用选择的渐变色代替图像中的色调。该工具在试用一系列的有创意的颜色方案上显得很灵活，只要单击并选择一种不同渐变色即可实现。选中Reverse（反相）复选框后，可以反转原来色调再映射到渐变色的顺序。

选择渐变的类型。

通道混合器

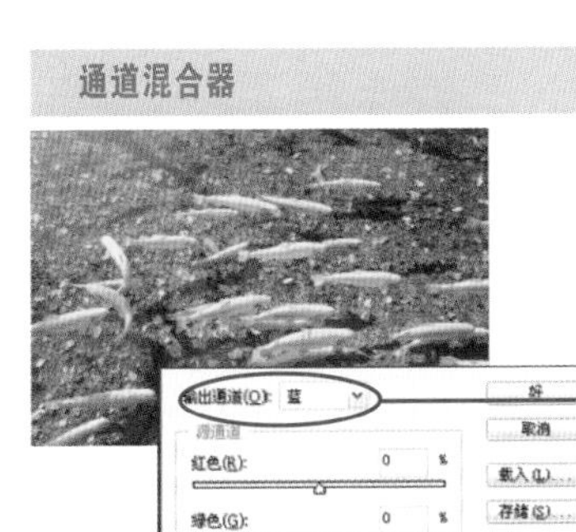

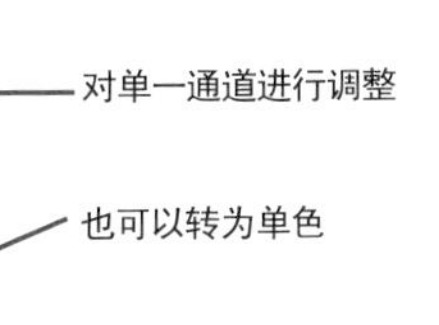

Channel Mixer（通道混合器）命令很适合与调整图象的单一颜色通道，或者将彩色图像转成黑白图。

反相

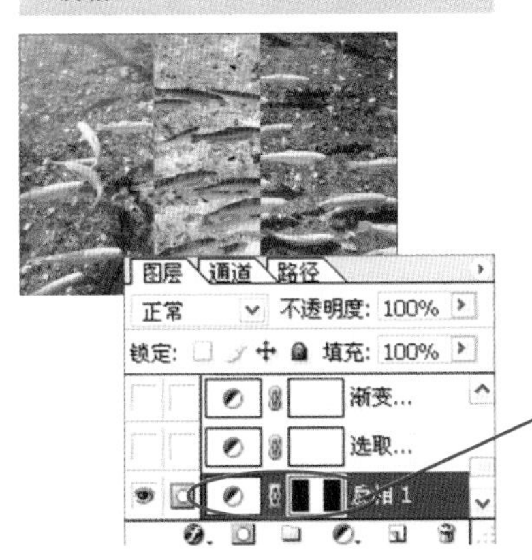

Invert（反相）命令能够反转颜色和色调。除了创建“负片”效果，它还能很有效地创建“反向”图层蒙版。使用该命令可以用前景蒙版创建背景蒙版，或者相反。（如果使用图层蒙版，就不得不适用Invert命令或者按下快捷键Ctrl+ L，而不是使用反转调整图层，这是因为调整图层只能用于图层内容，而不能用于蒙版。）

色调均化

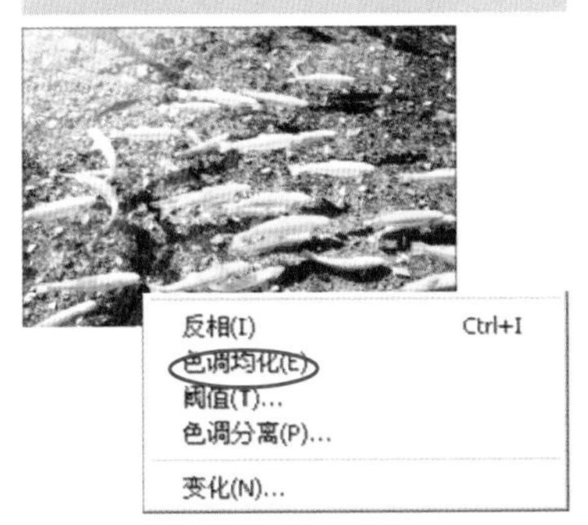

Equalize(色调均化)命令可以很好地查看区域中显示为纯黑或纯白颜色的多余颜色像素，也可以查看剪裁得太近而修平了的柔边。选择Image/Adjust/Equalize菜单命令可以加大相近颜色像素中间的对比度，以便能看见斑点或者边缘。然后执行Undo（Ctrl+Z）操作并修正图像缺陷。Equalize命令常用于查找柔边的范围，以免你在剪裁图像时将其剪除。但是现在的Image/Trim（裁切）菜单命令能自动地完成这种裁切工作。

阈值

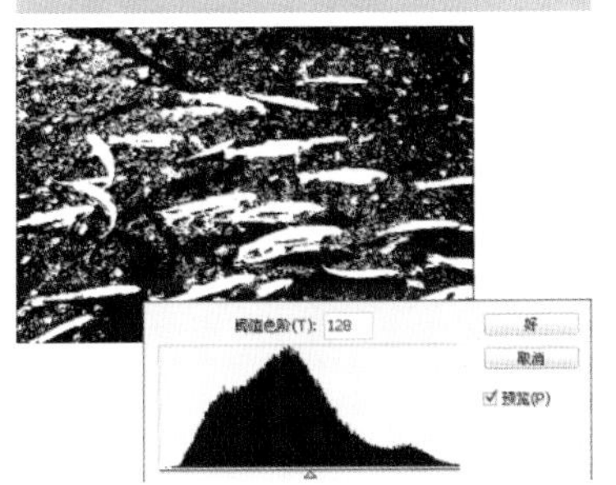

Threshold（阈值）命令可以把图像中的每个像素转成黑色或者白色。Threshold对话框上的滑块控制着图像的色调范围中哪里出现黑白分界。它在相片的单色处理方面很有用。

色调分离

Posterize（色调分离）命令或者调整图层可以通过减少颜色的数量（或灰阶图中的色调）来简化图像。同时它也是为网上发布图像减少色板的良好开端，从而减小文件大小和下载时间。有时可以略微模糊图像（选择Filter/Blur/Guassian Blur或者Filter/Noise/Despeckle菜单命令），然后再执行Posterize命令可以得到更好的效果。制作色调分离效果的另一个方法是使用Cutout滤镜（选择Filter/Artistic/Cut-out 菜单命令）

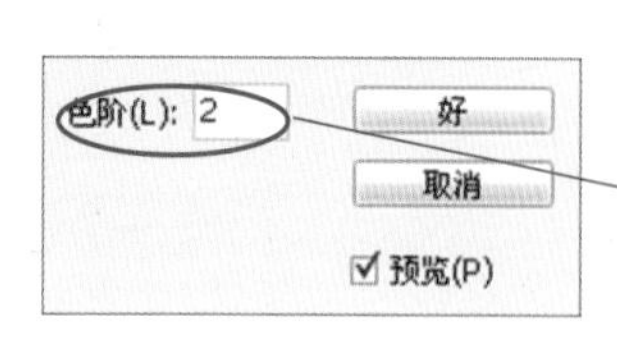

设定数值。

变化

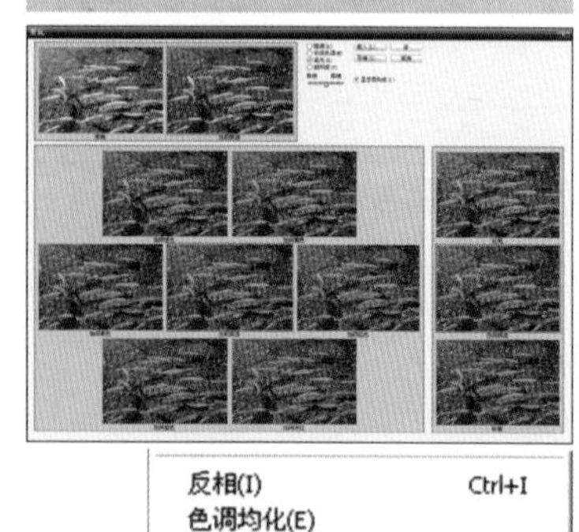

Variations（变化）命令有双重作用，能够进行广范的颜色调整——独立控制高亮、中间色和阴影的色相、饱和度和亮度——并允许预览执行 后的变化，集中不同效果以便从中选择。它能给出一些或许还没有想到的颜色调整选择。例如，如果想要在图像中（或者选区里）需要更多的红色，那么Variations窗口可能会提示增加洋红而使得想要的颜色效果更好。Variation命令的主要缺点是不能用作调整图层。另外，每次实行的变化将按照顺序——一个变化，然后另一个，依此类推——而不是单独加到原始图像上。因此，先处理最需要的问题是至关重要的，这样即使你不得不进行撤销操作，也不会将问题复杂化。

4、颜色和色调的快速调整

色阶和设置灰点

如果原始图像不能通过色阶调整(图B)而修复的颜色脱落，可以试着使用Levels对话框中的Set Gray Point (设置灰点)滴管工具。在单击了Auto（自动）按钮或者调整了黑色点和白色点Input Levels滑块后，如果图像中还有应为中性灰色的像素，可以使用 该滴管工具在那些像素上单击以调整颜色。如果第一次单击，修复不到位(引入了另一种颜色脱落）或者修复过头了，可以在周围继续单击以确定中性的、中间灰度的 位置，如图C中的滴管位置所在。

A

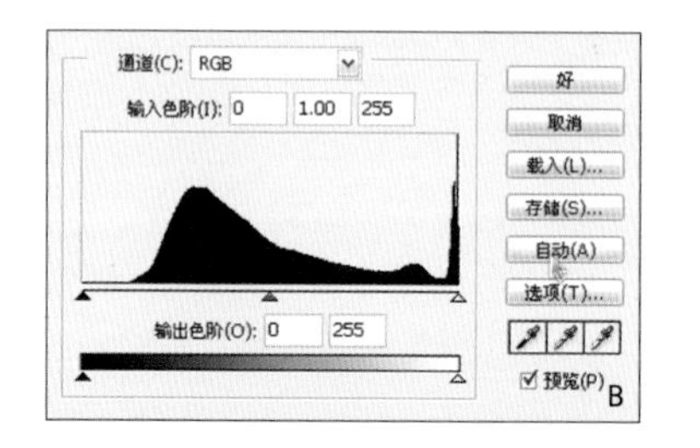

B

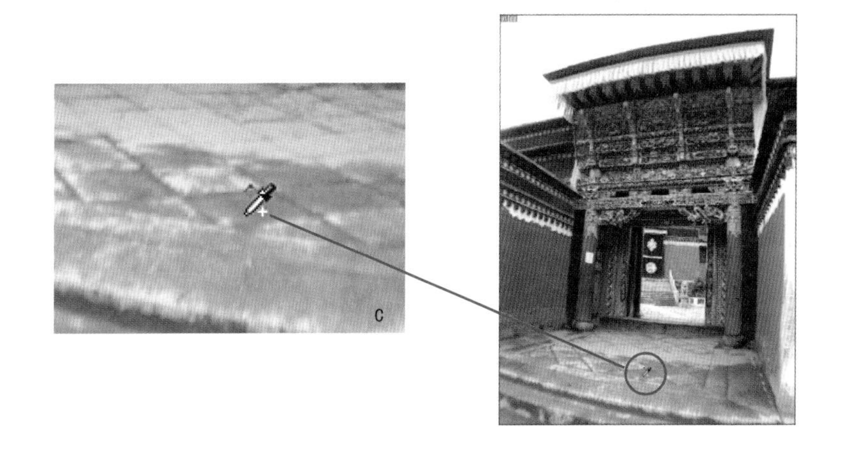

C

蒙版曲线

如果图像中的主体是背光的，我们只是想要在特定区域中加亮某一范围的色调（特别是暗部中的人脸），曲线调整图层就会派上用场。在本图中，为要进行色彩调整的区域设定一个羽化选区（如图 A），然后通过单击 Layers 调板下方的 Create New Fill/Adjustment Layer按钮并从弹出菜单中选择Curves，添加一个曲线调整图层。该Curves调整图层会自动产生一个柔边的图层蒙版，如图B。按下Ctrl/⌘的

，在阴影覆盖的部分单击，会在Curves对话框中增加一个点。向上移动该点（图C）以加亮蒙版中显露出来的区域。

A

B

D

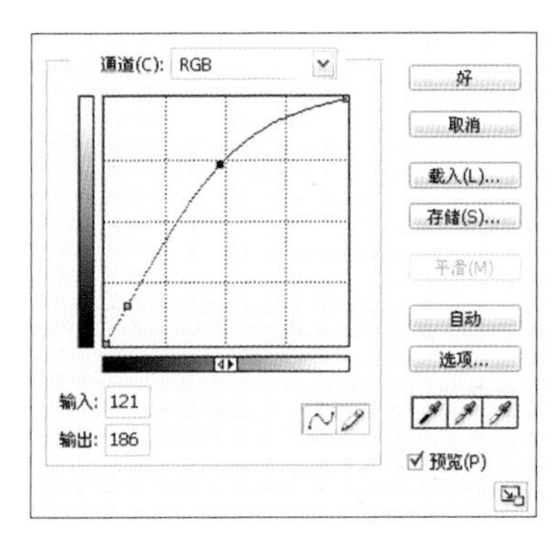

C

案例：双色调图像

如果要制作双色设计，Photoshop有以下四种方式可以完成：

完成后的图像

第一种方法：利用Duotone模式能快速、轻松、灵活地完成复杂的效果。

通过Duotone Option对话框中的Ink1 和Ink2 曲线，Photoshop 的Duotone模式能精确控制用在图像色调中的两种颜色。

原始图片

1、把图像转换为灰度模式（选择Image图像/Mode模式/Grayscale灰度菜单命令），因为Photoshop的双色调图实际上是存有曲线信息的Grayscale图（图1）。

图1

2、把文件转换为Duotone双色调模式（选择Image图像/Mode模式/Duotone双色调菜单命令），并从Type下拉列表框中选择Duotone双色调。然后可以创建自己的曲线（图2），或者单击Load按钮并从Photoshop Presets文件夹中的Duotone文件夹提供的双色调颜色组中选择一个。

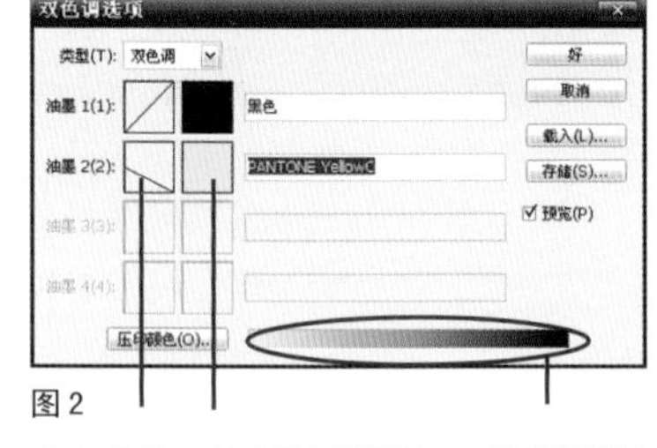

图2

单击曲线可以调出曲线对话框

单击颜色可以调出色库可从中选择一个所需的颜色

这里显示了两种油墨的混合效果

3、图示一中的双色调，依次单击Ink1和Ink2颜色色块，然后单击Color Picker对话框中的Custom按钮，并从提供的颜色组中选择一种颜色，一旦颜色选中后，可在Duotone Options对话框中单击靠近每个颜色方块的Curves方框，拖动并改变曲线以调整颜色处理，，在调整时观察颜色的变化（图3）。

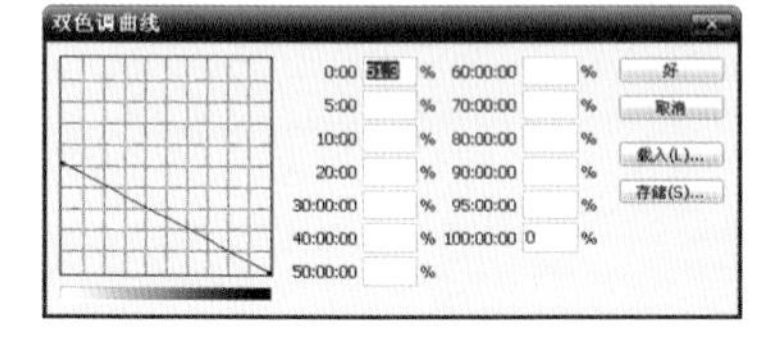

图3

完成后的图像

第二种方法：通过Hue/Saturation调整图层中的Colorize复选框给图像上色。

原始图片

1、首先使用Image图像/Adjust调整/Desaturate去色的命令将图像转为黑白图（图1）。

调整(A)
复制(D)...
应用图像(Y)...
计算(C)...
图像大小(I)...
画布大小(S)...
旋转画布(E)
裁切(P)

色阶(L)... Ctrl+L
自动色阶(A) Shift+Ctrl+L
自动对比度(U) Alt+Shift+Ctrl+L
自动颜色(O) Shift+Ctrl+B
曲线(V)... Ctrl+M
色彩平衡(B)... Ctrl+B
亮度/对比度(C)...
色相/饱和度(H)... Ctrl+U
去色(D) Shift+Ctrl+U

图1

2、单击Layers调板下面的Create New Fill/Adjustment Layer按钮添加一个调整图层，并从探出菜单中选择Hue/Saturation选项（图2）。

图2

色阶...
曲线...
色彩平衡...
亮度/对比度...
色相/饱和度...
可选颜色...
通道混合器...
渐变映射...
反相
阈值...

3、在Hue/Saturation对话框中选择Colorize（创建单色调图）复选框，并移动Hue/Saturation滑块直到取得需要的颜色（图3）。

图3

完成后的图像

第三种方法：通过在Color（彩色）图层模式下添加Hue/Saturation调整图层来降低图像的色调。

原始图片

1、使用RGB图像，然后通过单击Layers调板下的Create New Fill/Adjustment Layer按钮添加一个调整图层，并从弹出菜单中选择Hue/Saturation。在添加调整图层的同时按住Alt/Option键（图1）。

纯色...
渐变...
图案...
色阶...
曲线...
色彩平衡...
亮度/对比度...
色相/饱和度...
可选颜色...
通道混合器...
渐变映射...
反相
阈值...
色调分离...

图1

2、然后移动Hue/Saturation对话框上的Saturation滑块以减少颜色（图2）。

图2

3、在打开的New Layer对话框中Mode下拉列表框中确信选中Color选项，并单击OK按钮（图3）。

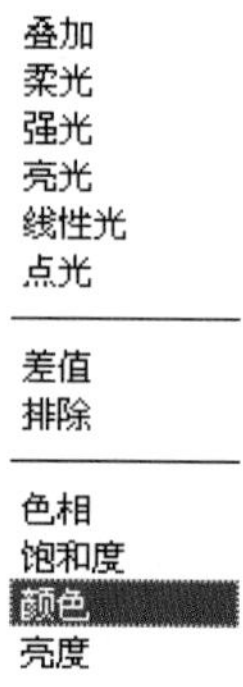

图3

完成后的图像

第四种方法：通过Gradient Map调整图层进行重新映射颜色。

Gradient Editor对话框，如Gradient Editor对话框所示，选择某个渐变色，由于渐变从深到浅，当它用作渐变映射时，映射的图像的色调和原始的色调是相似的。

1、单击Layers调板底部的Create New Fill/Adjustment Layer按钮并从弹出菜单中选择Gradient Map选项（图1）。

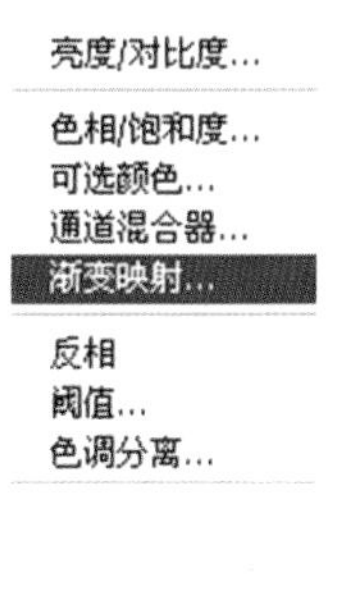

图1

2、在Gradient Map对话框中，单击渐变图样右边的小三角形，并从探出的调板中选择渐变样样式并单击OK按钮或单击渐变色条点出渐变编辑器进行渐变编辑（图2）。

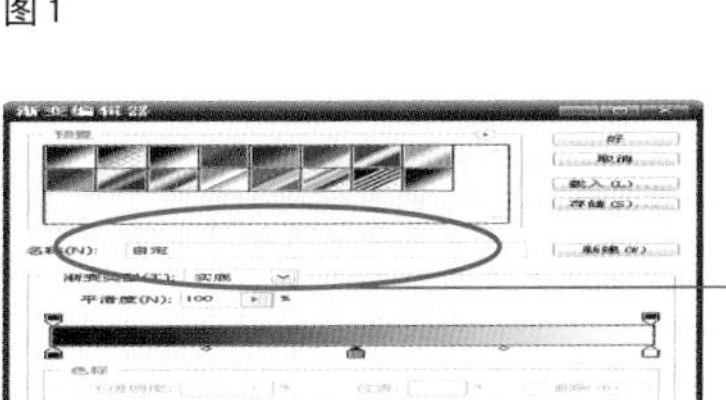

图2

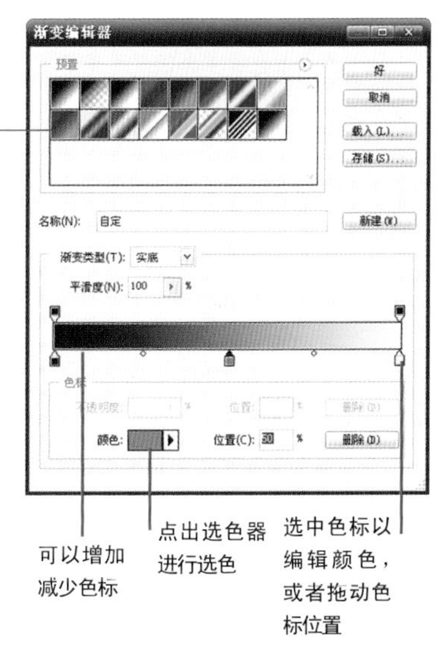

3、渐变映射完成后的图像。

4、设置好渐变映射图层之后，可以改变图层的混合模式进行试验（图3）。

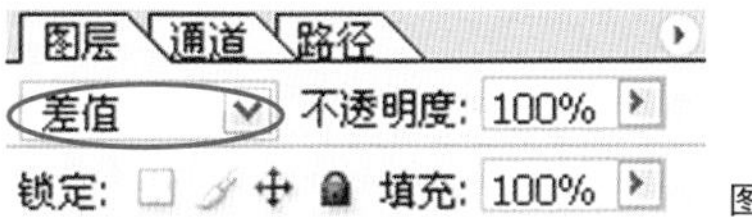

图3

案例：棕褐色色调的三种方法

以下的每一步处理开始时都使用了本张原始相片

以下是在图像中创建棕褐色效果的众多方法中的几种。为了得到这些处理结果可减少图层中的不透明度这样可以使某原始颜色显示出来。

1、在Hue模式下添加一个纯色填充图可以将现有的颜色变成棕色，但这不会改变中性色——黑色、白色和灰色。

2、在Color模式下使用和上面一样的填充图层该图层给图像全都上了色，包括中性色在内。

3、使用Hue / Saturation调整图层并选中Colorize复选框再通过选择一个橙色的Hue并减少Saturation饱和度从而创建了单色调效果。

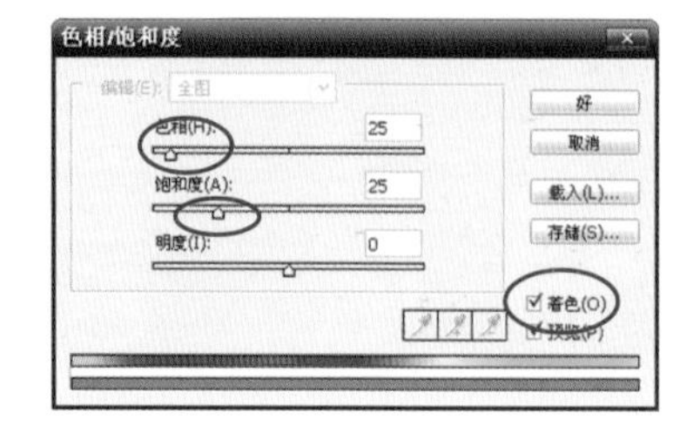

三、利用相片特效来修复照片

有时当需要在创作中添加特殊的艺术处理效果，或者必须使用不能用常规修复方法修复的照片时，可采用下面的照片处理方法：

1、要简化和风格化一幅图像，可以使用像Cutout这样的滤镜来创建多色调分色效果，如左图所示。可以选择所需灰色阴影中的颜色数量，也可以控制颜色断开处的平滑和逼真程度。和Posterize命令以及Posterize调整图层相比，Cutout滤镜可以创建出更为平滑、清晰的边缘，实现更强的颜色控制。当然，也可以试着选择Filter／Blur／Smart Blur菜单命令。

2、为了在明亮的背景中烘托出主体的轮廓，可以选择主体并用黑色填充。(按下D键可恢复缺省设置，再按下Alt／Option + Delete组合键使用前景色填充）。

3、要在背景中除掉不需要的细节，可选中背景，并用下一页“虚化背景但要保留颗粒”中讲述的方法来减淡背景。或者使用Clone Stamp（仿制图章工具），用背景纹理覆盖不需要的细节。

4、想把背景去掉，可先选择背景并用白色或者其他颜色填充。也可以用别的图像来替换背景。想要把主题输出而又不附带背景，可以使用第7章中讲述的“图像和文本的剪影效果”的剪贴路径。

5、要混合从一幅图像延续到另一幅图像中的景象（通常是天空），即在一幅图像中融合一系列全景图，这通常是最难的。想要拼合一幅有缺陷的全景图，一个解决方法是用另一幅天空图替换。这可以是另一幅图像中的天空、用蒙太奇手法处理的图像的一个延伸版的天空，或者用渐变效果合成的天空。

6、想制作艺术特效，可试用Filter／Sketch关联菜单中的滤镜。其中，很多滤镜都是使用前景色和背景色来创建艺术效果。所以在使用这些滤镜之前要选择颜色，也可以以后使用选项改变颜色，如“棕褐色色调”提示。

透视

水平镜像

垂直镜像

自由变换和变换

执行编辑菜单中的自由变换和变换的内容是一样的，区别在于自由变换可以用快捷方式Ctrl/⌘+T来直接使用，其缺省状态下8个节点可以改变图像的大小，鼠标放在直线边框上，就可以旋转图像。在变换框内点鼠标右键可以显示和变换命令相同的菜单，可以从中选择需要的命令。

在变换框内点鼠标右键可以显示和变换命令相同的菜单，可以从中选择需要的命令

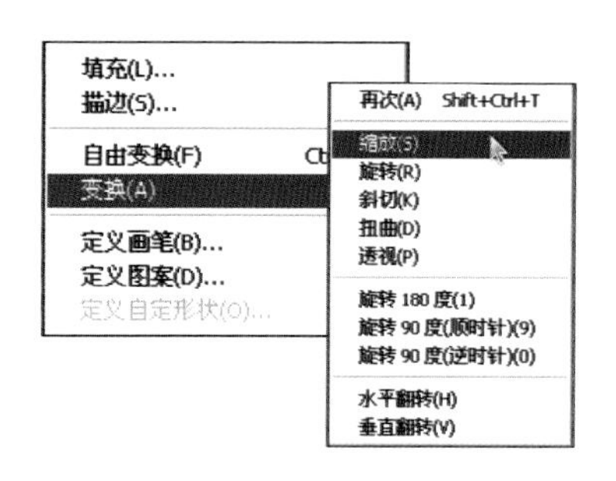

缩放

旋转

倾斜

扭曲

案例：颗粒化照片——添加杂质

如果要在一幅肖像作品中隐藏缺陷，特别是皮肤的，我们可以采用添加杂质的方法来对照片进行风格化，这样既可以相对掩饰掉照片上皮肤上的杂质，另一方面有可以使照片产生胶片颗粒的效果，使照片产生怀旧感。

完成后的照片

原始图片

1、打开原始图片，执行图层菜单中的新建/图层命令，在弹出的新图层对话框中设定模式为：叠加，并选中填充叠加中性色（50%灰）（图1）。由此在图层中增加了一个50%灰色的叠加模式的新图层。

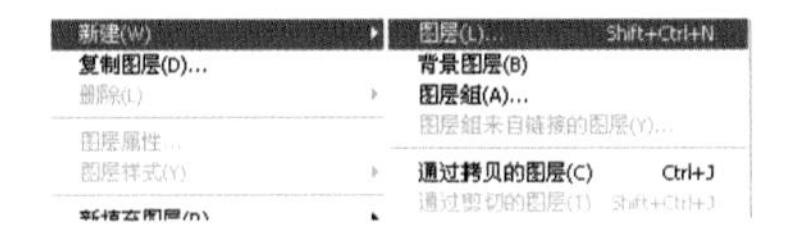

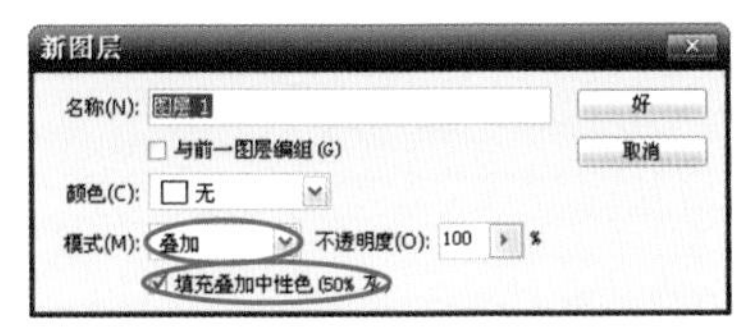

图1

2、选择刚才新建的图层，执行滤镜菜单中的杂色/添加杂色命令（图2）。

图2

3、设置相应的数值，在这里设定数值为10（在预览效果里看到颗粒化适中即可），选择高斯分布及单色（图3）。添加杂色后的图层合成图像可以看出小颗粒在图像上的分布（图4）。

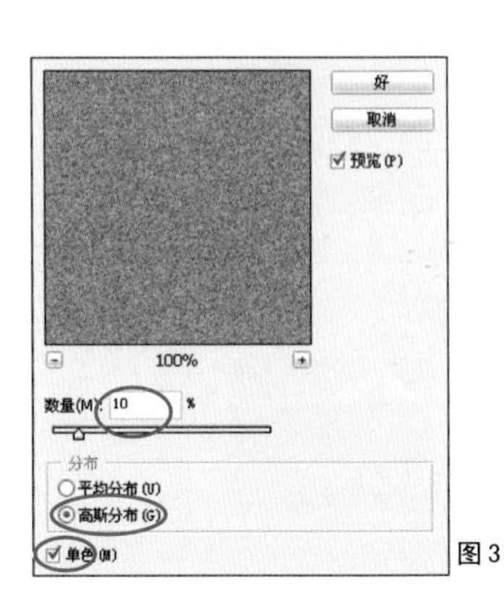

图3

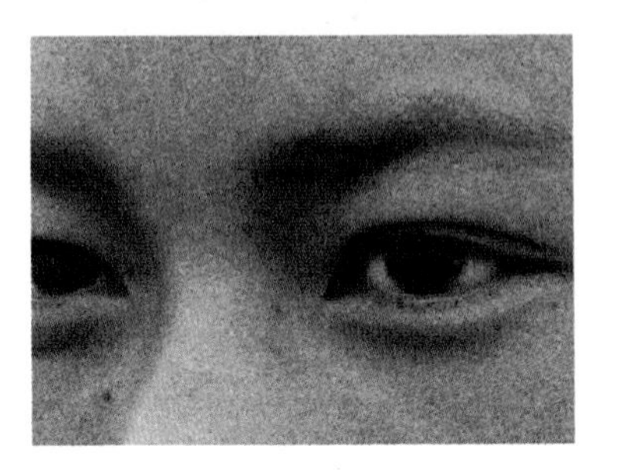

图4

4、还是选中灰色的图层，执行编辑菜单中的自由变换命令（图 5），这时在画面上会有一个类似裁切框的变化框出现，在选项栏中锁定长宽比例，设置长宽变化为 200%，按回车键。

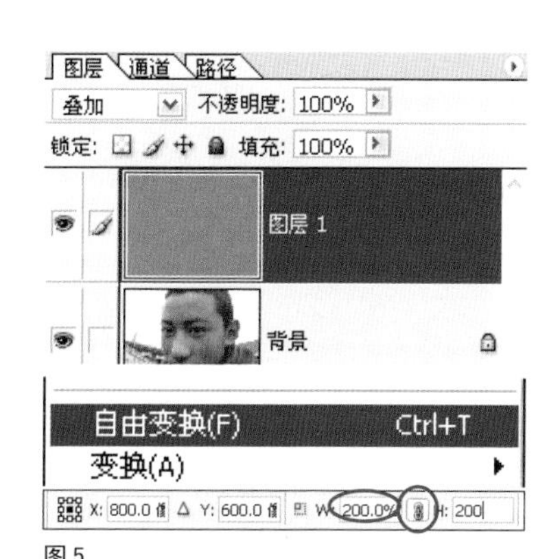

图 5

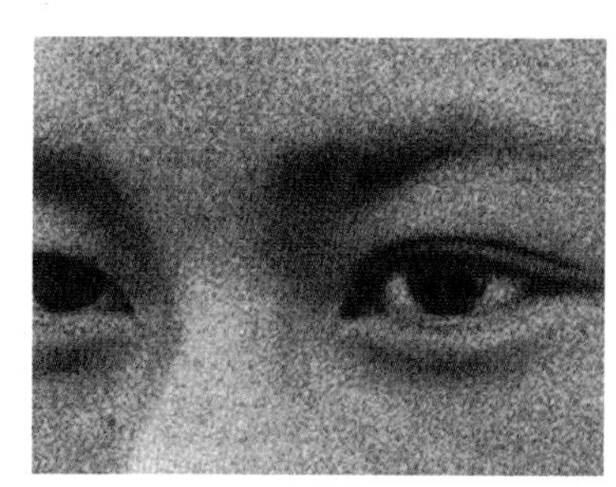

5、为了使杂点和图像更好地柔化混合，可以将图层的不透明度设定为 50%（图 6）。

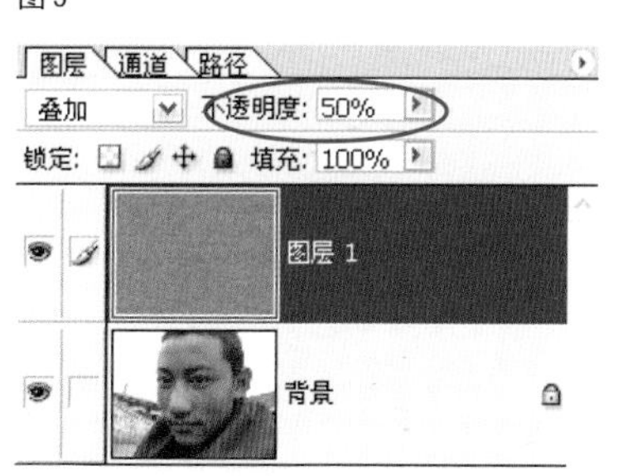

图 6

案例：虚化背景

完成后的照片

在我们进行图像修正处理时，可以采取虚化背景的手段从而达到突出主体清晰度的效果。虚化背景容易使前后看来在颗粒效果上不协调，可以采用前一个案例的添加杂点来增加背景的胶片化，从而达到前后的一致。

原始图片

1、制作选取和储存选区（图1）。用适当的选取工具来对中间的主体进行选取，可以用多变形套索工具，也可以使用钢笔工具制作路径。然后通过路径调板提取选择(此部分内容可参考第六章选取部分)。

图 1

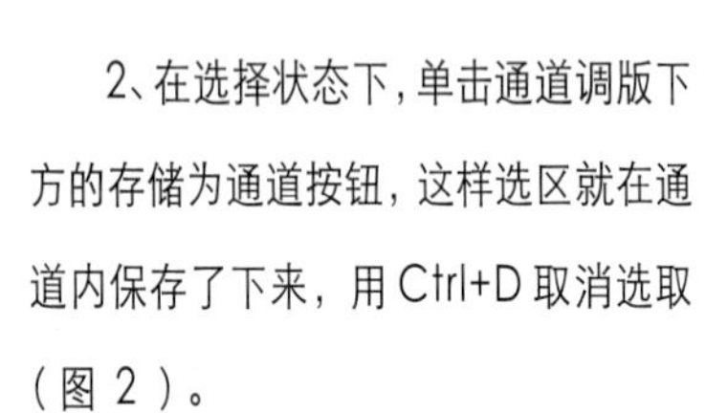

2、在选择状态下，单击通道调版下方的存储为通道按钮，这样选区就在通道内保存了下来，用 Ctrl+D 取消选取（图 2）。

图 2

3、然后回到图层调板，拖拉背景图层到调板下方的增加新图层的按钮上，添加一个背景图层的副本（图 3）。

图 3

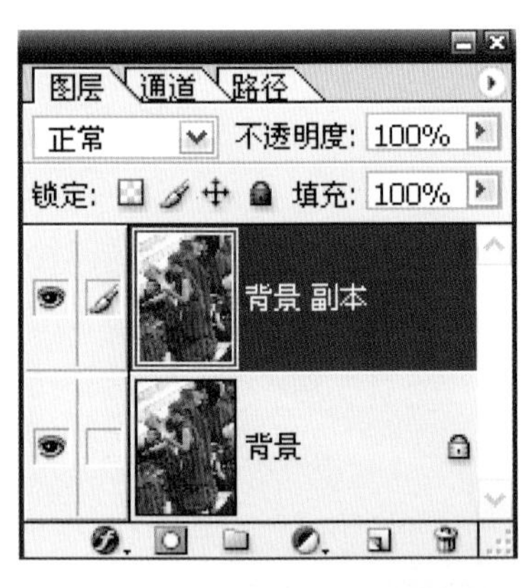

4、、在选择菜单中执行载入选区的命令，选择通道：Alpha1，新选区（图 4）。

图 4

5、确认背景副本图层为当选图层，执行图层的下拉菜单中的通过剪切的图层命令——主体就从背景中分离了出来——主体作为一个图层被剪切了（图5）。

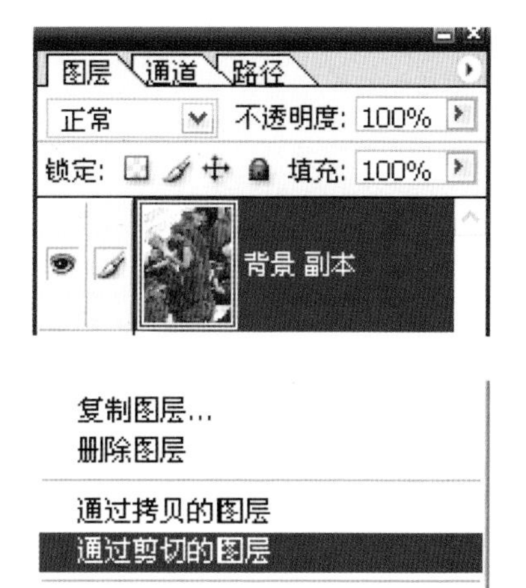

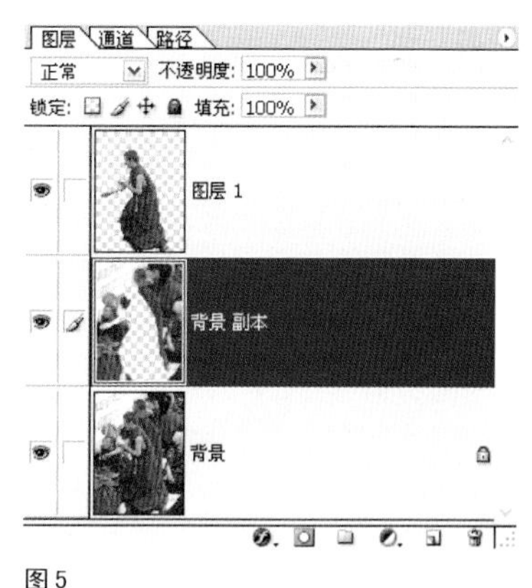

图5

6、选择背景副本图层，执行滤镜菜单中的模糊/高斯模糊命令。（图6）

模糊
渲染
画笔描边
素描
纹理
艺术效果

动感模糊...
径向模糊...
模糊
特殊模糊...
进一步模糊
高斯模糊...

图6

7、在弹出的对话框中设置适当的模糊数值，这里设置数值为11（图7）。可以透过选择预览来调节整个图像背景的模糊程度。模糊效果执行之后如果不是很明显，还可以通过Ctrl+F（再次执行滤镜）的快捷方式重复一次模糊。

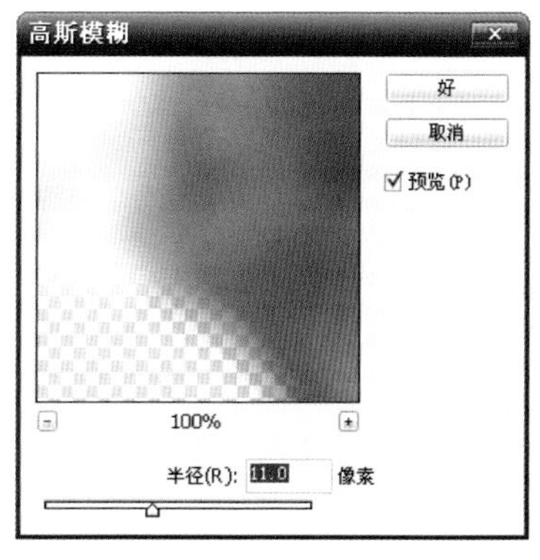

图7

8、模糊效果完成之后，我们可以通过添加杂色的方法来增加背景的颗粒化，确认背景副本图层为选择状态然后添加一个50%灰度的叠加图层，该图层必须在主体图层与背景图层之间，这样颗粒效果才能实现（图8）。

然后执行前一个案例中的添加杂点命令，从而增加背景的颗粒化，使得前后颗粒协调。

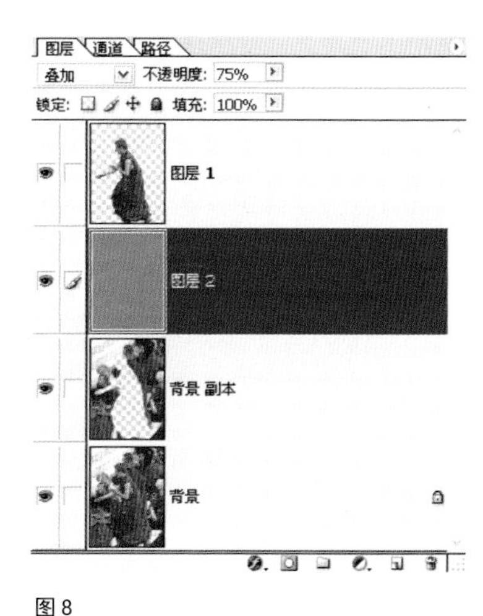

图8

案例：黑白图像彩色化

现代基本情况下我们拍摄的照片都是彩色的，但有的时候我们也可以运用自己想要的颜色对照片再度上色，以获得自己想要的效果。在Photoshop中，为每一种颜色创建单独的图层，可以灵活控制黑白与彩色之间的相互作用。

完成后的照片

原始图片

1、准备相片。首先我们需要把一幅灰度照片转为RGB模式（选择图像/模式/RGB 颜色）（图1）。转好模式之后，图像看起来好像并没有变化，但是现在可以选择颜色了，而刚才在灰度模式下则不行。

图 1

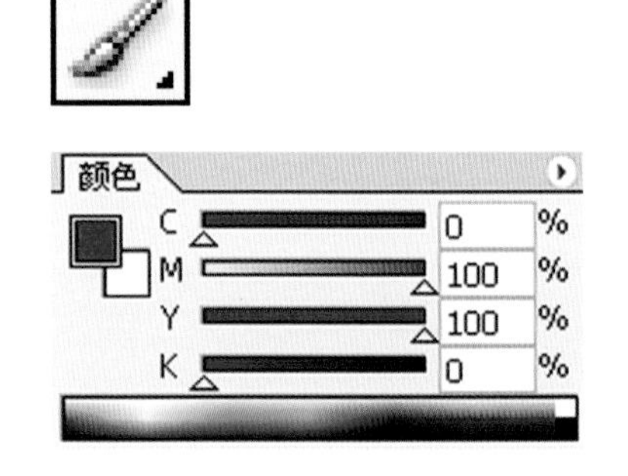

2、点击图层调板的下方的创建一个新图层的按钮（图2）。并在图层的模式选项选择颜色，把不透明度设置为50%。

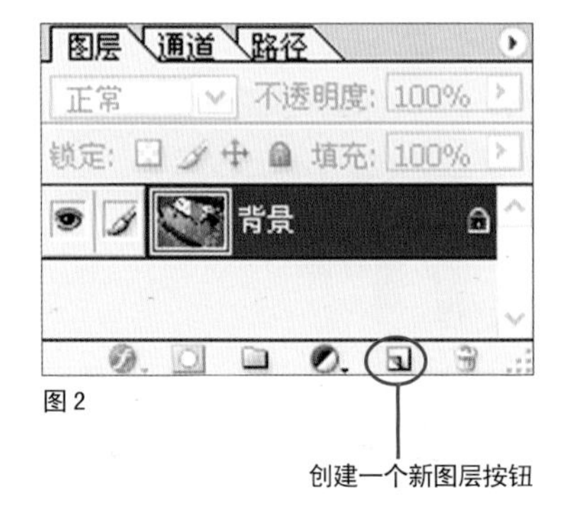

图 2

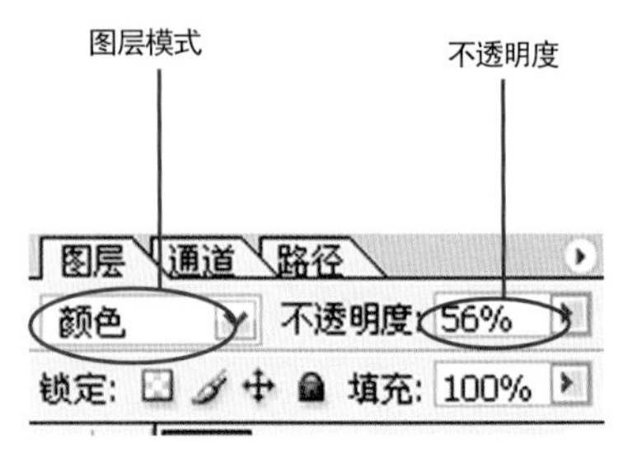

3、选择毛笔工具，并将颜色设置为颜色面板中数值的红色，在新建的颜色图层中针对灯笼的区域涂所选的红色（图3）。如果涂色的时候超出了灯笼的范围，可以用橡皮工具把多出的颜色擦除。（毛笔和橡皮工具的笔头设定请参照第六章）

图3

4、给所有灯笼的区域都上好色之后，我们关闭背景图层的眼睛，可以看到灯笼的区域都是50%的填充色（图4）。

图4

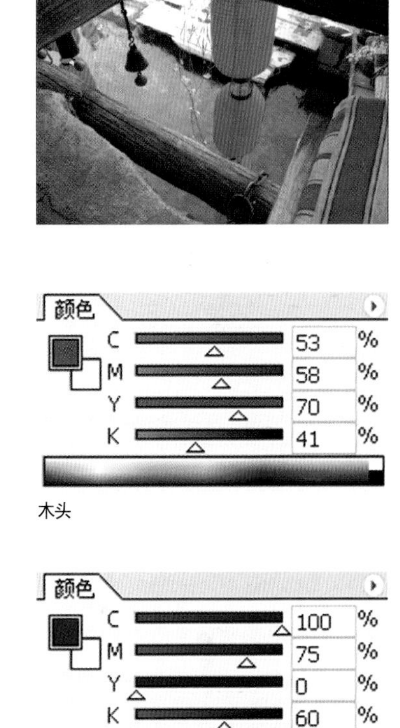

木头

水

5、同样地，增加填充叶子、垫子、水、木头等各颜色图层，每个图层都选定相应的颜色进行在相应的范围进行填充（图5）。

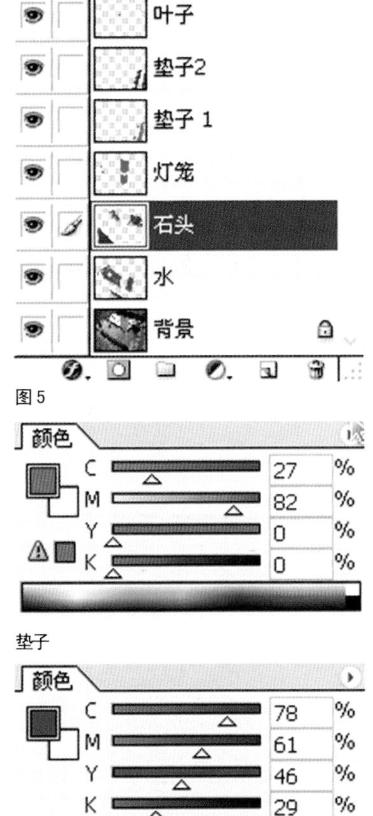

图5

垫子

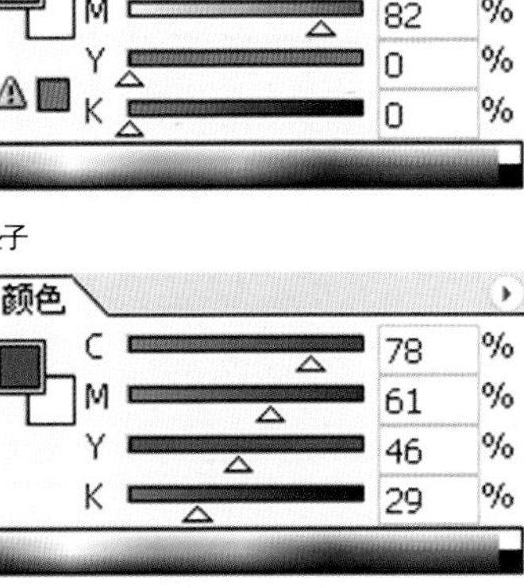

垫子

颜色
C 63 %
M 60 %
Y 67 %
K 54 %

石头

颜色
C 50 %
M 0 %
Y 100 %
K 0 %

叶子

四、手动修正图像的几种方法

Photoshop 调整工具有 Clone Stamp（仿制图章工具）、Smudge（涂抹工具），Sharpen/Blur（锐化 / 模糊工具）和 Dodge/Burn/Sponge（加深 / 减淡 / 海绵工具），也包括徒手 Paint 工具，它们都是很难使用。以下有几种调整方法，即使使用时犯了错误也不会永久破坏图像，并且每个个别修正都能清晰地查看、删除或者修复。

1、要去掉脏记和细小的刮痕

可在上方图层复制图像(Ctrl / ⌘+)，并在该层上运行 Dust & Scratches 滤镜。然后添加一个黑色填充的图层蒙版以隐藏整个滤镜处理过的图像，最后再使用白色在需要隐藏滤镜处理过图像的斑点处进行描绘。该方法将在“修复有缺陷的相片”中逐步讲述。如果我们使用的是不能带有多个图的16位图像，可以采用使用History功能进行调整。

2、要去除大的斑点

可在图像上方的透明的“repair”图层上使用Clone Stamp工具，并在开始时在选项栏中将工具设置成 Use All Layers。当在Non – aligned模式下并使用一个中等大小而且柔软的笔刷时，Clone Stamp 的效果较好。按下 Alt/ Option键的同时单击可以拾取临近的图像细节，再次单击可存储它。既然修复工作跟在一个分开的图层上进行，可以随时更改修复工作。

3、要模糊或者锐化图像的特定区域

可按照上面删除脏物和细小刮痕中所述的方法添加一个复制图层。用合适的滤镜（Filter / Blur/Gaussian Blur 或 Motion Blur，亦或 Filter / Blur / Unsharp Mask（USM 锐化））减淡或者锐化该图层。增加一个黑色填充的图层蒙版，并使用和删除脏物和细小刮痕时相同的 Paintbrush（笔刷）和白色描绘。

4、要增加图像中特定区域的亮度

对比度和细节，可在图像上方新建一个图层，然后将图层置于Overlay模式下并用 50%的灰色填充，该灰色在 Overlay 模式下是中性色（不可见的）。（按下 Alt / Option 键的同时，单击Layer调板下方的Create A New Laver 按钮，打开 New Layer 对话框，从中可以设置新建图层的模式和填充效果）。用黑色涂料（减淡）、白色涂料（加深）或者灰色阴影，再通过透明度高的、柔软的 Airbrush（喷枪）或者 Paintbrush（画笔）工具来处理该图层 。

注意: Dodge处和Burn工具也能调整对比度、亮度和细节。但是这些工具的使用比较慢，并有点烦。首先，必须在每个工具选项栏中的三种不同 Range 范围（高光、中间调和暗调）参数下拉列表框中进行选取; 其次，使用这些工具徒手绘制时，不能及时确定是否已达到最佳效果，因此不得不取消或者重做以取得满意的结果。最糟的是，不能在分开的图层上进行调整，这也就意味着不得不改变原始颜色。

5、要在图像某些区域中增加或者减少色彩的饱和度

可添加一个Hue/Saturation调整图层并进行饱和度调整以修复特殊缺陷——此时，会略掉图像的其他部分。用黑色填充调整图层，这将完全遮住饱和度变化。最后，在有缺陷的地方用白色的、柔软的Airbrush或者Paintbrush工具进行描绘，再更改蒙版以便能显示出饱和度变化。

注意: Sponge 工具可不能用在单独的 Repair（修复）图层上，所以使用带有蒙版的 Hue/ Saturation 图层要比使用 Sponge 工具要好得多。

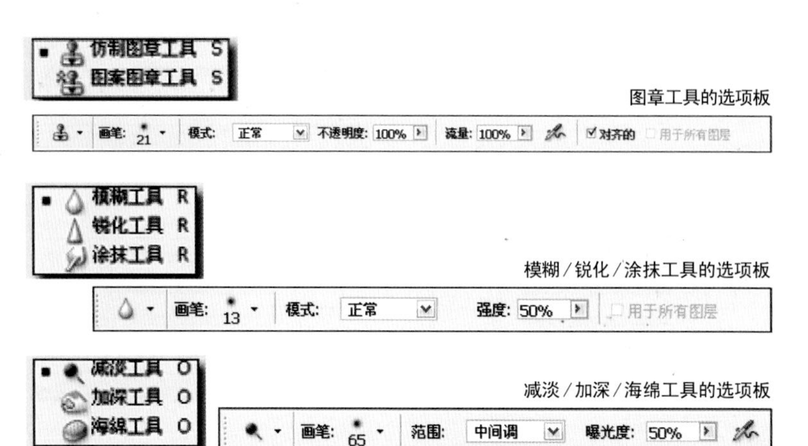

图章工具的选项板

模糊 / 锐化 / 涂抹工具的选项板

减淡 / 加深 / 海绵工具的选项板

案例：修复有缺陷的相片

完成后的照片

当需要修复一幅有缺陷的相片时，我们需要一种既能自动操作，又能让我们精确控制修复设置和质量的方法，并且这种方法要足够灵活以便在以后需要时可以进行调整。该方法应该能让我们使用 Photoshop 中内嵌的、强大的、快捷的滤镜和调整图层，来进行整体修复，如消除脏记和刮痕以及调整颜色和色调。但是我们也许需要人工指定这些自动修复，以便能精确产生我们需要的结果。右面的图像是修复以后的版本，我们从图像中删除污点，当包括颜色校正在内的整个修复过程结束后，背景图层的图像丝毫未损，而且不同的变化信息都保留在各自的图层，需要时可以在很容易地在图层上进行编辑。

1、分析相片

特殊处理因图像不同而不同，但是从扫描结果（图 1）来看，很多旧相片都显示有缺陷。大多数明显的缺陷都是由于底片上的垃圾或者是感光乳剂的退化带来的“污点”。另一个就是颜色的褪色、折痕、断裂，或者是旧的照相纸的颗粒状。开始时要识别出相片中最严重的缺陷，以便我们能最先修复它。本图中最严重的缺陷是污点、照片损坏以及旧照相纸的颗粒。

扫描完之后用裁切工具将照片裁切到我们要得尺寸，并把色彩模式转为灰度模式（图像 / 模式 / 灰度）（图 2）。

图 1

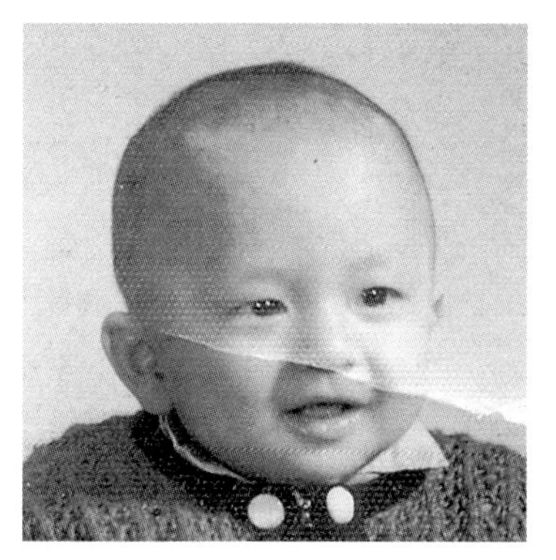

图 2

2、删除脏记和刮痕

(1) 要除去脏记和刮痕，开始时将原始图像复制到另一个图层中：在图层调板中将图层的缩略图拖动到调板底部的创建一个新图层按钮上。

然后采用如下滤镜来处理拷贝图层以隐藏所有的“污点”：选择 滤镜／杂色／蒙尘与划痕菜单命令（图3）。蒙尘与划痕寻找在颜色和亮度上不同于周围的斑点，然后把周围的颜色融合到该斑点中以消除它们。在弹出的蒙尘与划痕对话框内移动半径滑块增大其数值当我们取得隐藏所有的斑点的半径设置时，我们会发现内在的噪点或者胶片颗粒也被删除了。为了恢复这些颗粒，不要移动半径滑块，向右移动阈值滑块直到斑点刚刚再次出现为止；然后将滑块向左轻微移动直到斑点再次消失。

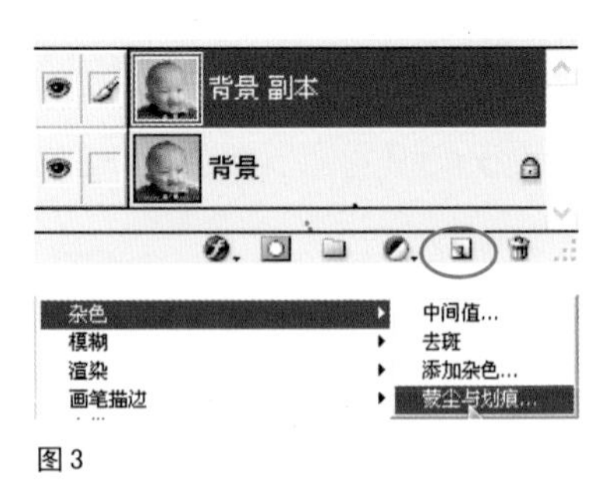

图 3

如（图4），通过增加阈值，我们刚才的操作可以使滤镜更为精确以至于它只是减淡了那些不同于周围的斑点。像这些和胶片颗粒相关的细小颜色差别仍没有改变。单击好按钮关闭蒙尘与划痕对话框。

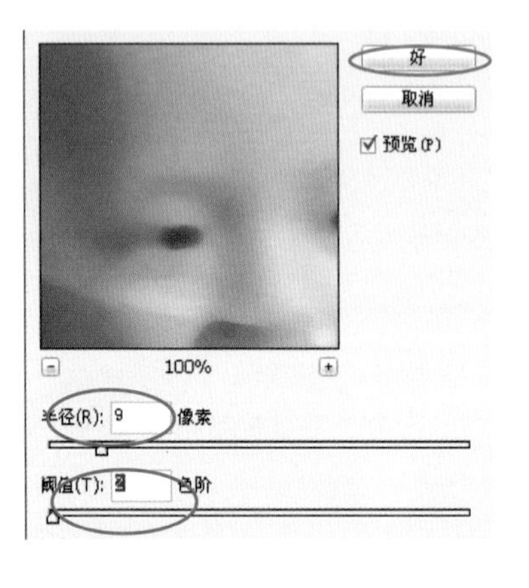

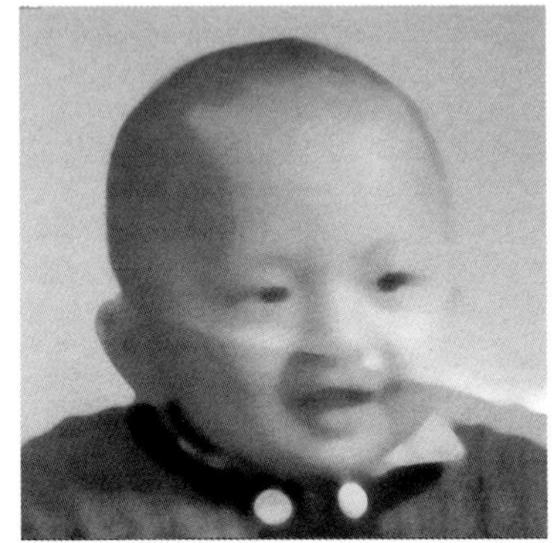
图 4

(2) 破损的痕迹在做过蒙尘与划痕后并未能完全消除，接下来我们可以通过涂抹工具消除模糊后的破损痕迹，选择涂抹工具后，选择其选项板上的画笔的下拉菜单，移动滑块调节其画笔大小，并在痕迹上来回涂抹（图5）。

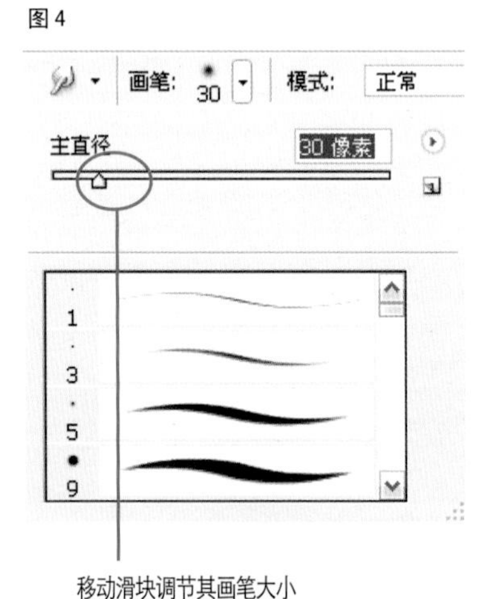

移动滑块调节其画笔大小

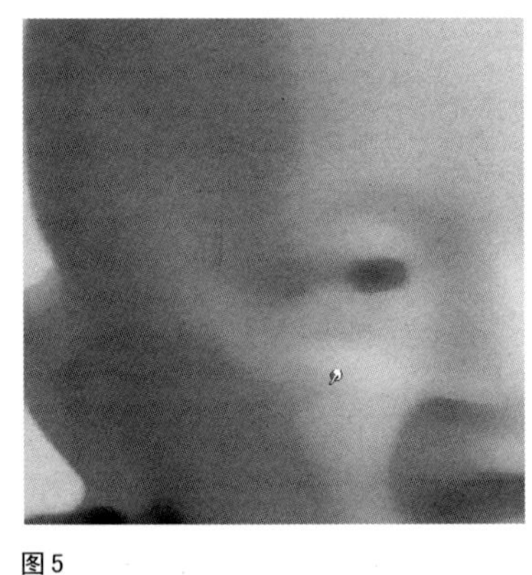
图 5

(3) 随后，还可以使用涂抹工具，让明暗不是很舒服的额头变得更自然。而背景中的破损痕迹可以先不用去模糊它，我们可以在后面制作背景的时候直接把它去除掉（图6）。

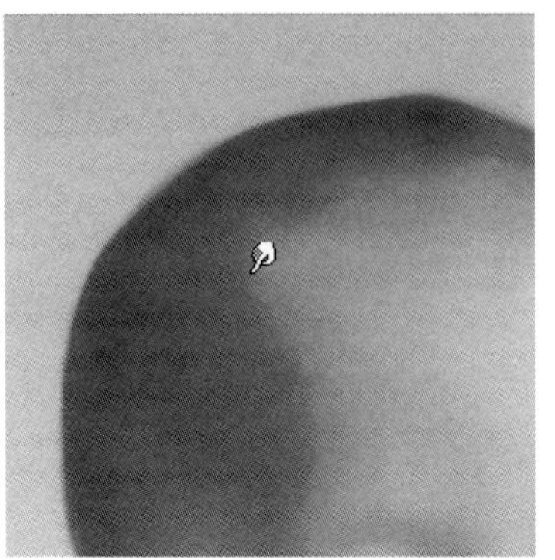
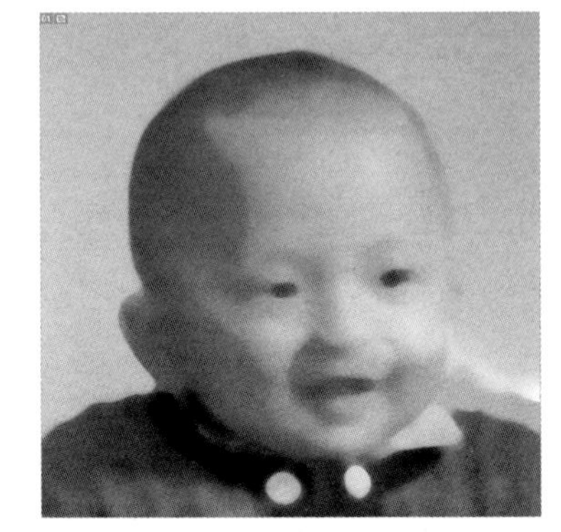
图 6

(4)尽管除去了斑点并恢复了颗粒，我们会发现某些重要的图像细节也已经被除去了。这是因为蒙尘与划痕滤镜不能区分刮痕和睫毛，或者一个污点和闪烁的目光。为了解决该问题，我们可以使用图层蒙版来遮住滤镜处理过的图像，并在需要隐藏的缺陷处把它描绘回来，操作如下：按下Alt/Option键的同时单击图层调板底部的添加遮罩按钮，创建一个用于遮挡新的滤镜处理图层的蒙版，（图7），调板现在显示黑色填充的蒙版是活动的，在工具箱中前景色应该是白色。

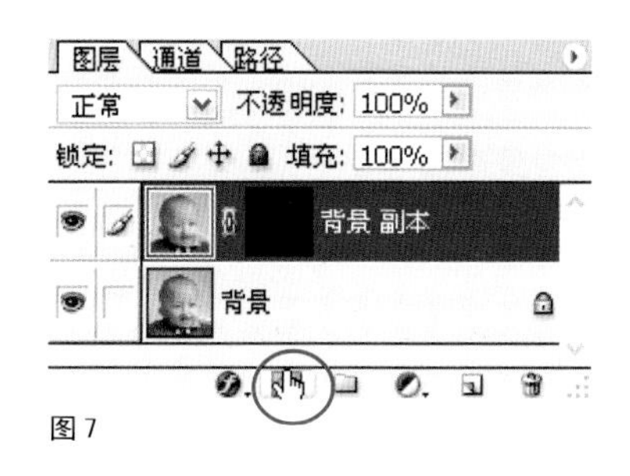

图 7

(5) 选择喷笔工具，并在选项栏中把压力设置成100%，单击紧挨着画笔图样的小三角形，以打开笔头调板，我们可以从中选择柔软的笔刷，其大小为我们需要隐藏的污点的大小。或者是涂抹效果适合的笔头大小（图8）。

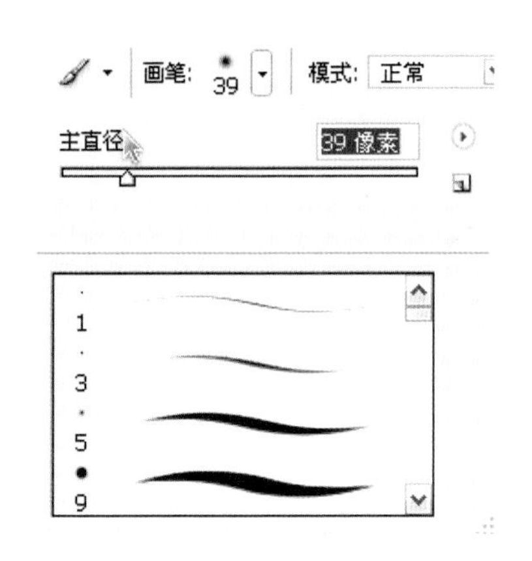

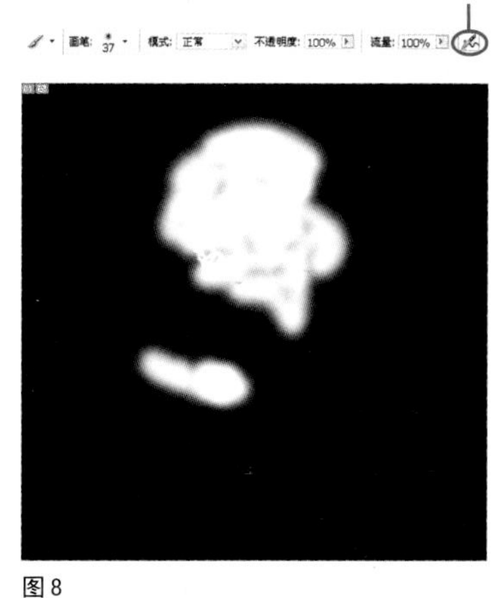

图 8

(6) 涂抹操作将在蒙版中创建白色区域，可允许滤镜处理过的图像覆盖原图像，把污点处放大，如图中的脸部，使用喷笔工具涂抹（图9）。注意：形与形的边缘可以保留背景中的细节，而不用把背景副本中的内容显露出来，这样看上去才逼真。现在除了眼睛、嘴巴、头型边缘这些细节没有被修改之外，其他的部分都已经通过修改遮罩而变成了修复后的样子。

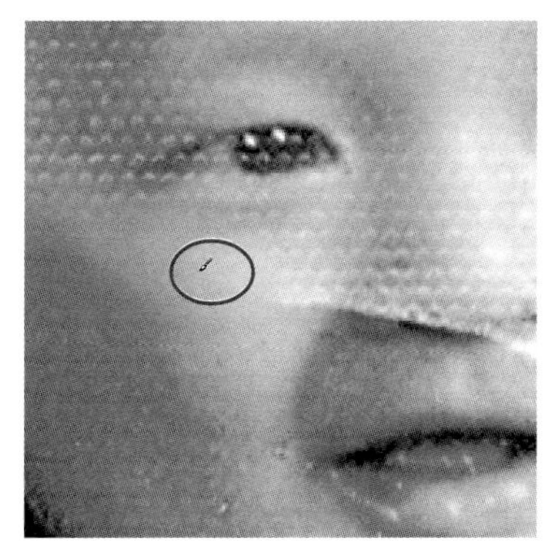
图 9

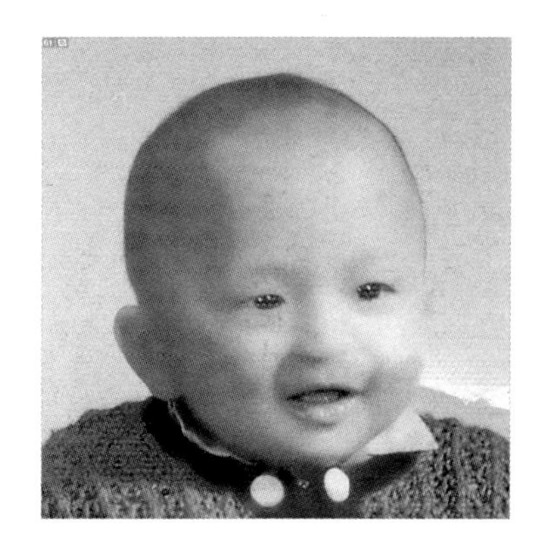

3、细部修复

(1)眼睛、嘴巴上目前还留有橡塑的残缺，我们可以利用图章和涂抹工具去掉这些残缺（图10）。在过滤处理的图层上添加一个“修复”图层，从中我们可以进行手绘处理。这可以保护图像免受绘制

错误影响，也可以在需要时很容易改变修复处现开始时添加一个图层(单击创建新图层按钮)。使用修复图层可以完成细部修复。

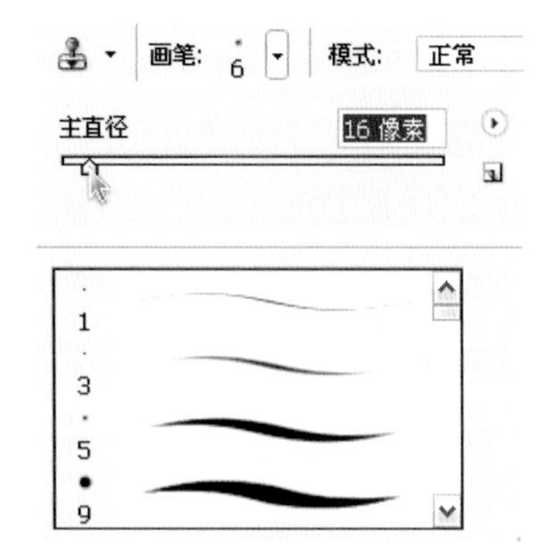

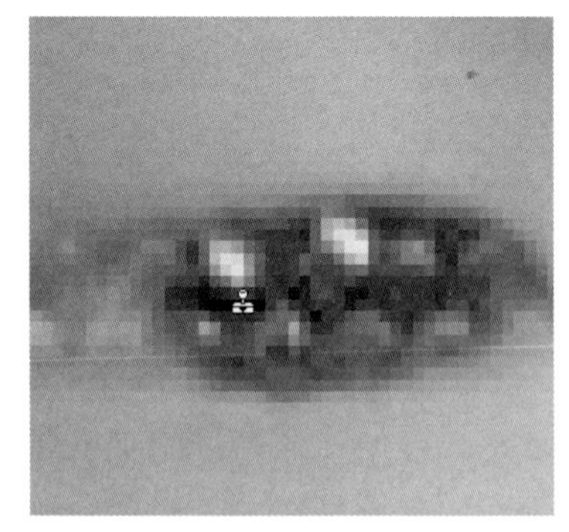

图 10

(2)然后将涂抹工具的笔头调小，将刚才图章克隆的像素变得柔和（图11）。

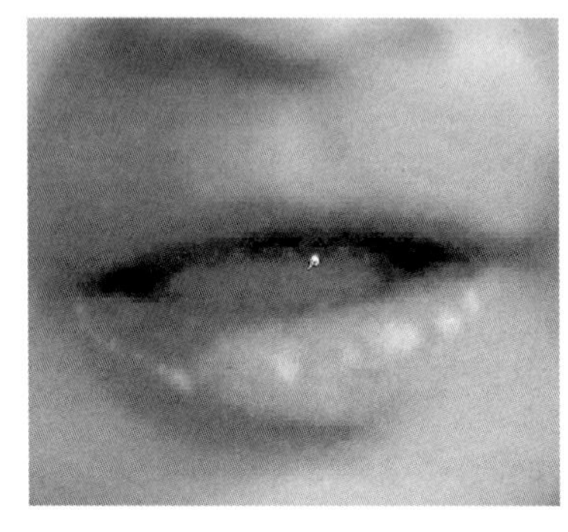

图 11

4、修复背景

（1）增加一个图层，并用渐变工具，将前景色和背景色分别设为目前图像背景中的两种灰色（图12)。

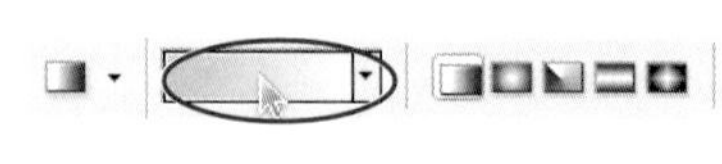

点击这个区域可以调出渐变编辑器对话框

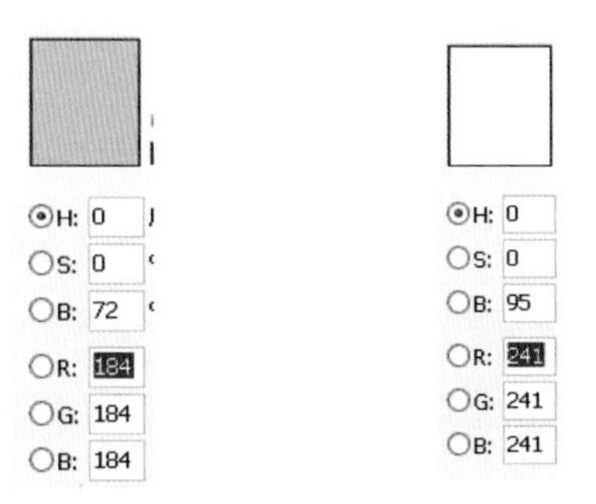

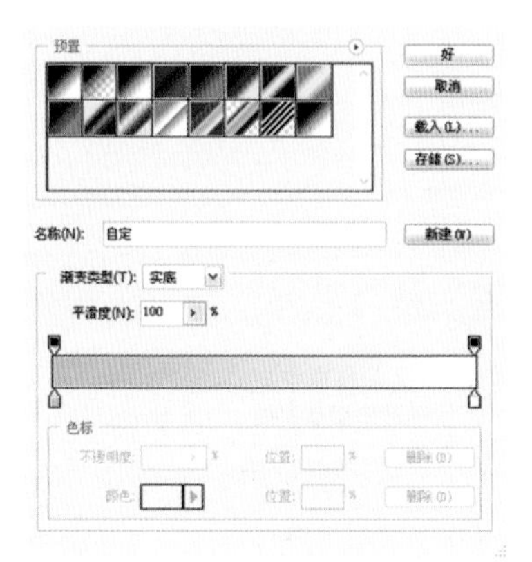

图 12

（2）选择Lasso工具，在选项栏中设置Feather（羽化）（我们使用3个像素）；选中要填充的区域（图13）；然后按下组合键Alt / Option + Delete，用当前的前景色——白色来填充蒙版上的选区。

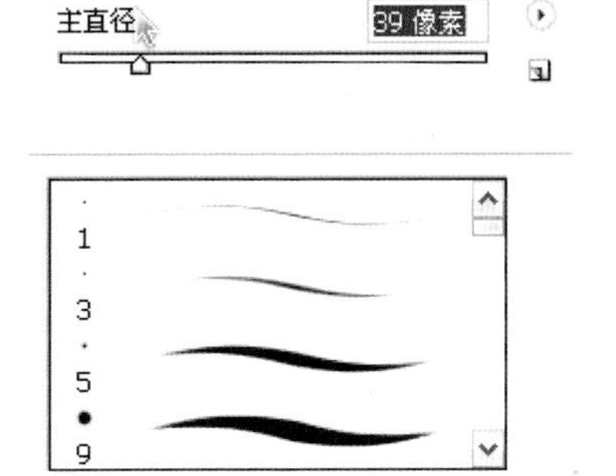

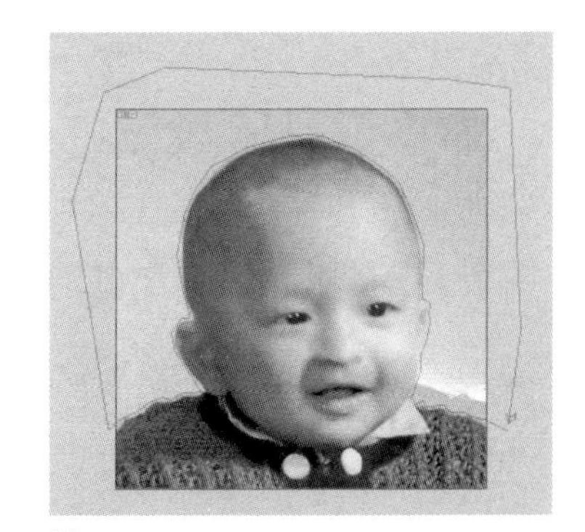

图13

（3）在头形附近没有被遮罩掉的像素会使得图像看起来衔接生硬，可以使用喷笔工具，设定前景色为白色，在渐变背景图层的遮罩上进行修改（图14）。

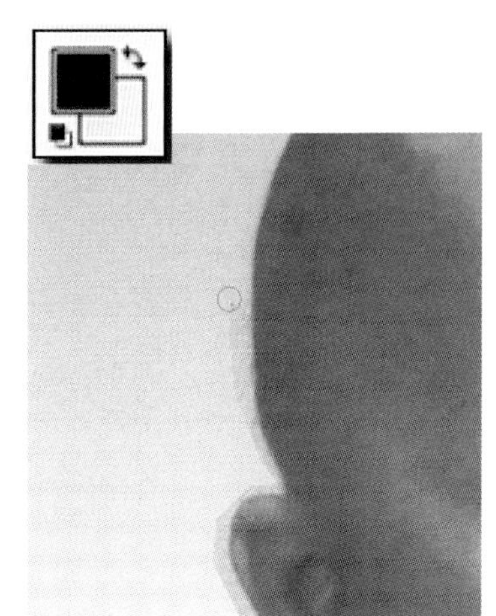

图14

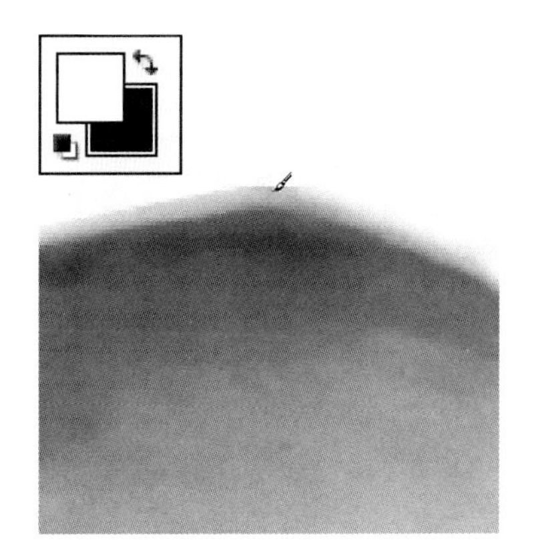

（4）完成后的图层面貌如右图。

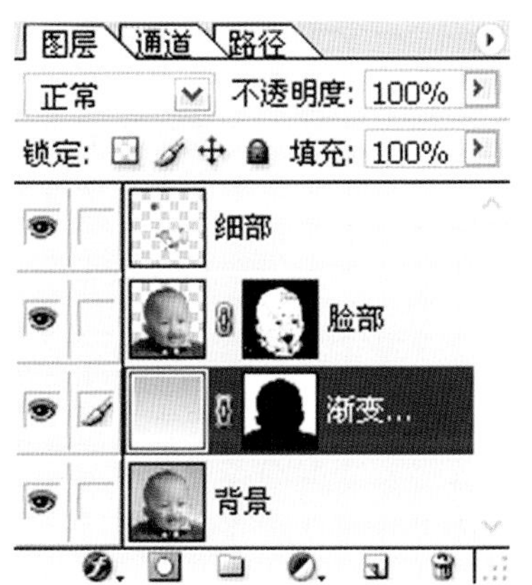

作品欣赏

1、希夫《琥珀色》
2、希夫《压力》
3、凯特吉布《心灵折服》唱片
4、尼克辛吉斯《气态树》
5、肖纳弗雷《午夜花园》封套
6、保罗麦克尼尔《毕瑞格格》

习　题

1、裁切图像的方法有几种？各是怎样进行的？
2、什么是调整图层？它有何优点？
3、颜色调整选项有哪些？各有什么特点？
4、怎样运用颜色和色调的快速调整方法来减少图像灰度？提高暗部可见度？
5、对图像进行变形的方法有哪几种类型？
6、不能用常规复制方法修复照片时，可以采用哪几种处理方法？
7、手动修复照片有哪几种方法？

实验题

1、裁切图像。
2、对扫描的草图进行色阶调整。
3、双色调图像。
4、棕褐色图像色调。
5、颗粒化照片。
6、虚化图像背景。
7、黑白图像彩色化。
8、修复有缺陷的照片。

第五章　合并图像

第五章　合并图像

通过Photoshop，多重叠印底片制作图片的方法和使用多张图片以及非图像元素合并图像的方法结合了起来。无需暗房和胶水，图层可以包含照片、插图、绘画，甚至文字和图形都可以被融合到一幅独立的图像或者版面设计中。

通过Photoshop，多重叠印底片制作图片的方法和使用多张图片以及非图像元素合并图像的方法结合了起来。无需暗房和胶水，图层可以包含照片、插图、绘画，甚至文字和图形都可以被融合到一幅独立的图像或者版面设计中。

Photoshop中最有用的合成技术体现在如下工具、命令和设置中：

- 通过Move（移动）工具我们可以任意拖动图层的图像到所需位置。Photoshop甚至可以保存拖动到画布之外的图层。所以，如果改变了主意，整个元素将仍然存在，我们还可以把它拖回到画布里。
- Clone Stamp（复制图章）工具可以将图像中某区域的内容复制到其他区域。
- 羽化选区的柔和边界可以使图像与其他图像更好地融合。
- Extract（抽出）命令在创造具有复杂边界的选区时（例如头发）功能强劲。我们可以在“抽出图像”中找到实例。
- 在图层调板中，Opacity（不透明度）参数可以为图层创造“幽灵”般的效果。
- 图层的混合模式可以控制该图层与下方图层的合并效果。
- 图层中的蒙版无论是基于像素的图层蒙版还是基于矢量的图层路径都可在组合图像中控制图层内容的隐藏与显示。
- 在剪贴组中，一个图层相对于上面的图层起着蒙版的作用。剪附的一个强大功能就是在激活的文字中为图像制造蒙版。
- Bland If（混合颜色带）选项可以在Layer Style对话框的Blending Options选项区中使用。它基于色彩与色调提供了巧妙的蒙版控制方式。具体技术和详细使用方法参见“混合选项”。

另外，很多图像组合功能可以通过图层调板完成。

一、图层

每一个Photoshop文件中包含有一个或多个图层，新文件通常在创建的时候带有一个背景，背景中含有一种总颜色或一幅图像，透过上面的各图层的透明区域可以显示出来。我们可以通过Layers（图层）调板观看和控制图层。ImageReady文件不包含背景，但包含有图层。

所有的图像中的新图层都是透明的，除非添加内容（像素点）进去。我们可以把一幅图的不同部分放在不同的图层上，每个图层都可以进行编辑，重新调整位置，隐藏、删除都不会影响其它图层，当很多图层叠加起来的时候，可能就会得到我们所希望的图像。

(1)在底部有一个Background（背景）层，它被像素完全填充。

(2)透明图层也可以包含像素，但是这些图层中可以有一些区域完全或部分透明，从而使这些区域下面的任何像素都可以通过透明区域显示出来。

(3)调整图层并不向图像文件中添加任何像素，相反，它储存用来改变下面图层像素的颜色和色调的指令。

(4)文字图层用来承载文字，它处于“激活”或动态的形式，以便在你需要改变单词拼写、字符间距、字体、颜色或是任何其他文字特性时，能够对其进行编辑。

(5)形状图层和填充图层同样是动态的。它们不包含彩色的像素，而是包含用来决定应该采用何种颜色，以及显示哪些部分的指令。

创建多图层图像

Photoshop允许我们在一幅图像中创建100图层，每一图层都有其自己的混合模式和不透明度。然而系统中内存容量也许会给图像可能的图层数增加一些限制。新添加的图层出现在选中图层的上方，我们可以用以下各种方法向一幅图像添加新图层。

(1) 创建新图层，或将选区转化为图层：创建选区，用选择工具在选区内点鼠标右键（Mac中点击鼠标同时按住Ctrl键）在菜单内选择Layer via copy（通过拷贝的图层）命令，或Layer/New/Layer via copy(图层/新图层/通过拷贝的图层)命令。

(2) 转化背景为常规图层：方法一，双击背景图层，出现New Layer（新图层）对话框，在Name（名称）中填入将要新建的图层的名字，或者采用默认设置单击确定；方法二，把背景图层拖到Layers（图层）调板下方的添加新图层的按钮之上，此时会添加一个图层形式的背景副本。

注:背景和图层的区别:背景本身是一个已经拼合的图像内容，它不带有图层调板的混合模式以及透明度的特点，也不能进行锁定限制，同时Layer（图层）菜单中的许多内容也将能对其实施，只有将其转化为图层之后，这些功能才能显现。

(3) 粘贴选择区域到图像中：当创建选区之后，通过Ctrl+C（复制）以及Ctrl+V（粘贴），可以将已选区域复制为一个新的图层。

(4) 使用文字工具创建文字：用文字工具在图像内单击，出现文本光标，输入文字即可产生一文本图层。

二、选择与准备元素

想要获得一张天衣无缝的图片的一个要点在于确定我们所选择的图像元素在几个重要方面要完全匹配。例如，光线的角度要一致，色彩阴影区和高光区的细节要基本符合，图片的“颗粒”要匹配。其中还有一些因素更为重要：

1、通过Curves（曲线）和Levels（色阶）命令可以控制高光和阴影域的细节。

2、一个颜色脱落——例如，阴影——可以标识为Info（信息）窗口。的RGB或者CMYK参数（可选择Windows / Show Info菜单命打开，或者使用F8快捷键）。颜色脱落可以通过Curves(曲线)、Levels(色阶)或Color Balance（色彩平衡）命令进行调整。

3、与调整阴影细节与颜色脱落相比，改变光线的照射角度更为复杂。如果想合并的元素十分平滑，我们可以通Lighting Effects(光照效果)滤镜或者Layer Style中的Bevel And Emboss(斜面和浮雕)效果进行操作，并得到理想的效果。例如，如果我们想要的最终结果允许的话，我们可以通过向所有部分添加同样的光照效果来遮盖图像的原始光 。

如果快速Lighing Effect(光照效果)滤镜、减淡和加深修复都不能采用的话，我们最好继续寻找光线可以匹配的图片，而不要继续尝试进一步调整光线 。

4、通过Add Noise(添加杂色)滤

三、图层调板

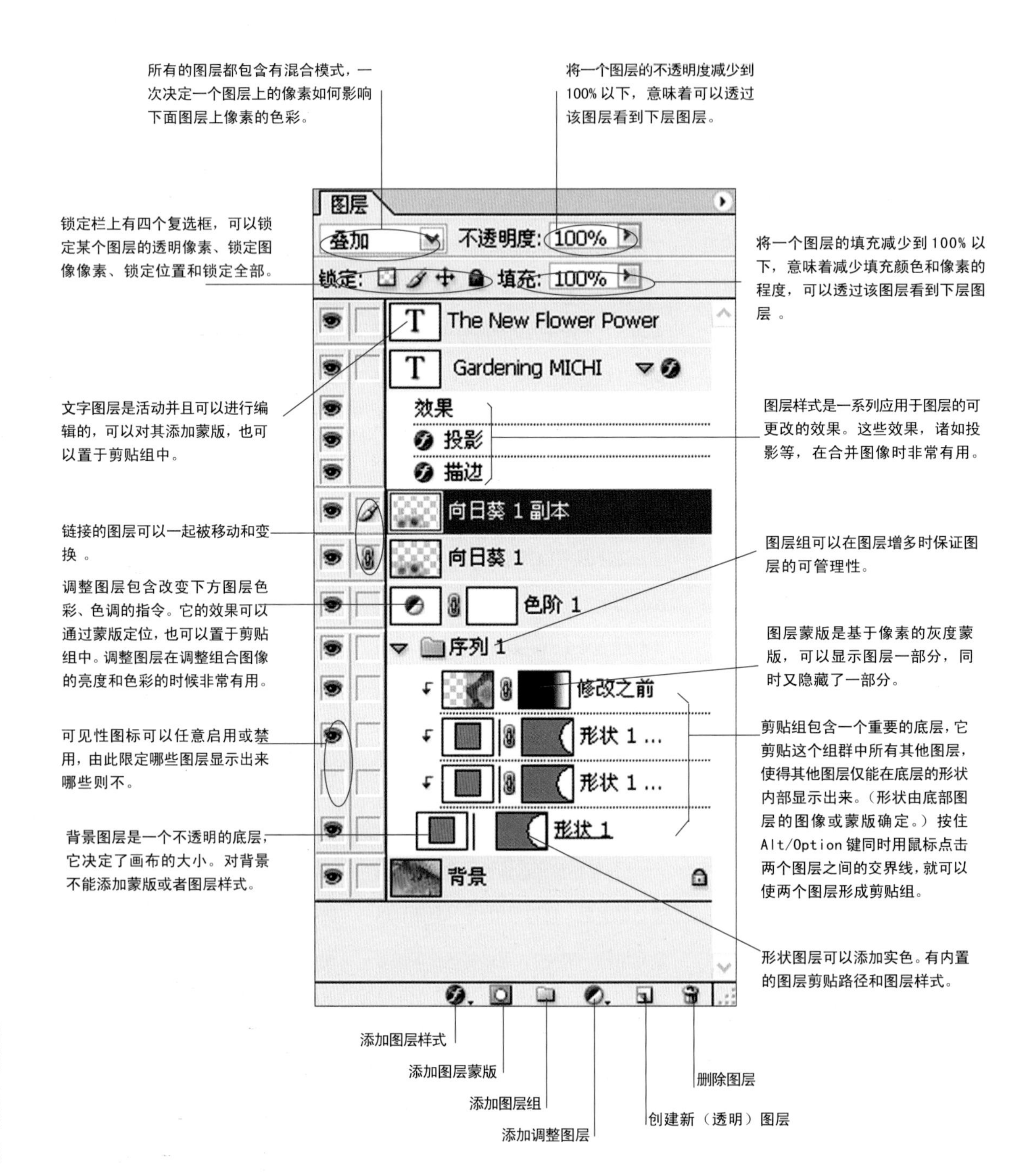

所有的图层都包含有混合模式，一次决定一个图层上的像素如何影响下面图层上像素的色彩。
将一个图层的不透明度减少到100%以下，意味着可以透过该图层看到下层图层。
锁定栏上有四个复选框，可以锁定某个图层的透明像素、锁定图像像素、锁定位置和锁定全部。
将一个图层的填充减少到100%以下，意味着减少填充颜色和像素的程度，可以透过该图层看到下层图层 。
文字图层是活动并且可以进行编辑的，可以对其添加蒙版，也可以置于剪贴组中。
图层样式是一系列应用于图层的可更改的效果。这些效果，诸如投影等，在合并图像时非常有用。
链接的图层可以一起被移动和变换 。
图层组可以在图层增多时保证图层的可管理性。
调整图层包含改变下方图层色彩、色调的指令。它的效果可以通过蒙版定位，也可以置于剪贴组中。调整图层在调整组合图像的亮度和色彩的时候非常有用。
图层蒙版是基于像素的灰度蒙版，可以显示图层一部分，同时又隐藏了一部分。
可见性图标可以任意启用或禁用，由此限定哪些图层显示出来哪些则不。
剪贴组包含一个重要的底层，它剪贴这个组群中所有其他图层，使得其他图层仅能在底层的形状内部显示出来。（形状由底部图层的图像或蒙版确定。）按住Alt/Option键同时用鼠标点击两个图层之间的交界线，就可以使两个图层形成剪贴组。
背景图层是一个不透明的底层，它决定了画布的大小。对背景不能添加蒙版或者图层样式。
形状图层可以添加实色。有内置的图层剪贴路径和图层样式。
图层
叠加
不透明度: 100%
锁定:
填充: 100%
The New Flower Power
Gardening MICHI
效果
投影
描边
向日葵 1 副本
向日葵 1
色阶 1
序列 1
修改之前
形状 1 ...
形状 1 ...
形状 1
背景
添加图层样式
添加图层蒙版
添加图层组
添加调整图层
创建新（透明）图层
删除图层

四、选取

要想利用Photoshop有效地工作，我们需要了解选区的知识：包括怎样制作选区，怎样储存、激活、合并以及修改选区。

魔术橡皮擦和背景色橡皮擦两个选区工具以及Extract(抽出)命令，可以通过把选取对象置于另外的透明图层上而自动地生成永久选区。而其他选区工具则在选区周围生成一个闪烁的边界（有时被称为“行进蚂蚁”），使我们看清楚图像被选中的部分。如果在选区以外单击选区工具，或按下Ctrl + D，或选择选择/取消选择菜单命令，则选区边界将会消失。Photoshop提供了安全措施，以便我们在取消选区之后返回。即使我们已经对图像做了改动——只要还没有制作其他选区——就可以通过选择/再次选择菜单命令，恢复最近制作的选区。

更长期储存选区的方式是把它存成一个Alpha通道、一个路径或一个图层剪贴路径（这是一种经济的基于向量的用来储存选区的方式）。一个选定的区域可转化为自身的一个图层，或者可以转化为图层蒙版来限制特定图层隐藏和显示内容的大小。

1、制作选区

通常，对于一个选区而言，使用哪种选取命令或工具最为合适取决于我们想要选择的内容。每一个选取工具和命令都有它自己的优势和劣势。要决定采用哪种方式进行选取工作，必须首先分析所要选择的区域。它是有机的还是几何的？是相当一致的颜色，还是多色的？它与背景是对比强烈，还是混合在一起的？又或部分对比强烈，部分混合的？然后我们可以据此选择相应的工具、命令或联合二者。后面的三个部分——“根据颜色选取”、“根据形状选取”以及“根据形状和颜色选取”将告诉我们如何选择和使用合适的选取方法。

有时最好的选区制作方法是先使用某个选取方法，然后移动和改变选区边界，对这个选区进行添加、减少或改造的操作。后面的“修改选区”将告诉我们怎样实现这些变化。

2、根据颜色选取

根据颜色为对象制作剪影，可以帮助我们很容易抓住一些元素，例如粉红花丛中的一朵紫花，或绿色草坪上的一只棕色狗。根据颜色选是一种过程化方法，它使用图像的色调、饱和度或亮度信息来定义选区。要制作包含某种颜色的所有像素的选取，可以使用魔棒工具或选择/色彩范围菜单命令，也可使用颜色通道。

(1)使用魔棒工具

 Magic Wand(魔棒)工具

要使用魔棒生成一个选区，只需在要选择的颜色像素上单击。默认情况下由于魔棒是连续模式，被单击的像素以及与之相同且没有间断的颜色像素都会被选中。

Magic Wand(魔棒)工具的一个优点就是快捷而简单。如果在一幅图像中选择单色区域，或是选择一部分单色区域，同时又不选择那些同色杂点，那么魔棒是非常好用的。默认情况下魔棒选区是消除锯齿的或平沿边界的。

- 要使用魔棒生成一个选区，只需在要选择的颜色像素上单击。默认情况下由于魔棒是连续模式，被单击的像素以及与之相同且没有间断的颜色像素都会被选中。使用魔棒工具按住Shift单击具有相同颜色的区域，则在已有的基于颜色的选区上添加新的区域。也可以首先选择选项栏中的添加到选区选项，再使用魔棒单击。
- 关掉选项栏中默认的Contiguous（连续的）选项，就可以使用魔棒选定同种颜色的所有像素，而不必考虑它们是否连续。
- 在一次选取过程中，要指定魔棒包含的颜色范围，则可以在选项栏中设置Tolerance（容差）值，范围是从0到255。容差值越低，则颜色范围越小。（魔棒的容差

容差值，范围是从0到255。容差值越低，则颜色范围越小。

设置还对其他一些菜单命令的颜色范围有控制作用，如选择菜单下的扩大选区和选取相似命令）。

● 要控制选区的颜色是基于单个图层的颜色还是所有可视图层的合并颜色，只需打开或关闭选项栏中的Use All Layers(使用所有图层)选项即可。

(2)使用Magic Eraser（魔棒橡皮擦）工具

Magic Eraser（魔术橡皮擦）工具

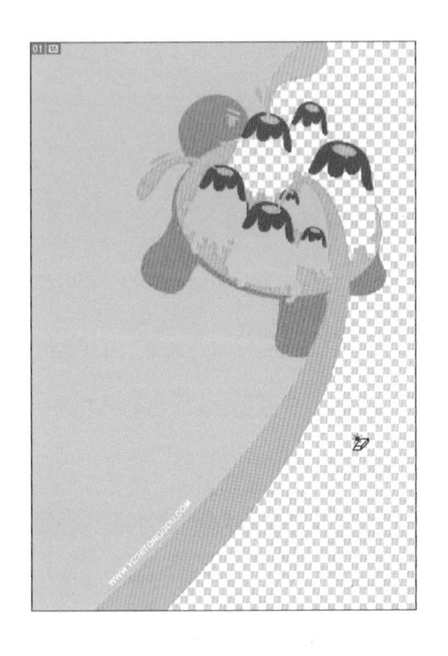

当作准备选择的对象与背景形成对比，魔术橡皮擦工具通过移除背景给出理想的对象剪影。

通常，制作选区的目的是为了把选择对象隔离出来，置于一个新的图层上，这样就能把它用于一个图层合成作品之中。当作准备选择的对象与背景形成对比，魔术橡皮擦工具通过移除背景给出理想的对象剪影。当我们使用魔术橡皮擦工具时，选取的结果不是用Magic Wand（魔棒）工具生成的短暂的行进蚂蚁，而是分离在另外一个透明图层的对象。

● 要用Magic Eraser（魔术橡皮擦）生成一个选区，可在希望变成透明的颜色像素上单击该工具。默认情况下，魔术橡皮擦同魔棒工具一样，也处于连续模式下，并且透明区域的边界是消除锯齿的。

● 要使用透明包代替每次我们点击的颜色，必须在我们单击想要清理的颜色之前，关闭Continuous选项。

● 要指定魔术橡皮擦工具包括在选区内的颜色范围，应该按照前页中介绍的方法来设置魔棒工具的容差值。

● 要控制透明程度，应使用Opacity（不透明度）滑块——设置的不透明度越高，擦除效果越强，且擦除区域的透明度越高。

(3)根据颜色范围选取

图1

图2

我们这里将会用图2的天空替代掉图1的天空，使图像1看上去天空有云彩的变化。

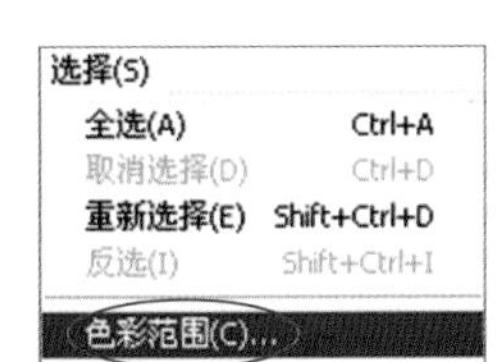
选择(S)
全选(A) Ctrl+A
取消选择(D) Ctrl+D
重新选择(E) Shift+Ctrl+D
反选(I) Shift+Ctrl+I
色彩范围(C)...

选择／色彩范围菜单

Select／Color Range（选择／色彩范围）菜单命令比较复杂，但是它仍然值得学习使用。在一些情况下，它提供了比Magic Wand（魔棒）工具更多的选取控制，并且更清晰地显示了选区的范围。

在Color Range(色彩范围)对话框的小预览窗口中，给出了选区的灰度图像。白色区域代表选中，灰色区域代表部分选中，随着颜色的不断加深，被选的程度越来越少，黑色则表示该区域完全不被选中。由于有多个灰度等级，因此与使用魔棒工具时出现行进蚂蚁相比，这张图提供了更多的信息。

Fuzziness（模糊度）选项类似于魔棒工具的容差设置。但是，它更加易于操作，因为所有的范围选择表现为滑块的拖动，并且预览窗口迅速显示了变化的效果。如果保持模糊度在16到32之间，通常就不会在最终选区中出现毛边了。

对话框顶部的“Select”下拉列表框使我们可以选择以下的颜色选取准则:

●要以所有可视图层的取样颜色作基础色，如同这些图层已经合并了一样，应选择Sampled Colors(取样颜色)选项，然后选择对话框最右侧的吸管工具，并在图像上进行单击，这就和使用魔棒工具相同。并且就像在使用魔棒具选择过程中关掉了Continuous(连续)选项一样，选区将扩大到整个图片(或者是当前选区，如果有的话)。

●要以单个图层的颜色取样作为基础，首先在图层调板中，单击所有其他图层的眼睛图标，使它们不可见，然后选择Select／Color Range(选择/色彩范围)菜单命令，并用吸管在图片上单击取样。

●要扩展或缩减当前选区的颜色范围，可以单击或拖动＋吸管或－吸管，以添加新颜色或减去某种颜色。也可以单击或拖动普通吸管同时按住Shift(增加)或Alt／Option(减少)。我们还可以通过调Fuzziness选项来扩大或减小选区，但是那些处于所选颜色极限区的像素只能被部分选中。

●要选择一色系，可以从“Select”下拉列表的颜色块中选取。色系是预先定义的——因此不能通过调整Fuzziness或使用吸管来扩展或收缩范围。

●要仅仅选取亮色、中间色或暗色，可以分别选择Highlights(光)、Midtones(中间调)Shadows暗调)。同样，这里也能对选择的颜色范围进行修改。

●Invert(反相)复选框提供了在一个单色背景中选择多色对象的方法:首先使用色彩范围吸管来选定背景，然后单击Invert(反相)复选框选区反转。

●使用颜色通道作为起点。Photoshop储存在单个颜色通道中的颜色信息，例如RGB图像的红色、绿色和蓝色值，对于选区很有帮助。通常，在某种颜色通道内，对象与周围环境的对比要比在其他通道内强烈。

●要使用颜色通道作为起点制作一个选区，首先观察在哪个颜色通道内对象特别亮而环境特别暗，或者相反。然后把通道名拖动到调板底部的Create New Channel(创建新通道)按钮上，复制该通道，并生成一个Alpha通道。在使用Alpha通道内的Level命令增加想选择区域和不想选择区域的对比度。最后，把Alpha通道作为选区加载 可以按住Ctrl单击调板内的通道名来实现。

1、将图2用移动工具拖拉到图1中，然后按Ctrl+T，调出自由变换命令，移动图像的各节点，使图像2遮住图像1的上半部分。

2、去掉图层中刚刚拖拉并变形的图层1左端的眼睛（可见性图标）。并选择背景图层作为当选图层。

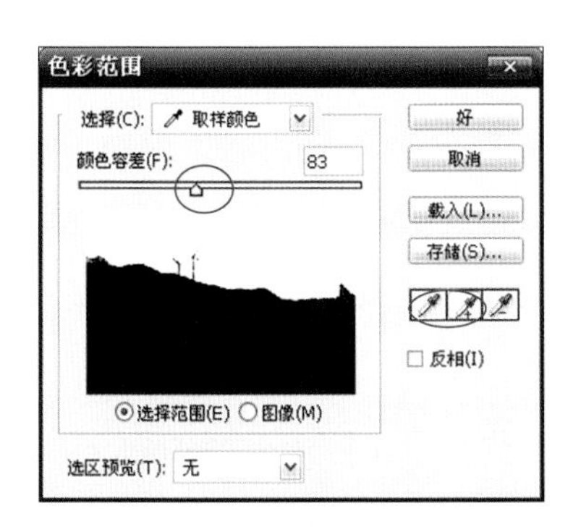

3、执行选择／色彩范围命令，用吸管工具点击天空的部分，如果在预览框内天空的部分还存有黑色或者灰色的显示，则可以用吸管加号点击这些像素部分（可以直接点击预览框内），同时移动颜色容差的滑块来确定上下两个部分 成为鲜明的白、黑二色，然后点击好。

4、这时，背景图层有了选择状态，然后点开图层1的眼睛，并将图层1作为工作图层，然后选择图层调板下方的增加图层蒙版按钮，图像就合成成功了（如右图）。

5、完成后的图像。

(4)根据形状选取

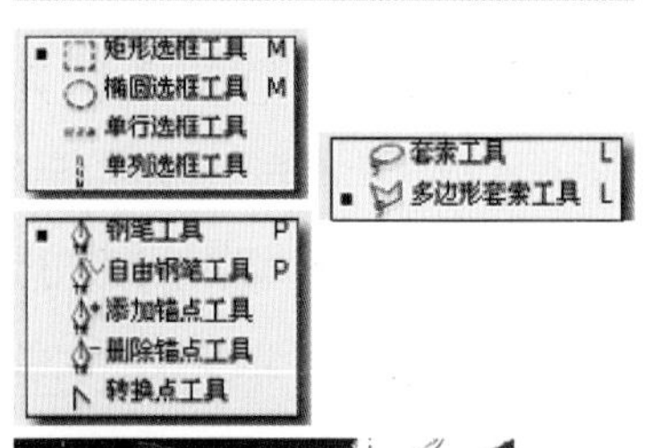

如果想选择的对象在颜色上与周围环境差别不大，此时如果再使用Magic Wand（魔棒）、Magic Eraser（魔术橡皮擦）、Color Range（色彩范围）命令或颜色通道，效果就不会太好。因此我们希望借助于形状的轮廓来完成选区。在这种情况下，Marquee（选框）、Lassos（套索）和Pens（钢笔）工具就可以派上用场了。因为Magnetic Lasso（磁性套索）、 Background Eraser（背景橡皮擦）工具以及Extract（抽出）命令同时包括了颜色和形状，所以我们将在本节后面的 “根据形状和颜色选取”部分讲述其用法。这里全部是“手工操作”的工具（基于向量的钢笔工具的操作，相关内容将在“图形和路径”中讲述。）

选择几何或自定义形状。要想“框”住一个选区，我们可以使用Rectangular or Ellipitical Marquee（矩形或椭圆形选框）工具，具体方法将在下面讲述。我们也可以使用一种形状工具来绘制一个更复杂的形状，然后把该形状转化为一个选区。

选框工具可以“框”住一个选区。

选框工具为选取提供了很多选项

● 默认情况下，选框工具从边界开始选取。但是很多时候，如果从图像的中间开始选取，更易对选区进行精确控制。要从图像中心处开始制作选区，则需要在制作选区时，按住Alt / Option键。

● 要选择一个方形或圆形区域，可以在拖动时按住Shift键来约束矩形或椭圆形选框工具。

● 要制作一个有特定长宽比的选区，可以在选项栏的Style（样式）下拉列表单中选择Constrained As Ratio（约束长宽比）选项并设置某个宽度与高度的比例，即可按照该比例制作选区。

● 要制作特定大小的选区，则在选项栏的Style（样式）下拉列表中选择Fixed Size（固定大小）选项，并输入以像素（在数字后加px）英寸（加in）或厘米（加cm）为单位的宽度和高度。

● 要制作一个柔化边界的选区，应在制作选区之前，在选项栏中设置Feather选项，或者在制作选区以后，使用Select / Feather（选择 / 羽化）菜单命令（参阅“羽化选区”提示，可得到更多信息）。

● 在绘制的同时或在绘制结束以后，对一个选区框的位置进行调整。例如，如果从中心开始绘制了一个选框，但发现它与我们想要选取的元素有一些偏离，那么我们可以在按住空格键的同时移动它，然后释放空格键，继续拖动并完成选区。

● 要重新定位一个完成选区的边界而不移动其中的任何像素，可以把选择工具的光标置于选区内，然后拖动。

选取一个选区之后，可以用选择工具对选区进行移动。

文字选区和蒙版选项

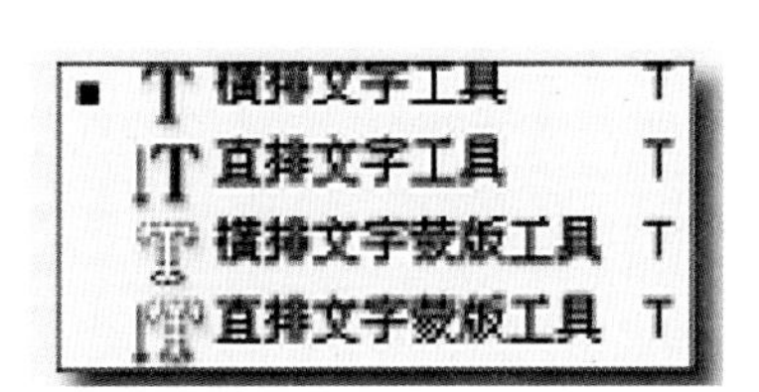

基于文字的剪贴组或图层剪贴路径，使操作更为灵活。

Photoshop的Type（文字）工具（其操作见"文字"一节）提供了一个选项，该选项并不用于设置活动（可编辑）文字，而是用于制作一个文字形状的选区。生成这样的选区，只需单击Type工具选项栏中的虚线"T"按钮即可。这个选区选项在程序以往版本中非常有用，例如，它可以在文字内置入图像。但是在Photoshop中，最好还是使用它在一个图层内设置可编辑文字，而该图层位于需要添加蒙版的图像下面，然后把这个文字图层作为剪贴组的基础(在图层调板中文字图层和图像图层的交界处按住Aft／Option单击)。也可以先从文字生成一个工作路径（选择Layer／Type／Create Work Path菜单命令），然后单击图层调板中图像图层的名字，再按住Ctrl单击调板底部的Add A Mask（添加蒙版）按钮，以利用工作路径在图像图层上生成一个图层剪贴路径（一个光滑的，独立于分辨率的蒙版）。剪贴组的办法更具灵活性，因为文字始终保持活动和可编辑状态。

选择不规则形状

使用Polygonal Lasso（多边形套索）工具单击绘制一系列短边。通常是定义边界相当平滑的区域的较容易和准确的方法。

要选择一个多色区域，特别当我们希望选择的对周围环境有相同颜色时，需要使用套索或钢笔工具来"手动绘制"选区的边界。如果要选择的元素边界是光滑曲线，可以使用钢笔工具（参考本书钢笔工具的章节）。如果边界很复杂，有许多凹凸不平的地方，请使用套索工具：

如果需要非常细致的边界，请使用标准Lasso。

- 使用Polygonal Lasso（多边形套索）工具单击绘制一系列短边。通常是定义边界相当平滑的区域的较容易和准确的方法。
- 使用Polygonal Lasso工具时，按住shift键，可以将工具移动加定为垂直、水平或45度。
- 按住Alt/Option键可以使我们在使用Lasso工具时在Lasso和Polygonal Lasso工具之间切换。（还可以在这两种工具和Magnetic Lasso（磁性套索）工具之间切换，如下一页所述。）

按住Alt／Option键还有另一个好处：可以防止在结束绘制选区以前，因意外放开鼠标按钮而关闭选区。如果在绘制过程中出错，可以"解开"已经绘制的选区边界，同时按住Alt/Option和Delete键，直到退回到没出错的部分。如果想确定套索选区扩展图像所有方向的边界，而没有漏掉任何像素，可以在按下Alt/Option键的同时，在图像之外单击或拖动套索工具。

(5)根据形状和颜色选取

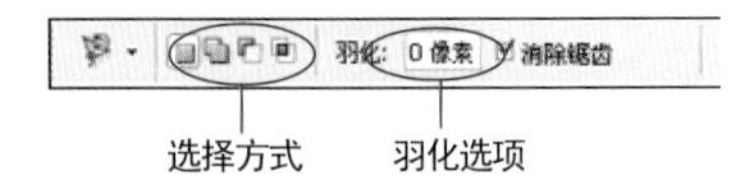

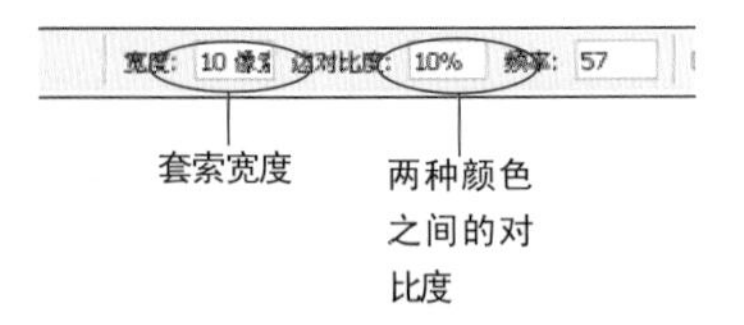

利用存在的强烈色彩对比进行手动选择，可以用磁性套索工具。沿着色彩交界线移动鼠标即可。

Photoshop的一些选区制作工具可以让我们利用存在的强烈色彩对比进行手动选择，而在对比不明显的区域则取代手动选取。这些工具包括磁性套索工具、磁性钢笔工具、Extract（抽出）命令，以及背景色橡皮擦工具。

Magnetic Lasso（磁性套索）工具。磁性套索工具的操作与本书讲述的磁性钢笔非常接近。基本上它是这样工作的：在想要追踪的边界上单击圆形光标的中心，然后使鼠标“浮动”前进，即在不按鼠标按钮的情况下移动鼠标或光笔。工具会自动跟随由颜色或色调对比产生的“边界”。在选项栏中的设置决定了套索的工作方式。与磁性钢笔工具一样，可以设置的参数包括：Width（宽度）、Frequency（频率）和Edge Contrast（边对比度）。另外可以设置Feather(羽化)选项，并且如果配置了画板，还可以打开Stylus Pressure（光笔压力）选项。

关于Width、Frequency以及Edge Contrast选项如何影响磁性套索工具的介绍请参看磁性钢笔这一节。以下是对使用磁性套索工具的一些指导：

- 与大多数光标尺寸可变的其他工具一样，我们可以使用左右括号键在操作的同时改变套索的宽度，如左边“双手控制选区”的提示所述。或者在使用面板时，打开Stylus Pressure选项进行设置，压力值越大，则宽度越小。
- 如果跟踪非常明晰的边界，可以使用大的宽度值并快速移动鼠标。要增加边界的对比度，以便使工具更易操作，我们可以使用左侧“使选区更容易”提示使用的方法，增加一个临时调整图层。在想要选择的边界附近如果有其他边界或清晰对象，则要使用较小的宽度并小心地保持光标在追踪边界的中心。如果边界柔和且对比不明显，则使用更小的宽度并更加小心地追踪。在完全没有对比性的区域使用磁性套索工具追踪，可以使用像Polggonal Lasso这样的工具，在点与点之间单击连接。或者按住Aft／option键将所有三种套索工具联系起来，在Magnetic Lasso（通过浮动）、Polygonal Lasso（通过单击）和Lasso工具（通过拖动）之间进行切换。
- 提高Frequency（频率）值会记录更多的固定点，固定点的多少决定了每次按Delete键时，可以“解开”的选区边界的长度。
- 如果选择对象与周围环境对比强烈，则要提高Edge Contrast（边对比度），该选项决定了工具会以多大的对比度来寻找边界。对于软边界则使用较低的设置。

(6)Estract（抽出）命令

滤镜(T)
上次滤镜操作(F) Ctrl+F
抽出(X)... Alt+Ctrl+X
液化(L)... Shift+Ctrl+X
图案生成器(P)... Alt+Shift+Ctrl+X

抽出命令通过把图层中其他所有像素擦除并替换为透明色，从而将所需的图像部分分离出来。选择滤镜／Extract（抽出）菜单命令会打开一个对话框，以便让我们布置Photoshop“智能蒙版”的舞台。Photoshop针对Extract命令的三个改进，使得这个过程更容易处理：Smart Highliting（智能高光显示）功能使得选择那些

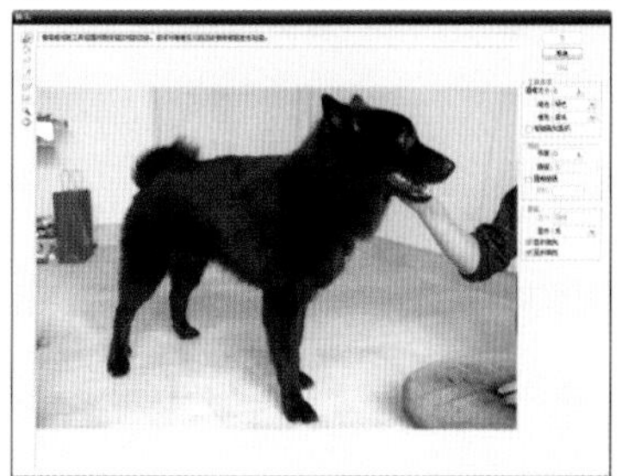

1、我们针对上面的这幅图像，要选取图像中的黑狗的部分，可以采用抽出的命令来完成。抽出命令通过把图层中其他所有像素擦除并替换为透明色，从而将所需的图像部分分离出来。选择滤镜 / Extract（抽出）菜单命令会打开一个对话框，以便让我们布置Photoshop“智能蒙版”的舞台。

2、选用对话框中左上侧的画笔工具，调整画笔笔头，不宜太粗，然后描画黑狗的外轮廓 。

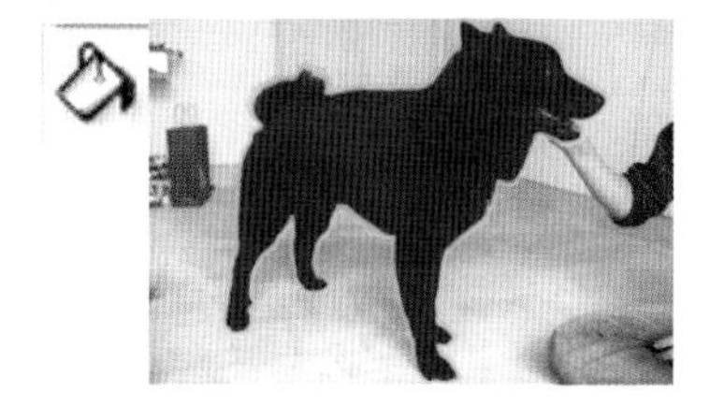

3、当图像中的黑狗外形都用透明绿色框住之后，选用对话框内工具栏中的颜料桶工具，填充绿色外框内的区域，黑狗都填满。

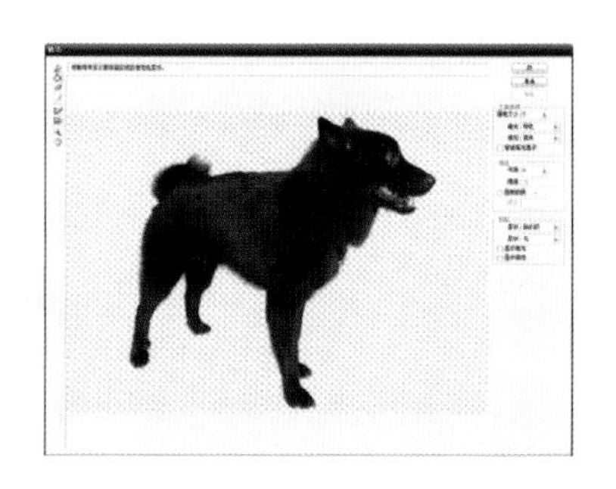

4、填充完毕之后，可以点击对话框中的预览按钮，可以看到去掉背景的透明背景的黑狗 。

清晰、对比明显的边界更为容易。最初的蒙版以后，Cleanup（清除）工具能够减去边界或者恢复已经移除的部分边界。Edge Touchup（边缘修饰）工具则可以锐化或打磨粗糙的边界。如果Extract的界面令我们感到困惑，下面将给出一个使用该命令的较直接梗概。

● 选择了Edge High lighter（边缘高光器）工具以后，在Tool Option选项区设置Brush Size。选择一个足够大的画笔，这样，我们就可以容易地拖出我们想要分离出来的区域（对象）。但是一定要记住，这个边界以内的所有元素都是使用抽出命令来部分或全部透明化对象。尽力使过渡区域更加紧密。当我们在边界对比强烈的区域工作时，为了“磁性”地跟踪边界可以启用Smart High liting选项（Extract对话框的Tool Options选项区内单击复选框，或按Ctrl键单击）。当对比度再次下降时，可以关闭Smert High lightillg选项。

● 在边界拖动边缘高光器工具将对象包围。如果我们想要选择的区域伸到了图像的边界，我们可以直接画到边界，不必在边界附近拖动。

● 选择对话框中的Fill（填充）工具，并在高光边界的对象内部区单击，从而生成预览图像。

● 单击Preview按钮可以看到抽出的对象。通过使用对话框内的Malnifier工具，我们可以放大焦距，在近距离观察边界。要检查边界质量，可以在对话框的Preview选项区的Show下拉列表中改变背景颜色；这是一个检查边界整体性的好办法。我们还可以打开View（视图），通过选择视图设置来比较抽出对象和原始图像。

如果预览显示的操作对象并不能让我们满意，我们还有下列几种选择进行修改

● 如果抽出过程在边界留下了一些问题造成在边界以外有多余的像素，或本该是实体的边界部分变成了半透明时，则应该使用Cleanup（清除）工具擦除超出边界的多余成分，或在按住Alt/Option的同时使用Cleanup工具恢复某些边界成分。使用Edge Touchup（边缘修饰）工具可以合并和移除边界的“像素垃圾”。当我们修饰抽出对象时要记住在边界宁可多留一些材料（在以后移除它），也不要出现材料不足的情况（一旦我们离开了Extract对话框，想恢复丢失的材料就不容易了）。

● 如果边界看起来太乱，我们想完全从头再来，可以按住Altloption键将Cancel按钮变为Reset按钮并单击，然后输入新的画笔尺寸，重新开始。

● 如果边界本身看起来不错，但是有一些完全在边界内的区域需要清除（例如从选择的树的叶子之间露出的小块天空），可以不必为每个小块加亮，而只需单击OK按钮，关掉旧Extract对话框，然后使用下面将要讲述的Background Eraser（背景色橡皮擦）工具。

(7)背景色橡皮擦

背景色橡皮擦工具 E

背景色擦除工具和其他橡皮擦工具一起分享工具箱内的一点，这有点像Extract命令的魔棒形式。当我们在某个区域拖动它的时候，该区域的像素将被删除并变透明。工具光标中移动的“+”表示“热点”，而其周围的轨迹则定义工具的“侦察区域”。当我们使用背景色橡皮擦单击时，它取样热点下的颜色。然后当我们拖动工具时，它会评估侦察区域的像素颜色，以确定哪些像素将被删除。具体哪些像素将被删除取决于我们在选项栏中的自定义参数。

Tolerance值影响了被擦除颜色的范围。一个高的容差设置要比低的容差设置擦除更宽范围的颜色。如果容差设置为0，则只有一种颜色的像素被删除，即单击时指定的热点颜色。

Samvling（取样）类型可以选择Continuous、Once或者Background Swatch。

容差: 50% 保护前景色 取样: 连续

背景橡皮擦工具的保护前景色选项使其成为一个功能非常强大的选区制作工具。使我们能够对某种需要保护不被擦除的颜色进行采样。

- 要在拖动背景色橡皮擦工具的热点时清理所到之处的所有颜色，可以选择Continuous（连续）取样，它将不断地更新所要删除的颜色。
- 要只清理当我们第一次按下鼠标或者光笔时热点的颜色，则选择Once。当我们按下鼠标键时，背景色橡皮擦工具将选择并擦除颜色。只要我们拖动鼠标，它就会删除这种颜色，直到我们松开鼠标键为止。当我们再次按下鼠标键时，它会重新取样，并且选择的是当前热点下的新颜色。
- 要指定一种颜色或一个色系被擦除时，不管我们在什么时候按下和放开鼠标键，应选择Background Swatch（背景色板）列表项。通过单击工具箱中背景色块来设置背景色，可以用Color Picker（拾色器）取色，也可以在我们的图像上单击来指定颜色。这种取样方式，再加上对容差参数的调整，使我们对取样的控制更加灵活。

对于Limits（限制）选项，我们可以选择Discontiguous（不连续），Contiguous（临近）或Find Edges（查找边缘）。

- 要在拖动的同时擦除画笔轨迹所到范围的所有该颜色的出现区域；选择Discontiguous。
- 要仅擦除那些与热点下的像素无间断连接的颜色像素，请选择Contiguous
- Find Edges选项作用有些像Contiguous，它的特别之处在于保留清晰边界。

选项栏中的Protect Foreground Color（保护前景色）选项，使我们能在擦除时取样并保护一种颜色。这非常有利于保护那些与我们所要擦除颜色比较相近的颜色。

3、修改选区

Photoshop提供了几种方式来修改选区，使用户能够在选区激活的情况下增大减小选区或改变选区的位置和形状。除了以下所示的技术，一定要参考左侧的“手标和缩略图”提示，以获得快速且容易记忆的快捷键。

- 要制作一个“手绘”的且与当前选区为添加、减去或相交关系的选区，可以在选项栏左侧单击其中一个按钮，并创建新选区。

- 要使选区向外扩展，拾取边界处更多的像素，可选择Select（选择）/ Modify（修改）/ Expand（扩展）菜单命令。

- 要向内收缩选区，丢弃边界的像素，可以选择Select（选择）/Modify（修改）/ Contract（收缩）命令。

- 要添加与当前选区颜色相似并且与当前元素相邻的像素，可以选择Select（选择）/ Grow（扩大选区）菜单命令。每次我们使用这个命令，所选颜色的范围会变大。颜色范围扩大的数量取决于魔棒工具的选项栏中容差设置。

- 要添加图像内与当前选区像素颜色相似的所有像素，可以选择Select（选择）/ Similar（选择相似）菜单命令。魔棒工具选项栏的容差设置决定附加像素必须达到的相似程度。如果将容差值设为“0”，则只选择与已有选区颜色完全一样的像素。

- 要只移动选区边界而不移动像素，可以使用选区绘制工具在选区内拖动。

- 要倾斜、缩放、扭曲或反转选区边界，可以选择Select（选择）/ Transform Selection（变换选区）菜单命令，然后右击鼠标，在弹出的关联菜单中选择需要的变形方式。拖动变形框的中心点或手柄，最后按下Enter键，结束变形。

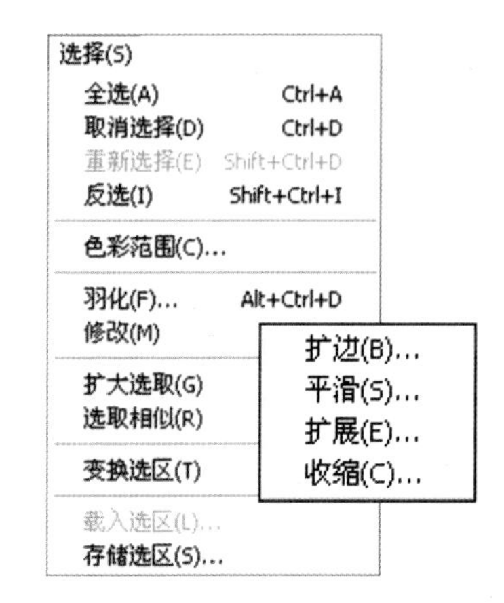

(1)使用快速蒙版——清理选区

我们这里采用下面的这张照片，来进行清理选区和存储选区的示范。

完成后的图像——背景的木刻效果

通过制作一个选区，然后单击Quick Mask（快速遮罩）按钮（在工具箱靠近底部的右侧），就可以把一个激活选区变成一个半透明蒙版的清晰部分。在快速遮罩模式下，可以同时看见图像和蒙版，因此我们可以做一些精细的蒙版修改。当我们用绘图工具或滤镜编辑选区时，快速蒙版保持稳定，在工作时保持选区。当修改蒙版完毕，可以单击标准模式按钮把它变回为选区边界（在快速蒙版图标的左侧）。

有时，尽管经过了精心的选区工作，图像的选区部分仍然保留着一些背景颜色的残留在边界的周围处。要除掉这些不需要的“须边”，可以使用Layer（图层）/ Matting（修边）子菜单中的命令。而这些命令只有在选定部分已经从周围像素中分离出来以后才会起作用，比如生成自身的图层以后。要清理一个选区我们可以：

- 要消除从黑色（或白色）背景中选择图像而拾取得“边界”，可以选择：Layer（图层）/Matting（修边）/Removing Black Matte（去除黑色杂边）(或去除白色杂边)菜单命令。

- 要消除非黑白的色彩边界，可以使用Layer（图层）/Matting（修边）/ Defringe（去边）命令。它会把内部的颜色向外“推”到边界像素。但要注意一一使用超过1个或2个像素的去边设置，会在边界产生颜色的“辐条”和“射线”。

除了Layer（图层）/Matting（修边）命令，另一种移除有色边界的方法是“阻塞”图层，以使边界向内收缩一点点，同时排斥了产生边界的诱因。通过按住Ctrl单击图层调板中的图层缩略图，加载图层的内容轮廓（也启用了透明蒙版）作为选区。接下来选择Select（选择）/Modify（修改）/ Contract（收缩）菜单命令来收缩选区，然后翻转选区（Ctrl+Shift+I），并按下Delete键来删除麻烦的外边界。

一种非破坏性的修改边界的方法（称之为“非破坏性”是因为没有像素被永久删除）是利用图层蒙版，具体请见“抽出图像”的第四步。“抽出图像部分”还有其他重要的关于如何使选择的剪影对象与新背景相匹配的指导。

1、用魔棒工具点选花的内部，按Shift 键连续点击每朵花，这样就可以加选所有的花卉。

快速遮罩模式按钮

2、当花卉的内部我们基本都选中之后，点击工具栏中的快速遮罩按钮，图像中未被选取的部分就被一层半透明的红色遮罩了，这有助于我们来鉴别选区的范围以便修改。

画笔工具 B

3、在蒙版状态下，Photoshop 永远处于灰度状态，我们可以选用画笔工具，利用前景和背景色的切换对选区进行修改。

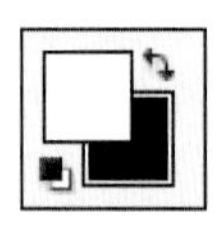

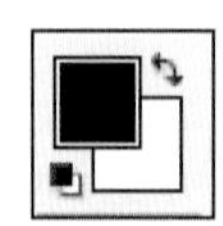

前景色为黑色，画笔工具就可以涂抹上半透明的红色填充，这表示我们在增加未选取部分；

黑白两色的切换可以通过快捷键X来进行。

前景色为白色，画笔工具可以删除半透明的红色填充，这表示我们在减少未选取部分。

这里建议可以调节画笔工具的笔头大小来完成工作，我们可以用毛笔工具选择一个较小的笔头在花的边缘的部分涂抹一遍，因为毛笔的笔头带有柔边，因此在选择边缘就产生了非常自然的羽化状态，这样选择出来的植物的边缘就非常的自然。

(2)在 Alpha 通道内保存选区

Photoshop的Alpha通道提供了一种用于存储选区边界的可能，以便将来可以把它们重新载入图像并加以利用。一个储存在Alpha通道内的选区转化为蒙版，其中的白色区域表示它们可以作为激活的选区载入；黑色区域用来保护图像中不应进行修改的区域；而灰色区域则将图像根据灰色亮度成比例地放置。

- 在激活选区内制作一个 Alpha 通道：

选择 Select / Save Selection / New Channel 菜单命令，再单击 OK。

或者单击Save Selection as Channel按钮，即通调板底部从左开始的第2个。如果要命名所制作的新通道，需要按Alt / Option单击Save Selection As Channel（将选区存储为蒙版）按钮，打开 New Channel 对话框。

- 要加载Alpha 通道作为一个选区

在通道调板中按住Ctrl单击它的名字，在当前选区内添加或减去选区。

或者选择Select / Load Selection菜单命令，并在Load Selection对话框中选择想要加载的文件或通道。这个命令使你可以从所有的打开文件中选择一个Alpha通道加载，只要它与工作文件有相同像素尺寸。

5、完成选区修改之后，我们点击工具栏中的标准模式，让视图回到选取的标准状态。

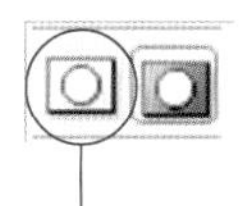

标准模式

选取的标准状态

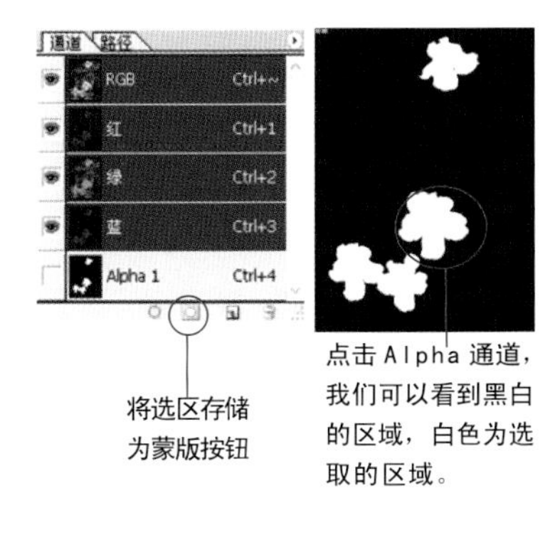

将选区存储为蒙版按钮

点击 Alpha 通道，我们可以看到黑白的区域，白色为选取的区域。

6、在选择状态下，点击通道调板下方的存储选区为蒙版按钮。会自动生成一个 Alpha 蒙版通道，这个蒙版通道把刚才的选区保存了下来。以便我们在今后的操作中使用。

7、选区 Alpha1 通道，执行图像 / 调整 / 反相菜单命令。然后按住 Ctrl 键点击 Alpha1 通道，提取选择范围。这样我们就提取了花之外的背景。

8、执行滤镜 / 艺术效果 / 木刻菜单命令，按照缺省设置就可以得到我们要的效果。

五、Feathering（羽化）

在未进行选择之前，进行羽化的设置：

选择一个选取工具，使用前在选项栏中设置Feather Radius（羽化半径）。

选择了区域之后，可以通过以下任何一种方式羽化选区的边界：

（1）创建一个选区，选择Select/Feather菜单命令（或者按住Ctrl+Alt+D键，Windows系统；⌘+Option+D键，Mac系统），然后设置羽化半径。

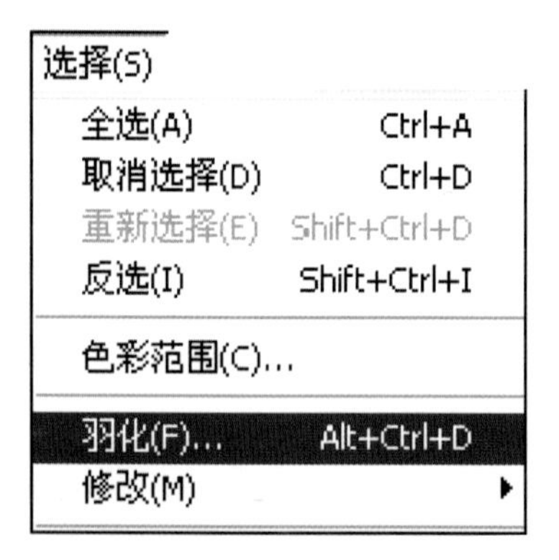

（2）创建选区，转换选区为Quick Mask（快速蒙版，按Q键）。然后，对蒙版进行模糊（Filter/Blur/Gaussian Blur），再将蒙版转换为选区，这是唯一一种可交互式预览羽化效果的羽化操作，可以观察边界的羽化程度。

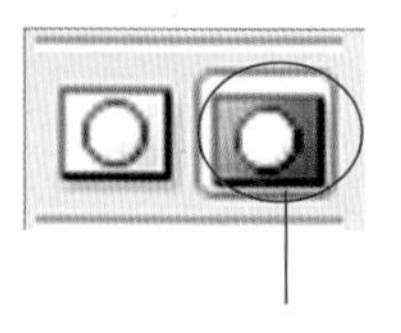

快速遮罩模式按钮

（3）如果是通过路径得到选区的，可以在路径调板中激活路径，然后按Alt/Option键单击调板下方的Load Path As Selection按钮，设置羽化。

六、Move工具

在我们用适合的选取工具对需要制作的图像部分进行了选区的选择之后，一般可以有如下三种移动方法：

（1）选中一个选区之后，单击Move（移动）工具，将光标放在选择区域内，光标为单箭头，表明我们可以移动选择区域内的图像内容。

（2）选中一个选区之后，单击Move（移动）工具，按下Alt键（Windows）或Option键（Mac OS）将光标放在选择区域内，光标显示为双箭头，表明当移动选择区域时将复制该选择区域。

（3）选中一个选区之后，按下Ctrl键（Windows）或Command键（Mac OS）将光标放在选择区域内，光标显示为带剪刀的箭头，表明当移动选择区域时将切割该选择区域。

注意：移动工具仅仅在已经移动了选择区域或已经选中了移动区域的时候才能调整选择区域的位置，按住Shift键的同时运用Move工具，将会产生10个像素点的位置移动。

选择工具的选区设定属性

在使用选择工具时，按住Shift键可以添加选区，按住Alt键可以减少选区；但是，除了这两个快捷键之外，在选择工具的选项调板里，我们同样可以对选择的方式进行设定。

蒙版技巧

要对图层蒙版进行改变，需单击蒙版的缩略图。包围缩略图的轮廓以及一个小蒙版图标即现实蒙版为激活状态。这是仍然会看到图像而非蒙版本身，但是，此时绘画、滤镜等一切操作都只能影响蒙版而非图层。

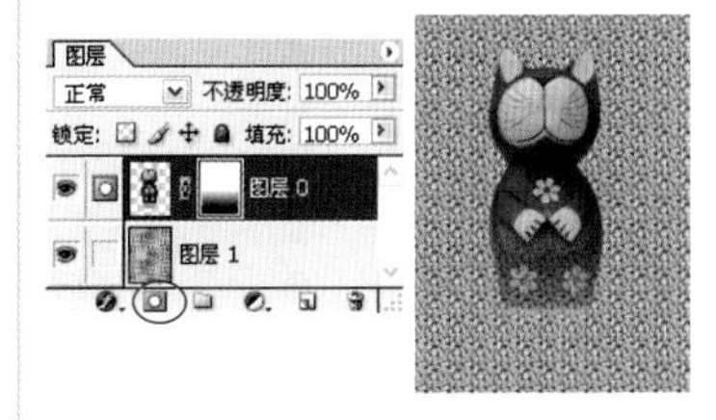

要使图层蒙版可见，而非图像本身，可按Alt/Option单击缩略图。再次按Alt/Option单击缩略图即使图像为可见。

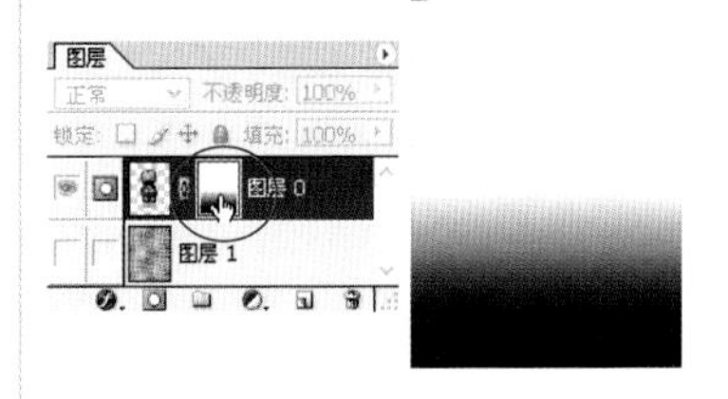

为了在观察并编辑图层剪贴路径轮廓的同时观察图层或图层蒙版，需单击图层剪贴路径的缩略图，从而显示缩略图的轮廓以及在屏幕上显示路径。还可以通过Shape（形状）或Pen（钢笔）工具，或者使用Transform(变形)命令改变路径．再次单击缩略图即隐藏轮廓.

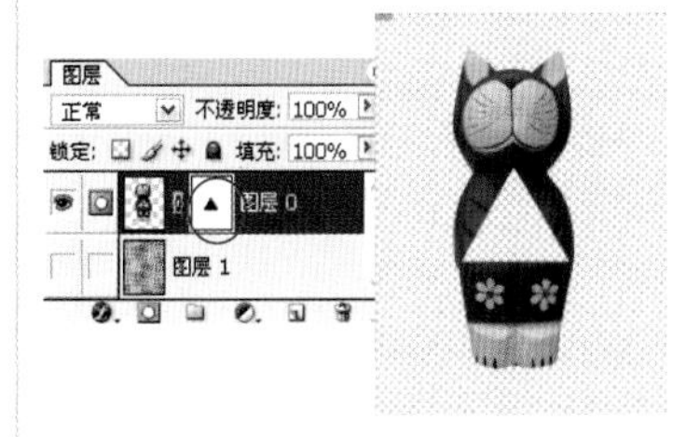

取消图层蒙版与该图层之间的链接，可以移动蒙版上的内容，从而使蒙版遮罩不同的区域。

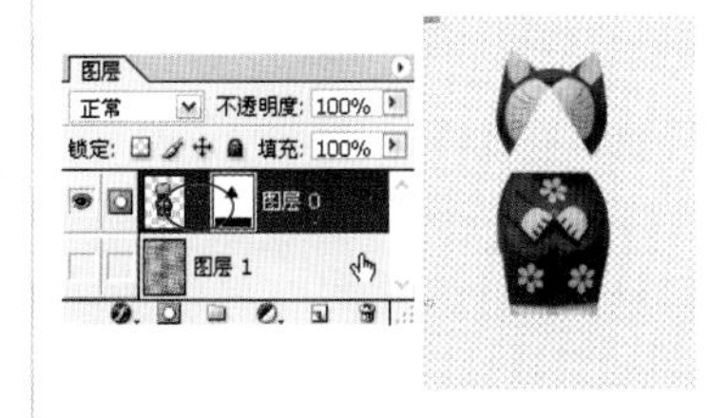

禁用图层蒙版或图层剪贴路径，从而使其不起作用，需按Shift键单击缩略图．缩略图的红色" X "被禁用．再次按Shift键单击缩略图即重新启动.

七、图层蒙版和图层剪贴路径

除底部的背景层以外，Photoshop文件中的任意图层都可以包含两个“蒙版”，这样就可以不永久性改变图像或文字像素，隐藏或显示部分图层。通过图层蒙版或图层剪贴路径，我们无需擦去或者剪切掉图像的一部分，而可以在隐藏部分图像的同时保持原图完好无损。然而，在图层蒙版与图层剪贴路径之间，存在着一些重要的区别。

图层蒙版是基于像素的、灰度的蒙版，它拥有从黑到白256色灰度。当蒙版是白色时，就是透明状态，即可在组合图像中显示该层的图像。而当蒙版为黑色时，则为完全不透明状态，此部分图像被完全遮住(屏蔽)。灰色区域是半透明的——灰度越低，透明度越高——图层的相关像素在一定程度上在组合图像中显示出来。一个图层蒙版的效果只应用于本图层上，而不影响它上面或者下面的图层。当然，除非此图层是一个剪贴组的底部图层，或者此效果被应用于一个图层组中。我们可以通过单击Add a Mask按钮创建图层蒙版，按钮位于图层调板底部。按Alt/Option键单未按钮可以隐藏而非显示该选区。

图层剪贴路径是基于矢量的。与

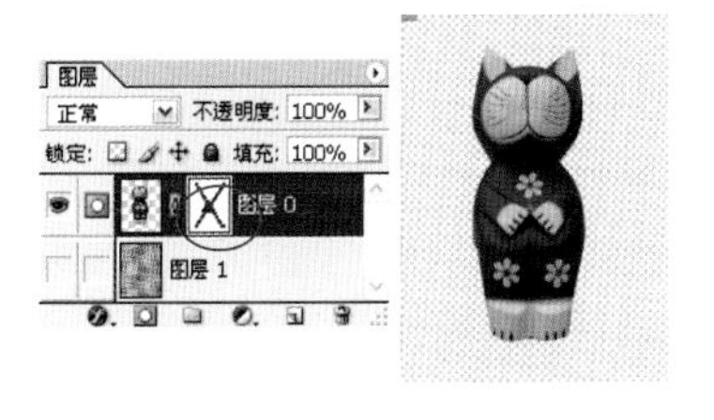

Photoshop的所有其他路径一样，由于它独立于分辨率，可以任意改变其尺寸、旋转、倾斜以及变形，而对图像质量毫无损伤。我们可以与图层蒙版进行对比操作。另外，无论文件的分辨率如何，它在输出到Postscript打印时都可以保持清晰的轮廓。然而，也是由于它的矢量性质，它只有锐利边界而不能进行柔化处理，同时，也不能对显示区域设置透明度。同图层蒙版一样，图层剪贴路径不影响它上面的图层，除非此图层是一个剪贴组的底部图层，或者处于一个图层组之中。我们可以通过按Ctrl／X键单击Add A Mask按钮创建图层剪贴路径，按钮位于图层调板底部。当创建图层蒙版或图层剪贴路径后，Photoshop就假定我们的下一步操作为编辑。于是蒙版部分——而非图层上的部分图像——即被激活。同时，图层调板上的3个元素将告诉我们蒙版与该图层上图像的关系:

(1) 蒙版编览图出现在图像缩览图右侧。图层蒙版缩览图显示的是图层蒙版的灰度区域，图层剪贴路径的缩览图(以灰色)显示被图层剪贴路径隐藏的区域，(以白色)显示显露的区域，而路径(以黑色轮廓)分开这两个区域。

(2) 链接图标在蒙版缩览图的左侧，在我们对一个图层进行移动、改变尺寸或变形操作时，通过这个图标，我们可以了解其他图层是否一起改变。(如需对某图层或蒙版单独进行移动或变形操作，我们刚通过单击链接图标解除链接。）

(3) 在图层蒙版中，蒙版图标也显示在眼睛图标旁边的窄栏上，从而可以知道操作是对蒙版（而非图像）进行的。（蒙版图标代替笔图标，否则表示定位对象是图像而非蒙版。）

(4) 在图层剪贴路径中，还有一条垂直线显示于链接图标左侧，它表示其左侧缩览图包含于曲线中的区域将被图层剪贴路径遮盖。它则包含图像和图层蒙版，或仅仅是图像（如果没有添加图层蒙版）

一个文件夹不能拥有它自身的图像内容。在这方面，它仅仅是图层的储存容器。但是，文件夹可以有自己的图层蒙版和图层剪贴路径。这就为我们提供了一个便捷高效的方式，可同时为一系列图层创建同样的蒙版。

但是，如果一个文件夹有自己的图层蒙版或图层剪贴路径，就不能对它设置图层样式。另外，一个文件夹不能作为剪贴组的底部图层使用。同样，文件夹的蒙版不隶属于图层组中的图层样式。

与文件夹不同，颜色编码并不影响其适用的图层。它惟一的目的是帮助我们在视觉上组织图层调板内的图层。我们可以将有一定关系的图层设置为同一种颜色。例如，我们可以将一个图层组中的所有图层设置为一种颜色，这样当它们展开于图层调板之中时，我们就可以迅速找到它们的起止位置。或者，我们可以将一个图层与它的副本设置为同一种颜色。（当图层被复制时，新副本保持一样的颜色编码。）又或者，我们可以在几个不同的文件中使用颜色标识相互联系的元素。例如，我们可以将所有可编辑的文字图层设为黄色，这样当我们想通过转化文字图层为形状图层或者栅格化文字来简化文件时，就可以很快找到它们。

我们可以在创建图层的过程中或以后设置颜色编码：

(1)当我们创建图层时，在图层调板上，在单击Create A New Layer（添加新图层）按钮的同时按住Alt / Option键，即打开New Layer（新图层）对话框，从而可以选择Color（色彩设置）。

欲设置现有图层的颜色编码，需激活该图层并在图层调板的控制菜单中选择Layer Properties。

(2)当我们为一个图层组设置色彩时（在New Layer Set对话框中或者在Laver Set Properties对话框中），它会自动作用于图层组中的所有图层上。

自动创建蒙版

将图像元素添加到已经存在图像中的一个方法就是选择Edit/Paste Into（粘贴入）

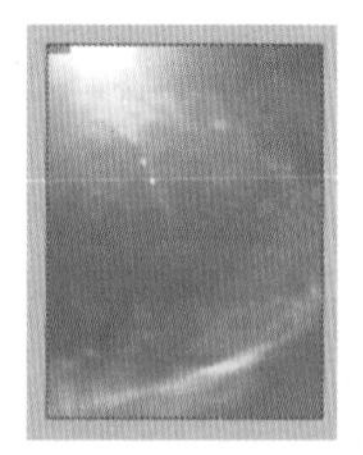

图 1

图 2

首先，在图1中，Ctrl+A，全选，并复制（Ctrl/ 苹果键＋C）需要粘贴的天空，激活粘贴的目标图层（单击图层调板上该图层的名称）。

粘贴(P) Ctrl+V
粘贴入(I) Shift+Ctrl+V

在需要粘贴的区域创建选区，然后选择Edit（编辑）/Paste Into（粘贴入）命令，粘贴元素即生成为一个新图层，同时完成了蒙版的添加，使得粘贴的元素仅能透过刚才选区显示出来.

一般情况下，添加一个图层蒙版的时候，图像和蒙版是相互链接的，所以对图像的移动或者变形操作也会作用在蒙版上，但是当使用Paste Into或者Paste Behind命令时，图像与蒙版在缺省状态下是非链接的。所以，当修改图像尺寸或者变形的时候，将始终保持其处于选区“内部”或“后部”。

选中天空图层的图像部分，Ctrl+T调出自由变换，调整天空图像适合窗口的大小，然后按Enter键确定。

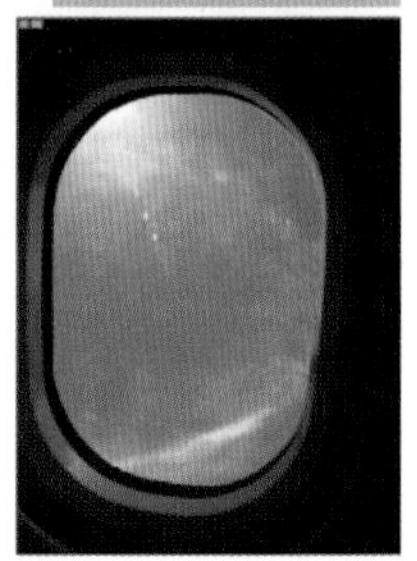

完成的图像。

八、剪贴组

另外一种无损组合元素——剪贴组——由一组图层组成，其底部图层充当蒙版的角色。底部图层的轮廓——包括像素和蒙版——剪贴组所有的图层，因而，只有轮廓内部的图像可参与组成整体图像。

我们可以通过按Alt / Option键，单击图层调板上两图层之间的边界线创建剪贴组。下右图层即作为剪贴蒙版，这样该图层名称在调板上显示时就会带下划线。同时，其他图层则被置于剪贴组中，缩览图呈锯齿状，通过一个像“tab”的箭头指向下方剪贴图层。要向剪贴板中添加更多图层，可按Alt/Option键，单击图层调板上两图层之间交界线即可（剪贴组中图层的位置需相邻，不能隔行添加，例如忽略一个图层添加下一个图层）。

当一个图层被添加到图像中时，即可创建剪贴组。在New Layer（创建新图层）对话框中选中Geoup With Previous Layer（与前一图层编组）复选框就可以了。

创建与解开群组

按Ctrl/⌘+G键，即可在当前层与下方图层之间创建剪贴组。如果下方已有剪贴组，当前图层将被加入该组中。
按Ctrl/⌘+Shift+G键，则将当前图层从组群中释放出来，同时当前层上方的所有图层也被释放。

1、将背景图层拖拉到图层调板下方的创建新图层的按钮上，增加一个背景副本。

2、用文字工具在图像上单击，出现文字光标后输入文字，设置文字的属性，然后按Ctrl+T键，调出自由变换命令，拖拉节点使文字充满整个画面。按Enter键确定。

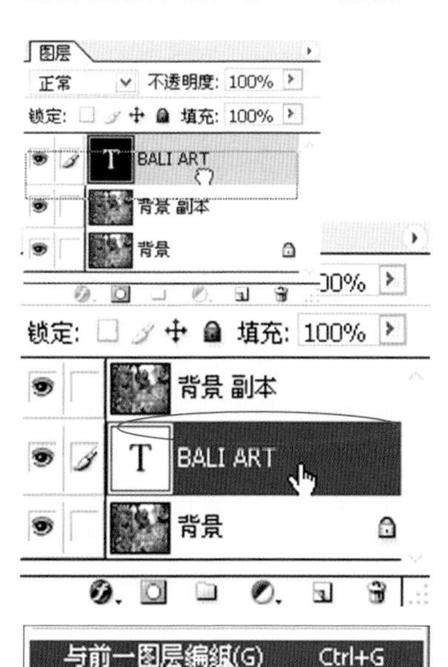

3、拖拉文字图层将其移动到背景副本图层的下方，然后执行图层/与前一图层编组菜单命令。（或者按住Alt键点击文字图层与背景图层副本图层之间的交界线，鼠标会自动编程编组光标，也可以获得同样效果）

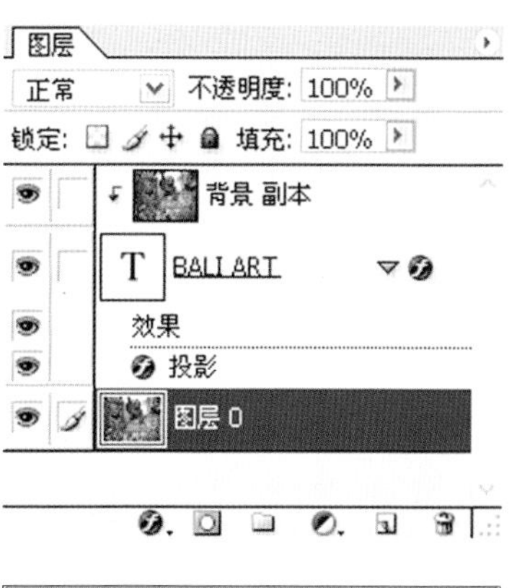

4、选择文字图层并采用Effect中的阴影的命令，给文字图层作效果，然后双击背景图层，出现新图层对话框，按好按钮即可将背景图层转化为图层0.

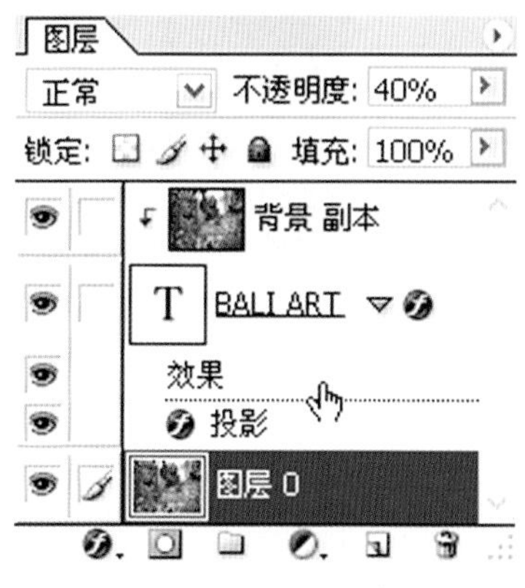

6、选择图层0为工作图层，调整其不透明度为40%，即可出现完成的效果。可以选择将图片存储为PSD格式以便今后再次更改，或同时另存为TIF格式以便输出。

九、混合模式

图层的调板对话框内Mode(模式)的设定对于上下图层的颜色合成效果有很大的作用。通常处于 Normal(正常)的默认状态 。

正常
溶解

变暗
正片叠底
颜色加深
线性加深

变亮
滤色
颜色减淡
线性减淡

叠加
柔光
强光
亮光
线性光
点光

差值
排除

色相
饱和度
颜色
亮度

Normal

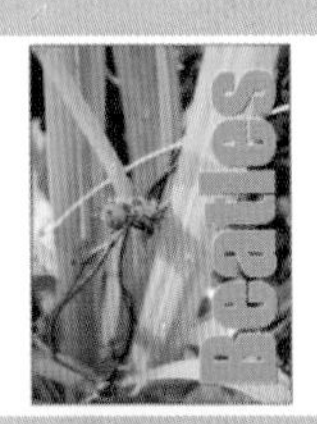

Normal（正常）图层的颜色会很正常，上下方的图层上的颜色不会互相作用。

Dissolve

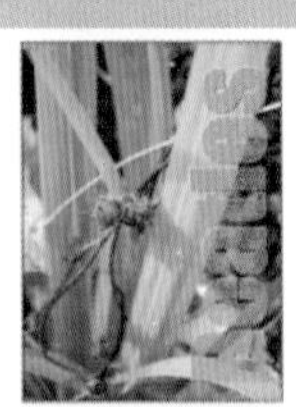

Dissolve（溶解）直接产生结果色，但是结果色根据每个像素所在的位置的不同Opacity(透明度)的设置，随机将像素四处散置。

Multiply

Multiply(正片叠底)其效果就像把两张幻灯片放在一起并在同一个幻灯机上放映。上下图层或基本色与混合色相加，其产生的结果色会较深。可用于添加阴影，而不会完全消除下方图层汇总阴影区域的颜色，也可以用在颜色上方布置线条图。

Screen

Screen（屏幕）像是用两个幻灯机向墙上的同一个地方放映幻灯，其效果是组合的部分变亮，黑色是中性色，没有效果，可用于图像的提亮上。

Overlay

Overlay（叠加）图像色彩叠加时，会保留底层图层或基本色的最亮处和阴影处。基本色也不会被混合色取代，而是与它相混，表现出原来色彩的亮面与暗面。使用50%的Grayscale填充可以代替Dodge和Burn工具。

Soft light、Hard light

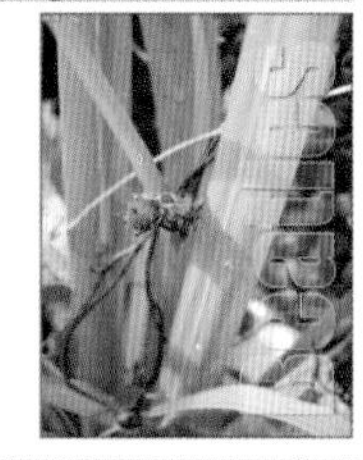

Soft light（柔光）基于混合色和底层图层加深或加亮色彩，效果类似图像上漫射聚光灯。

Hard light（强光） 基于混合色和multiply或screen色彩，效果类似于在图像上集中投射聚光灯。

Color Dodge、Color Burn

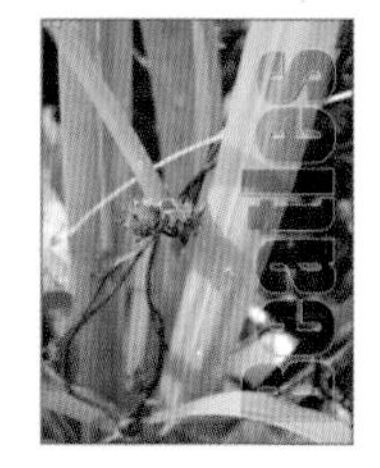

Color Dodge（颜色减淡）、Color Burn（颜色加深）模式可以增加下方图像的对比度，并通过改变Hue和Saturation来强化颜色。Color Dodge可以加亮颜色，而Color Burn加深颜色。在Color Dodge模式下，浅颜色对合成结果影响更大；在Color Burn模式下，深颜色的影响更大。

Lighten、Darken

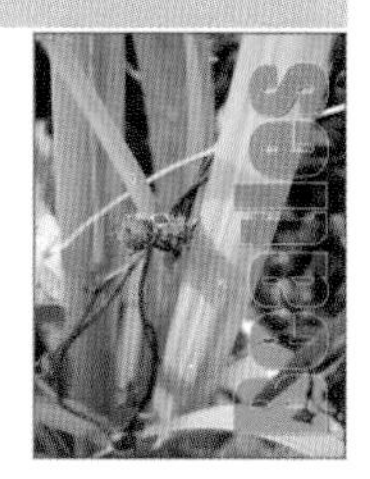

Lighten（变亮） 逐个通道地比较重叠图层和下方图像中的像素，然后选择较亮的通道。

Darken（变暗）逐个通道地比较重叠图层和下方图像中的像素，然后选择较亮的通道。

Different、Exclusion

Different（差值） 通常生成更强的颜色，因此有利于创建幻觉颜色效果。也可以用于比较两个图像，看看他们是否有区别。

Exclusion 制造的效果类似于Different模式，但比较柔和。若与白色相混，会产生基本色的负像。

Hue、Saturation

Hue（色度）用基本色的饱和度和明度，与混合色的色相产生结果色。

Saturation（对比度）用基本色的色相和明度，与混合色的饱和度产生结果色，如果所绘的区域饱和度是0，就不会有所改变。

Color、Luminosity

Color（色彩）用基本色的名度，与混合色的色相和饱和度产生结果色，会保存图像中灰阶层次，将单色的图象改变成淡彩时有用。

Luminosity 用基本色的色相和饱和度，与混合色的明度产生结果色，这个模式是产生color模式的负像效果。

Behind

Behind（穿过）模式只允许将颜色添加到图层的透明区域。所有已经着色的像素都将受到保护，看起来好像只在已有颜色的后面添加颜色。该模式只能用于绘画、填充工具和编辑、填充命令且不能用于图层。

十、图层组与图层组透明度

1、Layer Set（图层组）

Layer set（图层组）使我们可以将图层组合在一个“文件夹”中：

(1)欲将现有图层组合于图层组中，我们首先需要选定一个目标图层，然后逐个单击（或者拖动）要加入图层组的所有图层的眼睛图标旁边的区域（从而可以使其建立链接），最后从调板控制菜单中选择New Set From Linked（编组链接图层）。

(2)欲向已有图层组添加更多图层，我们可以拖动图层的缩览图拖至文件夹缩览图中，或者直接将缩览图拖至希望放置图层的位置，也可达到同样效果。

(3)欲在图层组中建立新图层，我们需要先在图层调板中选定目标文件夹，然后单击调板底部的Create A New Layer按钮。

通过单击文件夹左侧的小三角可以隐藏或显示图层组中的图层序列。在一个拥有很多图层的文件中，建立图层组有助于保持图层调板整洁有序，从而使定位与操作更加便捷。

另外，图层组还使我们可以一次完成针对其内部所有图层的操作。而文件夹的Opacity参数和混合模式并不代替单个圈层的设置，而是与其发生相互作用。

2、Opacity（透明度）

（1）文件夹的Opacity参数对于每个独立图层来说是一种增益效果。Opacity参数为100%时，Opacity设置对于合并图像没有影响。而处于100%以下时，文件夹的Opacity参数将按比例减少各个圈层的Opacity。所以，比方说，如果我们设置一些图层的Opacity为50%，另一些为加当设置文件夹的Opacity50%时，获得的结果是一部分图层的Opacity为25%（50%的50%为25%），另一部分为40%（80%的50%为40%）。

3、Pass Through模式

文件夹的缺省混合模式是Pass Through模式，它是指所有图层都可以保持自己的混合模式，就好像它不在图层组中一样。如果选择其他混合模式，产生的效果就相当于将组中所有图层合并为一图层（保持其固有混合模式），然后将文件夹的混合模式设置。

新建图层

单击Layer调板底部的Create New Layer（新建图层）按钮。

删除图层和图层组

拖动某个图层或图层组到Layer调板底部的Delete Layer（垃圾箱）按钮，或者点击某个图层，然后单击Layer调板底部的Delete Layer（垃圾箱）按钮。

复制图层和图层组

拖动某个图层或图层组到Layer调板底部的Create New Layer（新建图层）按钮，即可复制一个图层或者图层组。

删除文件夹但同时保存图层

需选定文件夹，而单击垃圾箱按钮，再单击Set Only按钮。

移动图层组

欲移动图层组从而移动其中所有的图层，需先在图层调板中选定文件夹，选择Move工具，然后做如下操作：
如果图层组中的所有的图层都是链接的，只需在图像窗口中移动即可移动图层组。
如果图层组中的一些图层没有链接，则需禁用Move工具选项栏中的Auto Select Layer（自动选择图层）选项，就可以移动整个图层组。

图层组的变形

欲通过Free Transform（自由变形）命令（Ctrl/⌘+T）或者其他Tr r 命令对图层组进行变形，需使文件夹与至少一个图层链接，无论是图层组内部还是外部。

图层组的Opacity(透明度)和混合模式

单击图层调板的文件夹即可看见Opacity参数和混合模式，应用到图层中所有图层上。Pass Through模式只适用于文件夹中，它为一个图层组中独立图层的混合模式增加优先性．另外，文件夹上的图层蒙版和图层剪贴路径作用于图层组中的所有图层上．

十一、链接

链接在Photoshop中更像其他软件中组群的功能。

链接的图层。欲创建图层之间的链接我们可以在圈层调板中选定一图层然后单击另一图层栏中眼睛旁边的区域。通过拖动图层到该区中我们还可以继续创建多个图层之间的链接。

当图层相互链接时:

- 移动或者变形某一图层时也将改变其链接图层。
- 在工作窗口中拖动一个链接图层到其他文件中其他链接图层也会被拖入其中。然而在图层调板中进行此操作不会影响其他链接图层。
- 通过链接图层以快速建立图层组在图层调板中单击链接图层中一个,选择Layer / New / Layer Set From Linked命令即可(或者在调板的制菜单中选择该命令)。
- 同样地我们可以通过选择调板控制菜单中的Lock All linked Layer (锁定部链接图层)命令对链接图层进行锁定或者解除锁定。
- 还可以将图层样式复制并粘贴到某个链接图层从而为链接圈层创建同样的图层样式。

链接蒙版

在缺省情况下图层蒙版和图层剪贴路径与图层相互链接。如果我们移动图层或者对其进行变形也会改变链接的蒙版。

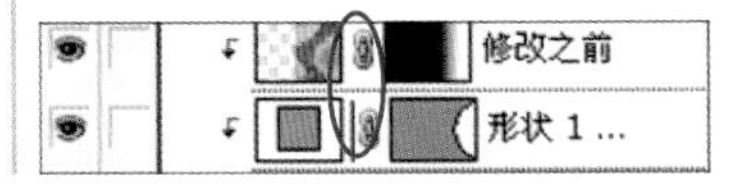

十二、合并和拼合

结束了对一系列图层的操作,不再需要它们保持分立的激活状态,我们可以减少图层的数目,也可以通过合并或者拼合图层完成。当我们合并或者拼合图层时,图层样式和蒙版将被应用而后删除,文字会被栅格化。而Alpha通道将被保存。

- 用合并 (Merging) 的方式将可见图层合并到一个图层。新图层的混合模式及不透明度都沿袭底部图层的设置 。
- 用拼合 (Flattening) 的方式将可见图层合并到背景图层中。此时,会出现一个警告窗口,警告隐藏的图层将被删除,从而我们可以再次考虑。合并图层后,所有原先透明的区域都会以白色填充。

合并选项

在图层调板的弹出菜单以及主菜单中都有很多关于合并可见图层的命令. 而其他的方式. 介绍如下:

- Merge Visible (Ctrl/⌘键+ Shift +E)合并所有可见图层同时保持隐藏日层不变。
- Merge Down (Ctrl/⌘键十E) 合并
- Merge Linked (Ctrl/⌘键十E) 合

除所有不可见图层。

- 当底部图层为当前图层时, Merge Group (Ctrl/⌘键十E) 合并组群中所有 组 群 中
- 当图层组的文件夹为激活状态时. Merge Layer Set (Ctrl/⌘键+E) 合 同时删除组群中的

不可见图层。

- Edit / Copy Merged (Ctrl /⌘键+ i t十E) 所有可见图层中的选区. 然后选择Edit / Paste (Ctrl/⌘键+ V) 可
- Image / Duplicate 提供Merged Layers Only 选项, 它可以合并文件副本同时删除不可见图层.
- Save As 对话框中的 Uncheckingthe Layers选项可以将合并的副本保存到文件中。

图层效果

选择Layer/Effects (图层 / 效果) 并从子菜单中的命令来给图层添加效果:
Drop Shadow (阴影) 效果在所在图层内容孩子后添加一个卜雨的阴影。
Inner Shadow (内阴影) 效果仅在该图层内容边界之内添加一个下雨的阴影,该图层看上去象陷进去一样。
Outer Shadow (外发光) 和 Inner Glow (内发光) 效果增加了源于图层中内容的内边界或外边界的发光。
Bevel and Emboss (斜面和浮雕) 增加了对以图层的多种阴影和高亮的组合。
Color Fill (颜色叠加) 对一图层实施实体填充。Pattern Fill (图案叠加) 对一图层实施实体填充图案。
Stroke (描边) 对一图层的某个实体进行描边。

十三、快速蒙蔽和混合

渐变蒙版

添加蒙版图层（通过单击Add A Mask按钮），然后以黑白渐变填充，从而在保持云景。

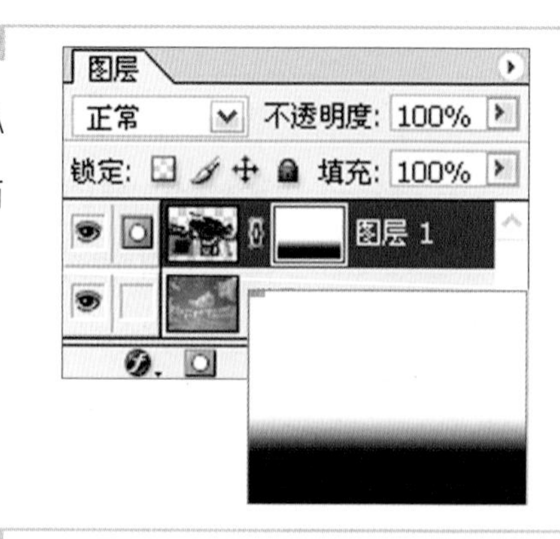

"混合颜色带"色调

在图层调板中双击要编辑的图层，即打开图层样式对话框，选择混合选项。在混合颜色带选项区，可以分别调整本图层和下一图层滑块，通过调整色彩和色调的设置控制两个图层的合并方式。也可以通过在按Alt/Option键的同时拖动滑块拆分滑块，从而获得平滑的混个图层不变的情况下使前图层的轮廓融入背合效果。

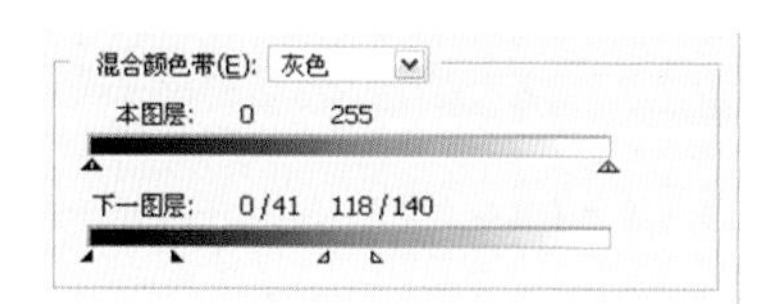

模糊蒙版

为了创建一个边界融入主体轮廓的图层蒙版，需按Ctrl/⌘键单击图层调板上主图，然后单击Add A Mask(添加蒙版)按钮，并对蒙版应用滤镜/模糊/高斯模糊滤镜。

绘制蒙版

通过手绘图层蒙版，可以预先控制两个图像之间的组合方式。

“Blend If”和蒙版

可以组合蒙版和混合模式。在此设置混合颜色带选项区参数以后，一个渐变填充的图层蒙版即被添加到图层中。图层调板显示蒙版但不显示混合颜色带的改变。

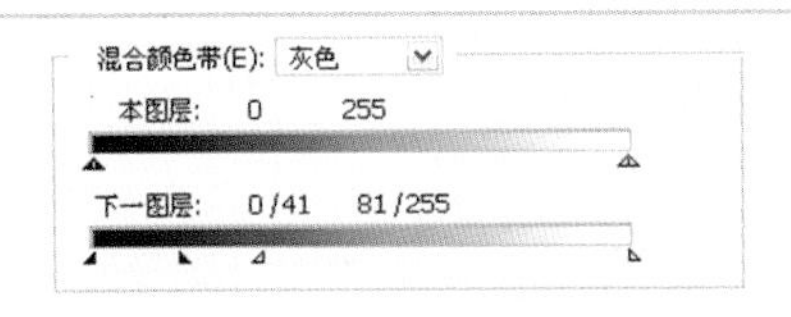

“Blend If”和模式

如果色彩或者色调的差异很大，混合选项区中的混合颜色带选项对于快速去除一种背景十分有用。如图所示，当前图层的缺省灰度设置可以用来隐藏黑色背景。

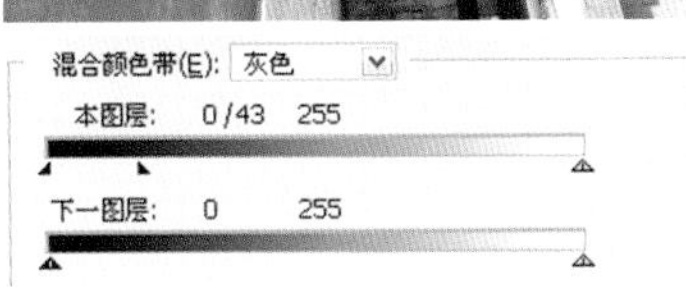

制作焦点蒙版

为了在进行变化(这里使用Radial Blur滤镜)的同时保护图像的中心区域，可以将图像设置为两个分立的图层，并将变化应用于上层图层上。然后，再上层图层上制作蒙版，填充黑白放射状简渐变色。这个渐变蒙版即可在变化的图层与原图间制作渐变效果。

制作一个渐变蒙版

为了给一幅图像的绘画效果制造渐变，需要先将图像复制为两个图层。对上层图像应用滤镜效果，然后添加图层蒙版并以黑白渐变填充，即可创建渐变效果。

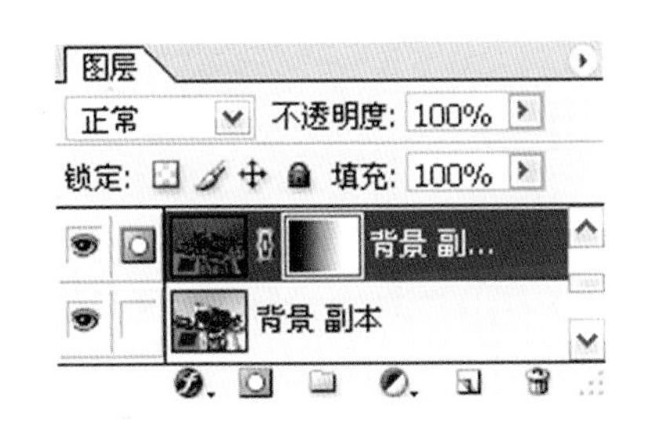

对蒙版添加滤镜效果

为了创造一个定制边界的虚光效果，需使用图层蒙版制作图像边框，然后对蒙版进行模糊处理使灰度蔓延出边界，最后再添加滤镜 / 素描 / 绘图笔滤镜效果 。

剪贴组

通过创建图层组（按下Alt/Option单击图层之间的边框），可以使一个图层的内容成为其上图层的蒙版。底层的图层样式可以影响到组群中的其他图层。

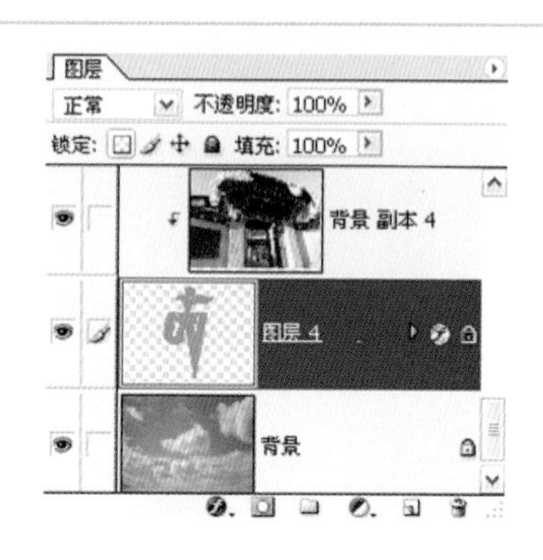

案例：使用蒙版和组群进行拼贴

使用文字和图片创建一幅图像，给图层添加图层样式；粘贴并群组图像，调整色彩和色调。使用图层来组织图像 。

完成后图像

图 A

图 B

图 C

图 A 、B 、C 是三幅原始图像。

1、点击图A图层调板下方的添加图层组按钮，在图层调板中建立一个新的图层组，选中序列1图层组，将图2拖拉到图1中，将原图B的图层名改为花（图1），然后按住shift键用移动工具将图层花向右移动到适当位置。

图1

2、将前景色设置为（图2）的粉红色，然后运用椭圆形图形工具，如上图按住shift键创建一个正圆，用移动工具将这个正圆放置到适当位置（图3）。

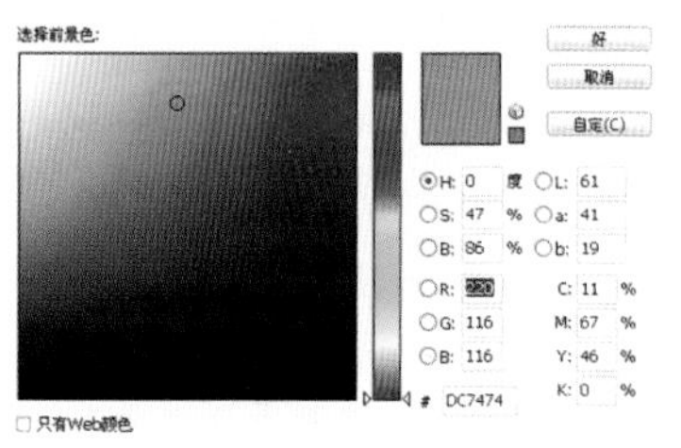

图2

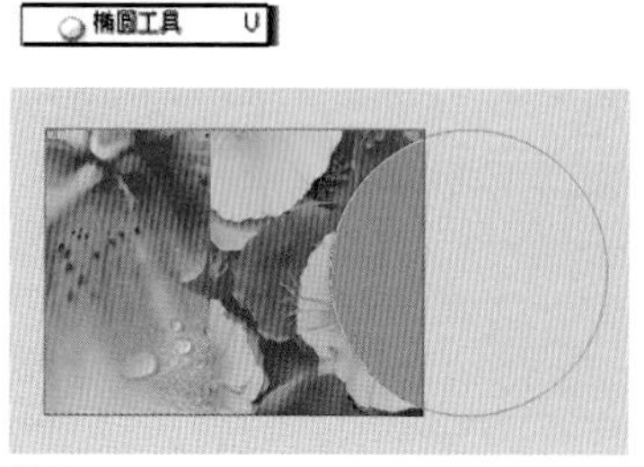

图3

3、将形状1图层拖拉到调板下方的创建新图层按钮，复制两个相同的形状图层副本，将这三个图层都移动到花图层的下方，分别将下方的两个形状图层向左移动40个像素点和80个像素点(按住shift键同时按键盘上的向左箭头，一次可以移动10个像素点。)（图 4 ）。

图4

4、将图层花的图层模式设置为正片叠底，然后将下方的三个形状图层分别设置为颜色减淡、滤色、变暗（图5）。

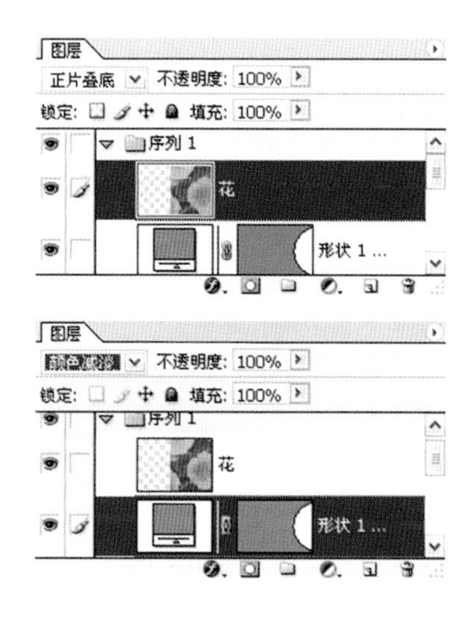

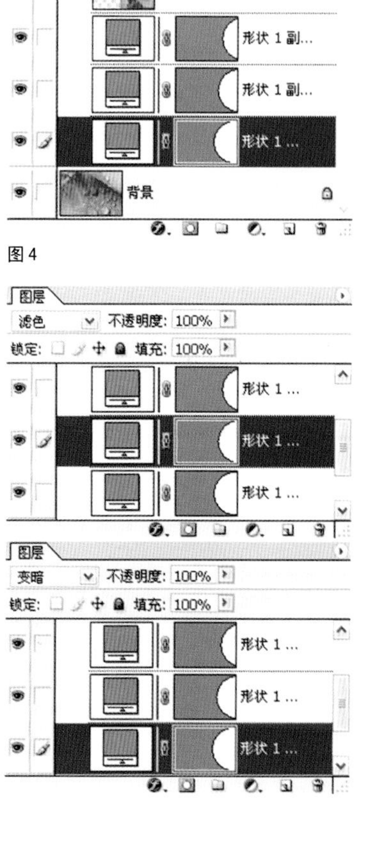

图5

5、按住Alt键点击花图层与形状图层副本之间的交界线，以及三个形状图层副本之间的交界线，让这四个图层形成剪切组（图6）。

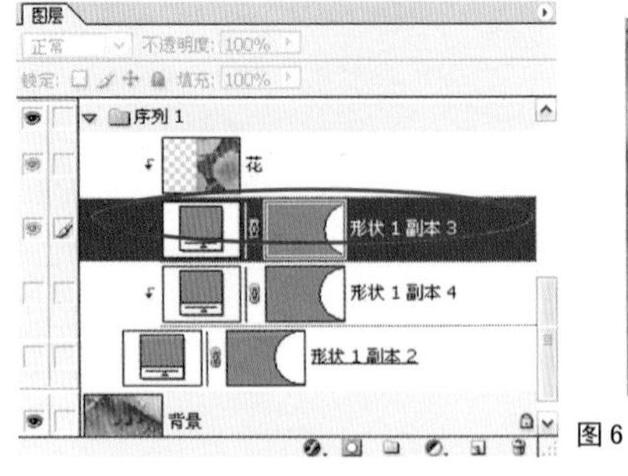

图6

6、选中图层花，点击调板下方的添加蒙版按钮，然后选择渐变工具，在蒙版上拖拉从黑色到白色的渐变，在三个圆形的区域形成渐变遮罩(图7)。

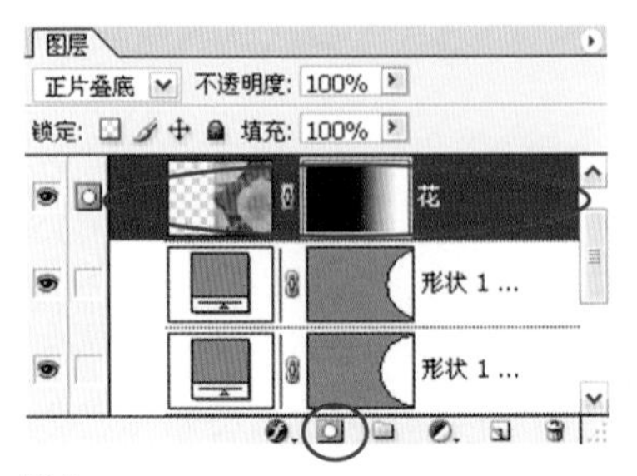

图7

7、选择序列1，点击图层调板下方的调整图层按钮，选择色阶命令。对下方的图层花和背景一起做色阶效果，使其对笔更加强烈（图8）。

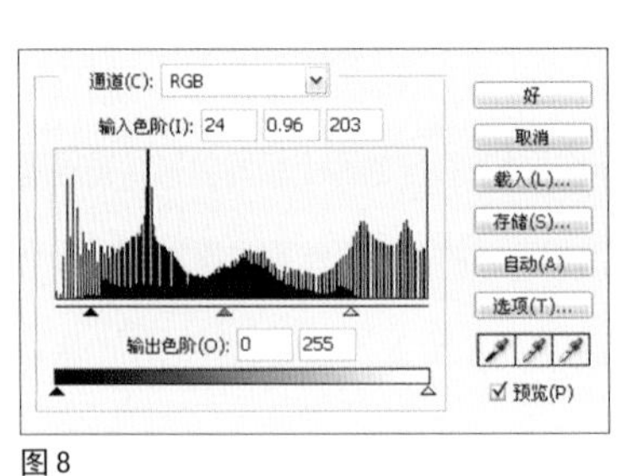

图8

8、将图3中的向日葵拖拉到图1中（图9）。

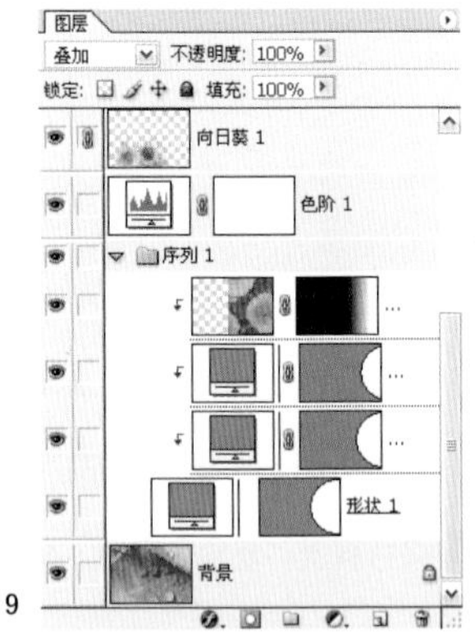

图9

9、然后将向日葵1拖拉到调板下方的创建新图层按钮，创建图层向日葵副本，然后更改这个图层的模式为叠加（图10）。

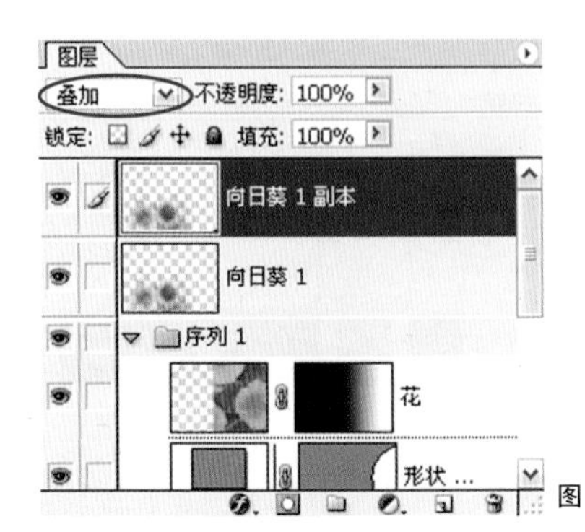

图10

10、用文本工具点击画面，然后输入文字，输入完毕后，点击图层调板下方的图层效果按钮，给文字添加图层效果——投影和描边效果（图11）。

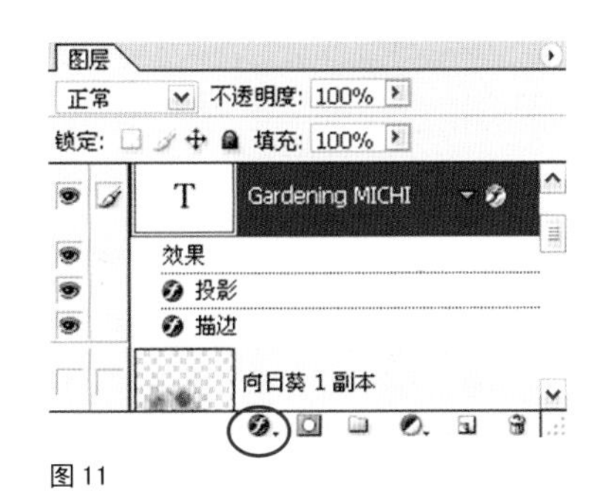

图11

11、投影和描边效果设置的调板，选择投影栏目，可以选择投影的角度和投影的距离与大小（图12）；选择描边栏目，可以设置边线的颜色以及宽度大小（图13）。

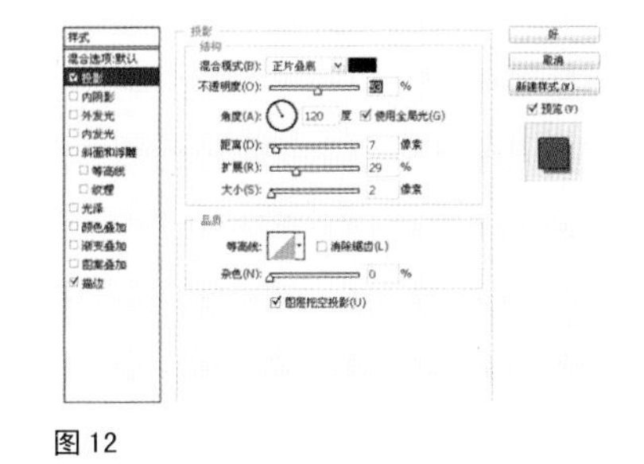

图12

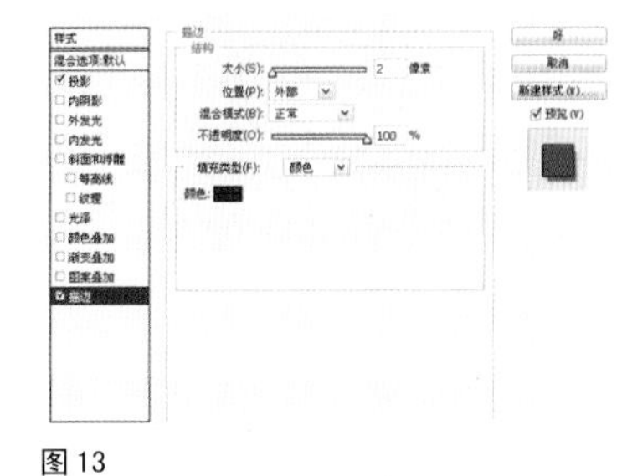

图13

12、再次选用文本工具，在图像上单击，然后输入文字，并在文字属性选项栏中进行文字的大小字体的设置（图14），用移动工具将文字移动到适当位置即可。

图14

13、最后，对图像进行储存，存储为psd格式可以保留图层、通道与路径等内容，以便再次进行修改（图15）。

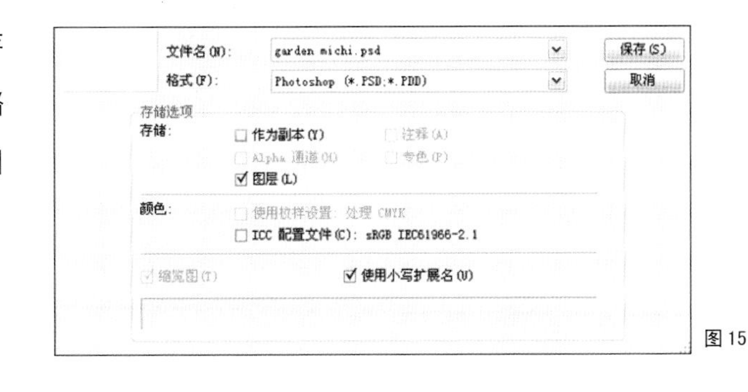

图15

14、如果要作为拼合后的图像输出，我们可以将图象作为TIF格式输出而不选择存储图层的选项（图16）。

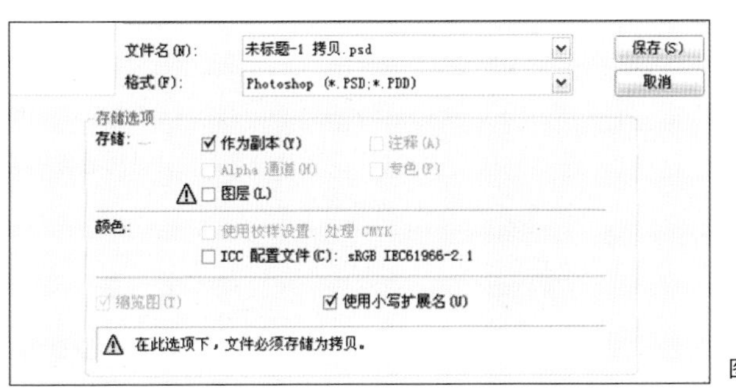

图16

作品欣赏

1	5
2	4
3	

1、2、3、 MIC STUDIO 《中国秀》（2005neshow 中国青年创意营大赛金奖作品）

4、MIC STUDIO 《北京交响乐团——向日葵篇》（2005 中国大学生广告艺术大赛得奖作品）

5、MIC STUDIO《龙之媒——唯美篇》（2005中国大学生广告艺术大赛上海赛区得奖作品）

实验题

1、使用根据形状选择的方式来选择对象。

2、使用根据颜色的选择方式来选择对象。

3、使用根据形状和颜色的选择方式来选择对象。

4、用快速蒙版修改选区，并用通道对选区进行储存 。

5、图层剪切组练习。

6、混合模式实验。

7、对图像使用蒙版和组群进行拼贴

习 题

1、什么是图层？如何创建图层？

2、工具栏中有哪些是选择工具？创建选区的方法有哪些？各有什么特长？

3、如何来修改选区以及保存选区？

4、羽化有什么作用？如何来对选区进行羽化？

5、图层蒙版是什么？如何来创建图层蒙版？

6、剪切组的作用是什么？是如何来操作的？

7、什么是混合模式？有哪些常用模式？

8、图层组有什么用途？

9、图层的透明度有什么作用？

10、图层的链接有什么作用？

11、如何在何时对图层进行合并与拼合？

12、快速蒙蔽和混合有哪几种方式？各有什么特点？

Photoshop和Illustrator提供了功能强大的计算机艺术设计工具，可以重新描绘一幅已存在的图像，也可以用工业化要求的精度来绘图。我们可以通过颜色、透明度、图案或者重画图像等操作使得计算机绘图有更丰富的表现。

● 绘图工具是手工操作的，在拖动的时候用来添加或者擦除颜色，，就像传统的画笔、喷枪、铅笔、橡皮擦等一样 。

Photoshop的绘图工具包括Paintbrush（画笔）工具、Pencil（铅笔）工具、Airbrush（喷枪）工具、Eraser（橡皮擦）工具、Smudge（涂抹）工具及Pattern Stamp（图案图章）工具 。

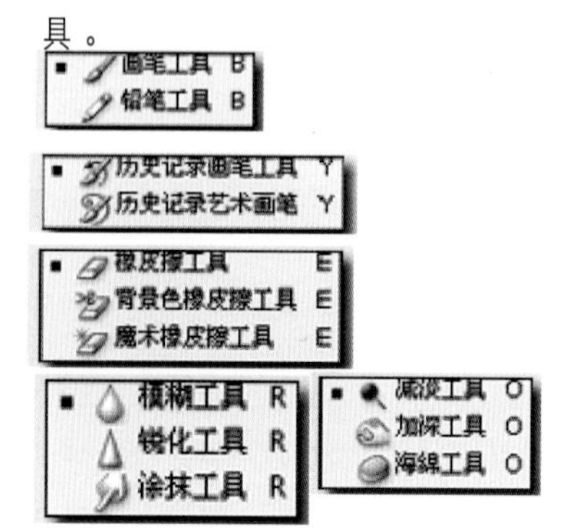

Photoshop 的绘图工具

Illustrator 中的绘图工具有Paintbrush(画笔)工具、Pencil(铅笔)工具、Warp(弯曲变形)工具。通常可以使用这些绘图工具与Brush(笔刷)、Symbol(符号）和Hatch（花纹）结合，并且组合Stroke（笔画）、Fill（填充）和Pattern(图案)使得绘画效果更多姿多彩。

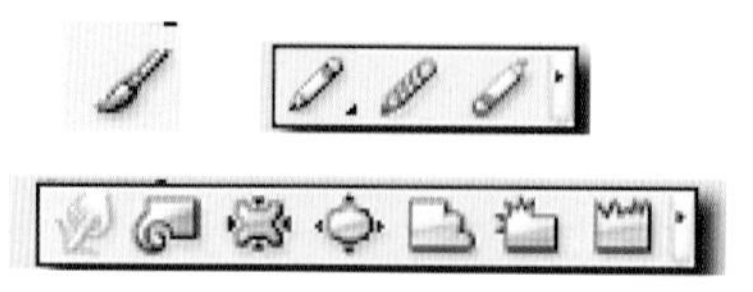

Illustrator 的绘图工具

● 填充工具用来向图层或者选区中填充颜色或者纹理图案。Photoshop和Illustrator 的填充工具包含Paint Bucket（油漆桶）工具和Gradient（渐变）工具。

Photoshop 的填充工具

Illustrator 的填充工具——Paint Bucket（油漆桶）工具、Bland（混合）工具 Gradient（渐变）工具

● 基于矢量的绘图工具在图像构造和细化的时候提供了独特的特性，这种特性和基于像素的图像元素在缩放和变形时候是不同的。非常重要的是，这些工具创造出来的图像具有很大的独立性，所以如果存储成Photoshop文件，即EPS(Encapsulated Postscript）格式，或者存为PDF格式输出到Postscript输出设备的时候，它的图像具有剃刀般锐利的边角——这同时也是打印机或者其他图像输出设备所能提供的最好的边角效果。由于他们基于矢量的特性，这些线图工具将在下一章介绍。

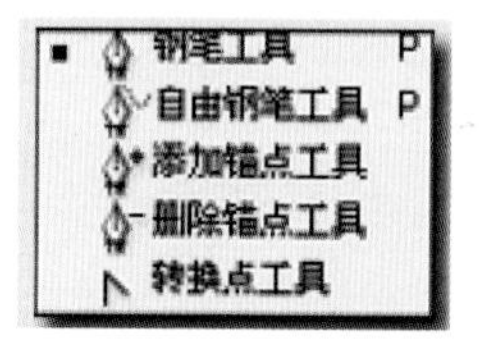

Photoshop 中 基于矢量的绘图工具

Ilustrator 的矢量绘图工具

● 克隆工具是Photoshop 所特有的工具。它可以从图像的某一区域取样.然后在其他区域复制取样的图像。在Photoshop 中这种复制功能在空间上(从图像的一个够到另一个区域)和时间上(从一个视图中的文件到另一个视图中的文件)都起作用。也就是说，我们可以从图像的一个区域克隆像素(无论从同一图层或者是其他可见的图层)并且在图像的任何区域复制，同时没有任何制图上的限制。通过使用History调板以及相关工具，我们可以回到以前的操作步骤，将该状态的图像克隆到当前操作状态中。Photoshop 的克隆工具包括Clone Stamp(仿制图章，即橡皮图章)、History Brush(历史记录画笔)工具以及Air History Brush(历史纪录艺术画笔)工具。

一、绘图工具

(一)Photoshop 的绘图工具

每种绘图工具（包括Paintbrush、Pencil、Airbrush、Eraser、Smudge及Pattern Stamp工具）都有其特定的操作方式。下面归纳出了各种工具的不同之处。当我们选中任何一种绘图工具后，即可在选项栏中进行参数设置（包括在画笔调板中选择画笔类型）。选项栏中的一项，例如Mode和Brush类型是这6种绘图工具都具有的；另一些选该工具特有的选项。

1、 Paintbrush 工具

在默认状态下，拖动Paintbrush工具绘图会得到一条边缘松散的线条。当仅仅单击而不是拖动时，则得到单个的和所选画笔大小相似的点。无论在某点按下画笔多长时间，颜色都不会增加或者展开。

2、 Pencil 工具

操作起来就像 Paintbrush 工具一样。不同的是线条的边缘锯齿很严重，因为Photoshop并没有做消除锯齿的相关运算。拖动鼠标绘图的时候，随着光标的移动，线条马上就毫无延迟地绘制出来了，这使得铅笔工具在快速绘图工具中看起来最具有“自然”特色。但是在曲线或者斜边的“阶梯”上，可以看到像素化状况相当明显。

3、 Airbrush 工具

色彩“喷射”到画面上，就像使用真实的喷枪一样。在某个地点停留的时间

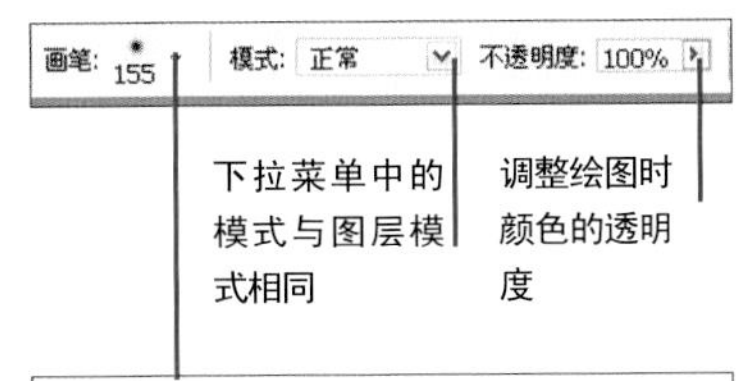

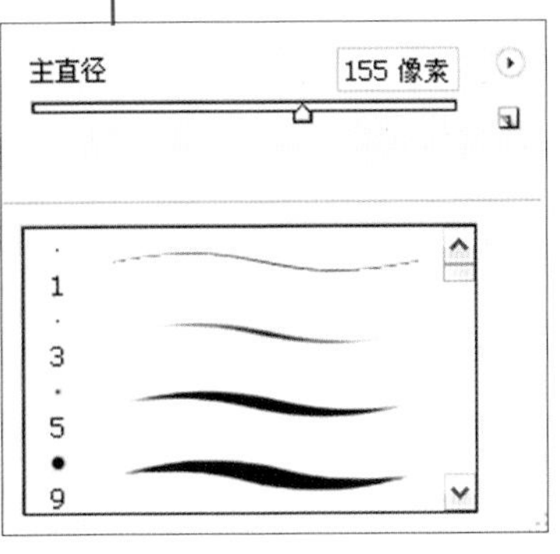

画笔调板

使用 Photoshop 的绘图工具时，还可以使用画笔调板来对笔头的设置进行调整。画笔调板中的画笔属性分为画笔预设与画笔笔尖形状等不同的内容。在笔尖形状中，分别有动态形状、散布、纹理、双重画笔、动态颜色、其他动态的设置，并且对于笔划形式上，还有杂色、湿边、喷枪、平滑、保护纹理等属性。

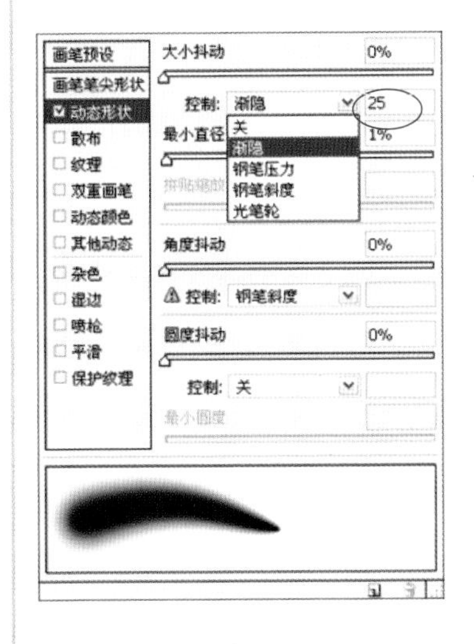

如上图所示，动态形状对话框中的控制栏中的下拉菜单中，渐隐的设置使得笔头由深至浅逐渐变化，而后面方框中的数值则表示通过多少步长来控制渐隐的长度（即由深至浅的长度）。

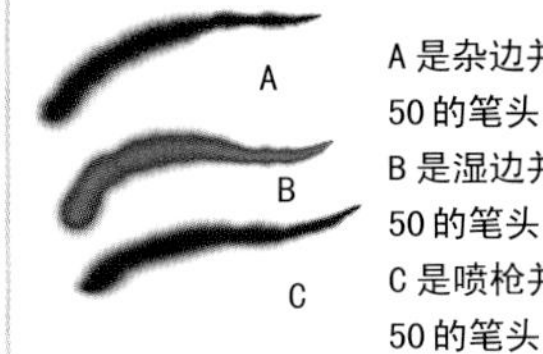

A 是杂边并且渐隐为50的笔头

B 是湿边并且渐隐为50的笔头

C 是喷枪并且渐隐为50的笔头

就越久，该点的色彩喷射就越多，画笔就越粗，直到达到100%的不透明度。

4、 Eraser（橡皮擦）工具

用来清除像素或者改变他们的颜色。但是在处理背景图层时却保留背景颜色或在处理其他图层时者透明度。该工具操作起来取决于我们在选项栏中到底选择喷枪、画笔或者铅笔工具哪种模式。另外一种模式是Block（块），和其他模式比较，这种模式用处不是很大。还有另外两种橡皮擦工具——－Magic Eraser工具和Background Eraser工具。Magic Eraser工具用来在图像中“注入”透明度，Background Eraser工具可以用来擦除某些颜色而保留其他颜色。该工具在从背景上选取某种前景对象轮廓的时候非常有用。

5、 Smudge（涂抹）工具

在拖动的时候涂抹颜色。当 Finger Painting复选框被选中时使用前景色涂抹，否则使用光标下的颜色来进行涂抹。当Opacity参数不是100%时，涂抹过程将变慢；设置为100%的时候，涂抹过程将非常快，就像实际用手涂抹画面一样。

6、Pattern Stamp 工具

在绘图的时候使用某种图案而不是单一颜色，图案可以在选项栏里选择。除了可以使用Photoshop附带的图案进行绘图外，还可以定义出自己的图案来，或者为重复但不是很明显的纹理创造一种无缝样式。

绘图工具不能工作的几种原因

当一幅图像有活动的选区或者操作一个图层时Photoshop的绘图、克隆以及填充工具就只能在选区内部或者在基于像素的活动图层（或者图层蒙版）中工作。如果绘图工具不工作，就可能存在以下几种原因：

- 可能有不可见的活动选区——或者在窗口外或者被隐藏起来，如果我们按下Ctrl+H快捷键来暂时隐藏选区的虚框。
- 正在绘制的区域已经被保护起来了，这可能是图层的透明度或者像素被锁定了（可以观察图层调板顶部的锁定标记是否已经被锁定）。
- 如果正试图在一个几何形状上或者在文字图层中绘图而这些区域是不允许使用像素绘图的。

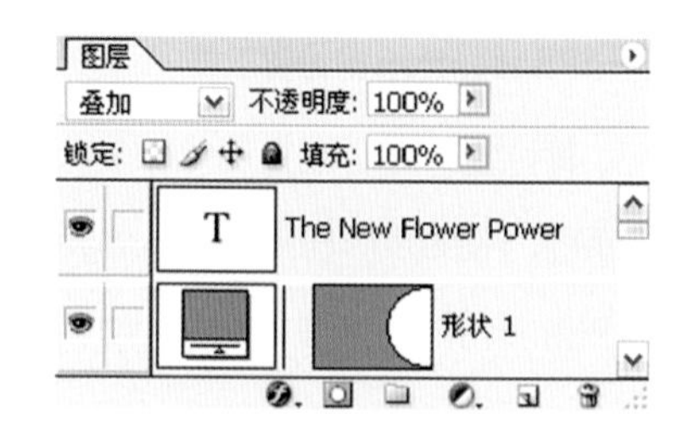

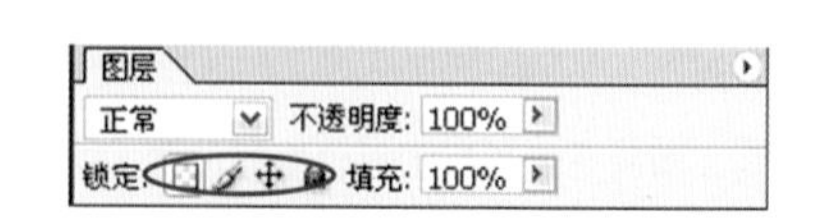

定义图案

我们可以从一个选区一幅图像或者我们自己绘制的图像元素制作一些复制图案

1、准备将要制作成图案的区域或者图像元素，然后使用矩形选框工具选中它（图1）。在图案边上保留足够的空间以作为重复图案之间的间隔。

图1

2、选择Edit(编辑)／Define Pattern（定义图案）菜单命令（图2）在Pattern Name(图案名称)对话框中命名这个图案我们可以在这里停止，也可以按照下面描述的步骤6保存图案 也可以按照步骤3至步骤5来制作更加复杂的图案。

图2

3、新建一个图像文件长度和宽度至少要为原图案元素的两倍[选择File（文件）／New（新文档）菜单命令。然后在Contents选项区中选中Transparent复选框]．使用刚才建立的图案进行填充[选择Edit（编辑）／Fill（填充）／Pattern（图案）菜单命令]（图3）。图案用来填充一个100×100像素的文件，在新建对话框中的Contents部分选择Transparent选项。

图3

4、 选中第二列图案，调整色相（图4），并且偏移（选择Filter/Other/Offset菜单命令，设置25像素垂直下移，并选中Wrap Around选项）（图5）。

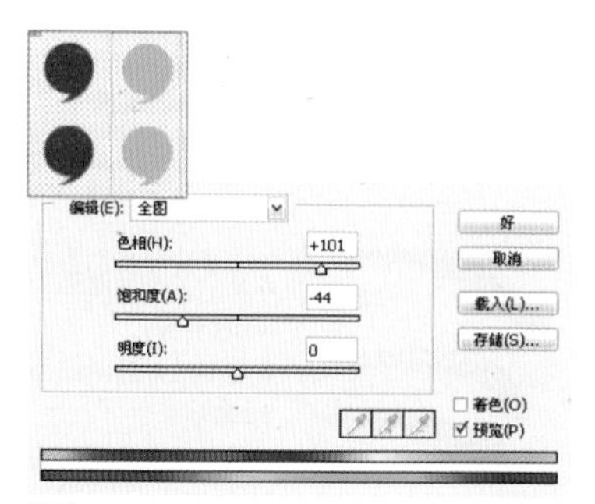

图4

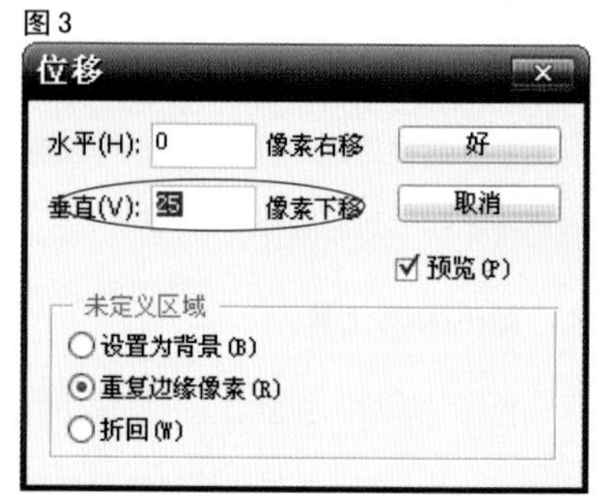

图5

5、将全部100 x 100像素的区域（Ctrl+A）选中，定义一个新的图案（选择Edit/Define Pattern）（图6）。

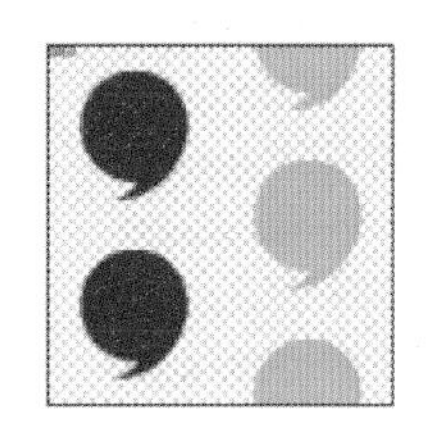

图6

6、为了将自定义的图案永久保存到图案列表中，我们可以打开＂reset Manager（选择Edit / Preset Manager菜单命令）、然后在Preset Type列表框中选择Patterns按下Shift键单击我们想要保存在新图案预设文件中的图案然后单击Save Set按钮。现在我们就可以使用刚才定义的图案来进行填充了（选择Edit / Fill / Use Pattern菜单命令）（图7）。

图7

用新的图案样式填充一个透明图层，使背景图案的颜色透视过来，因为图案的背景是透明的（图8）。

图8

7、使用新图案填充一个透明图层，并且背景也是透明的，可以应用一种LayerStyle到图案元素中，添加Drop Shadow和Bevle And Emboss效果（图9）。

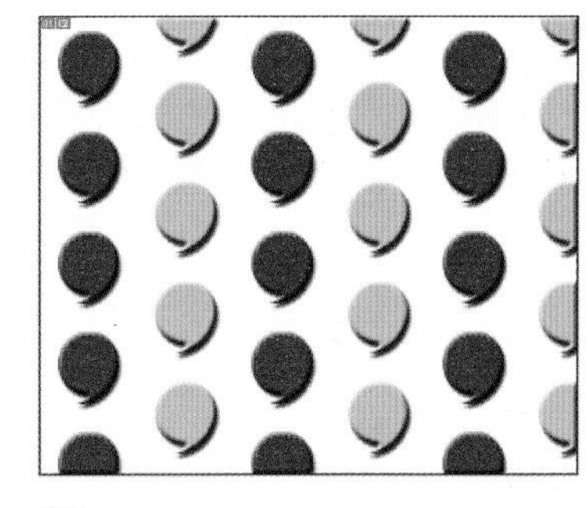

图9

8、如果添加一个Hue/Saturation（色相 / 饱和度）调整图层（图10），然后经过图案填充的图层编组，那么就可以改变图案元素的颜色而不改变背景颜色（图11）。

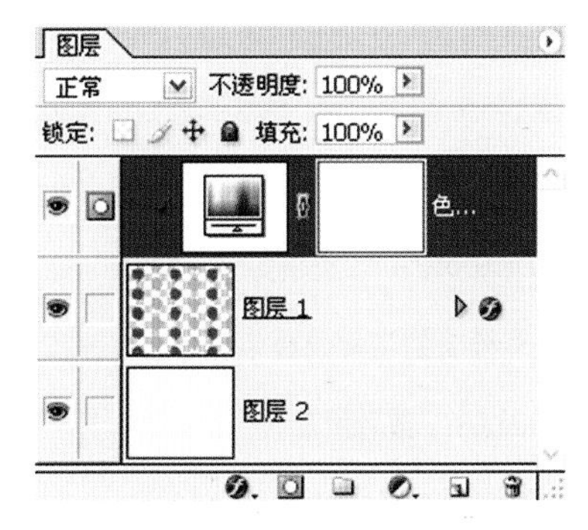

图10

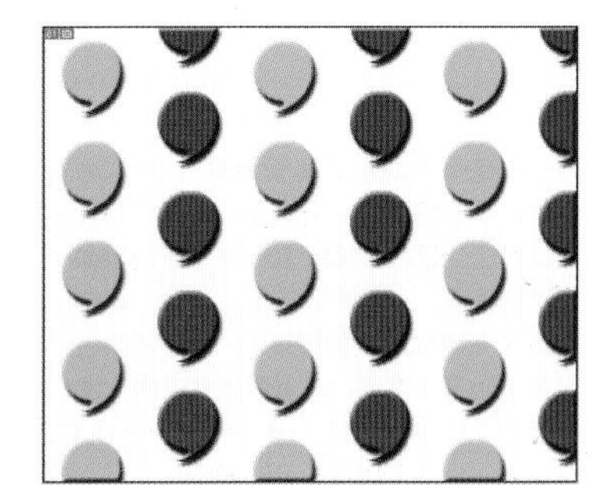

图11

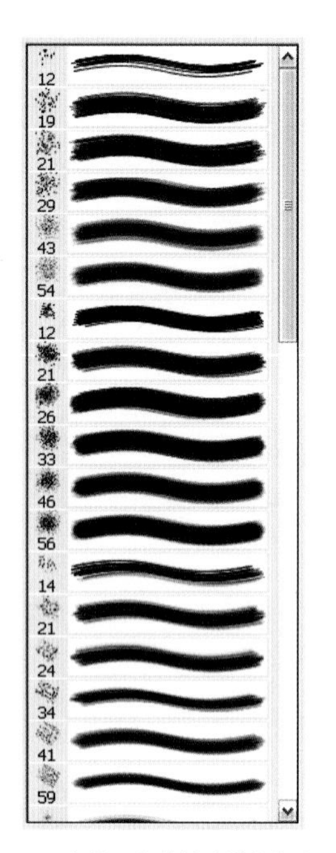

Photoshop提供了各类笔头样式给绘图和克隆工具使用。其中大部分都包括了一系列的灰色，使得绘图的笔触获得类似复杂的硬笔质地 。

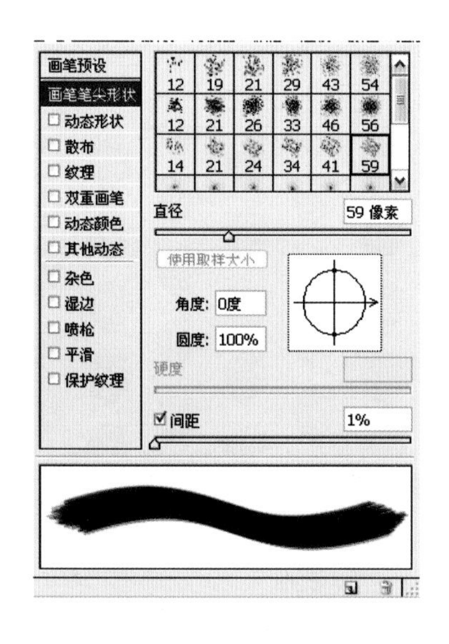

当一个圆形（或者“基于圆形”）的笔触被选中，单击选项栏左侧的Brush图样打开调板，对话比进行编辑或者一次为基础增加一个新的画笔。可以改变名字、直径、硬度和间距（新脚标放置的速度）。也可以通过改变角度和圆度设置，或者通过拖动角度图标来使画笔倾斜和收缩。要制作一个新画笔，需要在进行改动之后，单击调板右上角的Create A New Preset（创建新预设）按钮 。

（二）Photoshop 的画笔

Photoshop 中，在选项栏中的Brushes调板中已经包括了所有绘图和克隆工具可以得到的画笔（笔触，也可以叫做笔刷）样式。

1、要选择一个画笔，单击选项栏左端Brush图标右侧的小矩形，可激活显示当前装载的预置画笔样式，然后在我们所要选择的画笔上单击即可。

2、如果我们想在Photoshop的圆形缺省画笔上增加新的样式，单击当前画笔图标就可以打开调板，对其可改变的选项进行编辑，然后单击右上角的New Brush图标，新画笔样式就添加在画笔调板的底部。

3、要增加一个自定义画笔形状，可以构造一个画笔图标或者光栅化一个在Adobe Illustrator中制作的形状（选择File/Place菜单命令），或者选择一张已存在图片上的某个区域，然后用Rectangular Marquee工具选中新的角标，选择Edit/Define Brush菜单命令。

4、可以按下Alt／Option键，将我们要删除的画笔样式从调板中删除。

5、也可以命名并保存一个特殊的画笔调板(在Brushes调板的控制菜单中选择Save Brushes)，或者加载一个先前设置的调板来取代当前的（选择Replace Brushes选项），或者增加一组画笔样式到当前调板中（选择Load Brushes），或者用默认的画笔调板取代当前调板选择Reset Brushes）。

6、要保存有限的画笔调板，在保存之前从当前调板中删除一些画笔，选择Edit/Preset Manager菜单命令。当前的画笔调板将出现，可以按住Shift键单击向包括的新样式，然后单击Save Set（存储设置）按钮，在Save对话框中命名设置，再单击Save按钮。

快速切换画笔

在绘画的时候从Brushes调板中选择一个新的画笔将打断工作流程。这时可以使用加字符键来快速切换画笔。但是请注意：进行这个操作要保证当前而使用的画笔是直接从画笔调板中选择的。如果我们使用括号键对当前笔进行了调整或者曾经打开画笔编辑调板，那么就不能进行快速切换操作了 。

- 单独使用＞（或者句号）键可以切换到调板中的前一个画笔样式
- 单独使用＜（或者逗号）键可以切换到调板中的后一个画笔样式
- 使用Shift＋＞键可以跳转到最后一个画笔样式.
- 使用Shift＋＜键可以跳转到第一个画笔样式。

注意：在Photoshop中即使我们改变了当前的画笔样式。快捷键Shift＋＞（最后一个）和Shift＋＜（第一个）仍然可以使用。

A 

B

C 

间距 145%

图示：三种笔头的图示
对于这里显示的画笔，间距设置为5%的A；在90%设置下变成粗糙一些的笔触B；而在145%的设置下缝隙将变得像图C一样明显。如果取消了间距复选框的选取，则图标的移动速度将取决于拖动鼠标的速度，即拖动得越慢产生的笔触越连贯；反之则会留下缝隙。

案例：自定义Photoshop画笔笔头

Photoshop中，我们可以根据自己的需要自定义笔头——可以是一个分离的图片元素，也可以是某个绘制的图像图形，然后在绘制的时候选择此定义的笔头进行绘图 。

1、 在图像中选择要复制的元素，并将其粘贴到一个独立的透明图层。如果需要的话，单击Layers调板中的Add A Layer Style(增加图层样式)按钮，在弹出的菜单中选择Drop Shadow（投影）选项（图1）；在出现的Layer Style（图层样式）对话框中的Drop Shadow部分（图2），打开颜色拾取器，在其中单击选择要加的阴影颜色，最后调整其他参数，来保证所制作阴影的方向和强度与图像匹配。

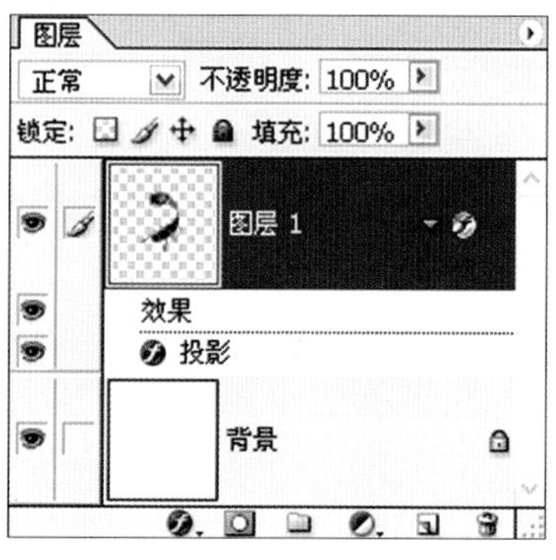

图 1

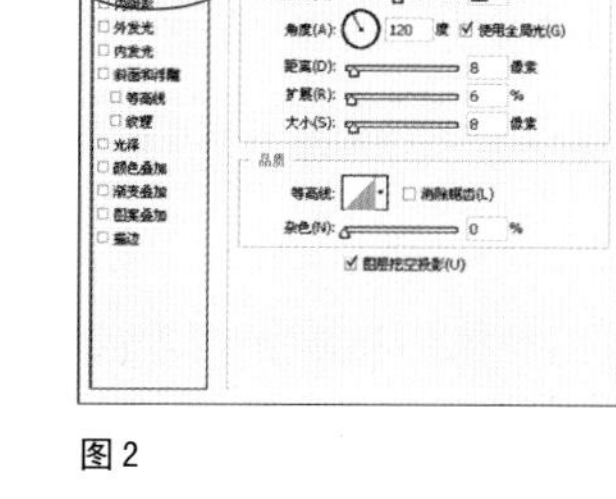

图 2

2、 使用Rectangular Marquee (矩形选择工具)——不能带羽化——选择足够大的范围，包括元素和它的阴影部分，然后对所选部分进行Define Brush Preset定义画笔（菜单Edit编辑/Define Brush Preset定义画笔）（图3），这时，在Brushes调板里就会有一个新定义的笔头出现（图4）。

图 3

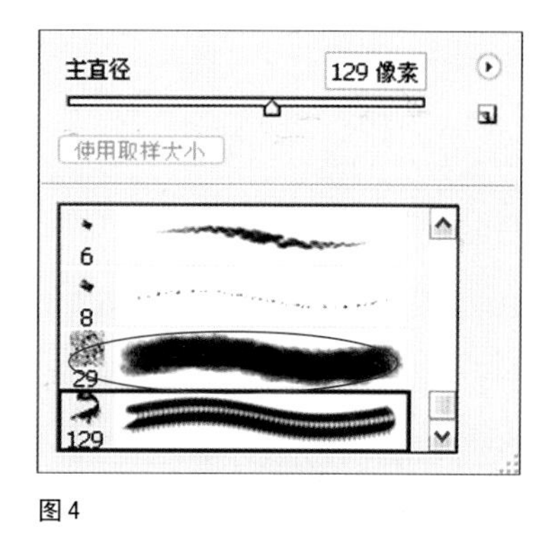

图 4

3、在工具箱中选择毛笔工具，然后在选项栏里探出Brush调板的笔头列表里选择刚才定义的笔头(图5)，就可以进行复制或者绘图了。

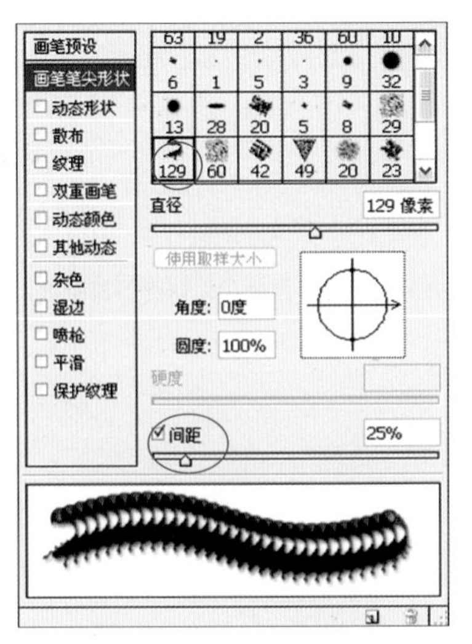

图 5

根据不同的间距可以得到不同效果的笔触效果 。

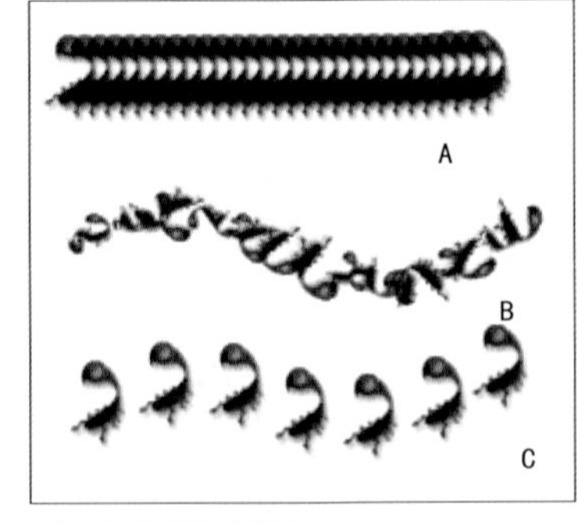

A 为 25% 的间距的笔头
B 为 25% 的动态笔尖
C 为 125% 的间距的笔头

（三）Illustrator 的绘图工具和画笔

Illustrator的绘画效果可以由笔刷、符号与花纹来完成，也正是由于这些效果使得Illustrator中的绘画看起来更多样化 。

Brush（笔刷）、Symbol（符号）和Hatch（花纹）可以使Stroke（笔画）、Fill（填充）和Pattern（图案）间的界限变得模糊。用这些工具和效果，Illustrator可以创作由填充或图案形成的笔画，由自画或其他对象形成的填充，非常整齐或杂乱无章的图案。

使用笔刷和符号可以创建许多传统绘图工具的替代品，例如钢笔和笔刷、彩色铅笔和炭笔、书法钢笔和笔刷以及可以喷洒扫河东西的喷雾器，从喷洒单个的彩色点到喷洒复杂的艺术品；我们可以使用钢笔、压力敏感板和这些工具，或者使用鼠标或追踪球和这些工具。

要重画选中的路径。该值越低，要重画路径，刚离选中的路径越近。

要编辑一个笔刷，双击Brushes选项板中的笔刷，更改笔刷选项，或者从Brushes选项板中拖出笔刷进行编辑，再将新的对象拖回Brushes选项板。要替换一个笔刷，按住Option（Ma）／Alt(Win)键将新笔刷拖动到选项板的旧笔刷位置，在出现的对话框中选择使用新建笔刷取代旧笔刷应用于文档中的所有实例，或者在选项板中创建新的笔刷。

使用笔刷有四种着色的方式None（无色）、Tints（色调）、Tints and Shades（底色和阴影）以及Hue Shift（色调切换）。None使用笔刷定义时的颜色，即笔刷在选项板中的颜色。Tints使得笔刷使用的是当前的笔画色，这样可以创建任意一种颜色的笔刷，而不用考虑Brushes选项板中笔刷的颜色。单击Art Brush Options（艺术笔刷选项）对话框中的Tips（提示）按钮可以获取四种着色模式如何使用的详细解释以及样例。

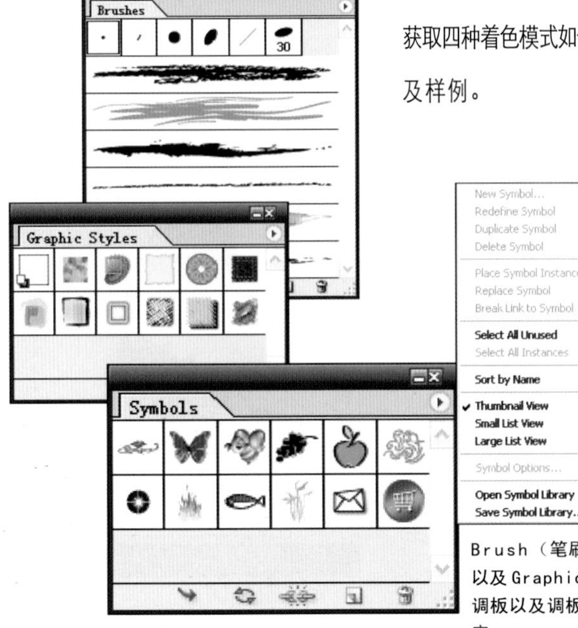

Brush（笔刷）、Symbol（符号）以及Graphic Style（图形风格）调板以及调板下拉菜单中的库图内容.

1、笔刷

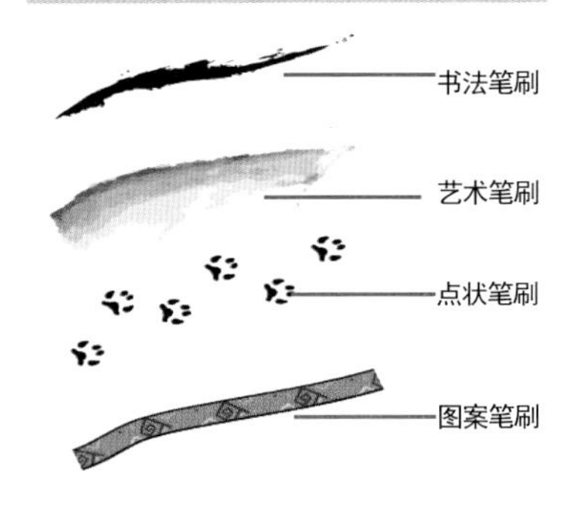

有四种基本类型的笔刷：Calligraphy（书法笔刷）、Art（艺术笔刷）、Scatter（点状笔刷）和Pattern（图案笔刷）。可使用笔刷做任何事情，从模拟传统的艺术工具到使用复杂的图案和纹理绘图都可以。除了使用笔刷工具创建笔刷笔画外，还可以对以前绘制的路径应用笔刷笔画。

使用书法笔刷创建的笔画看上去就像使用真实世界的书法钢笔和笔刷或炭笔绘制的一样。可以为每支笔的size（尺寸）、roundness（圆度）和angle（角度）设置一定的变化值，也可以将上述特征设置为Fixed（固定）、Pressure（压力）.或Random（随机）。

艺术笔刷由一个或多个对象构成，这些对象沿着路径的长度均匀地拉伸。可以使用艺术笔刷模仿油墨笔，炭笔和水彩笔等。

用与创作艺术笔刷的对象可以表示任何物体：树叶。星星、草叶等等。

使用点状笔刷可以沿着一条路径复制并绘制对象：田野里的花朵、风中的蜜蜂、天空中的星星等等。对象的尺寸（Size）、间距（spacing）、旋转（rotation）和着色（colorization）都可以沿着路径变化。

图案笔刷与Illustrator中的图案特征有关，可以使用图案笔刷沿着路径绘制图案。要使用图案笔刷，首先需要定义组成图案的拼贴。例如，可以创作地图上铁路符号、多种颜色的虚线、链条线或者青草等。图案总共有五种类型的拼贴方式side（边）、outer comer（外角）、inner comer（内角）、start（起始位置）和end（终止位置），可以有三种方式拼贴在一起（Stretch to Fit（拉伸到适合）、 Add 即ace to Fit（添加空间到适合）和Approximate Path（近似路径）。

创建笔刷的对象

艺术笔刷、点状笔刷和图案笔刷仅能由简单的线条和填充，以及由这些对象生成的对象组合构成。渐层、活的效果、栅格对象和其他更复杂的对象不能用于制作这些笔刷。

使用笔刷

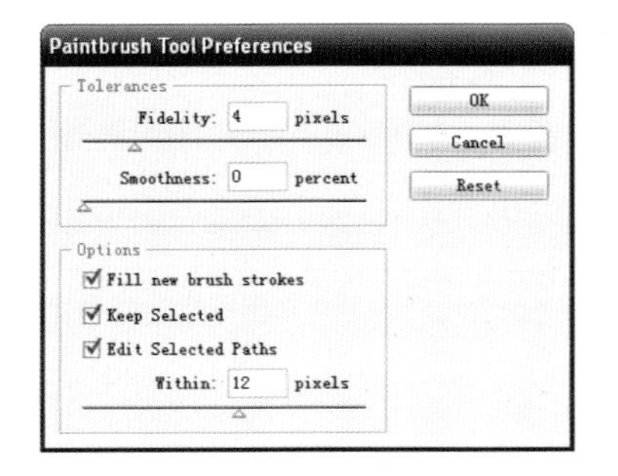

双击工具箱中的Paint brush工具，为所有笔刷的应用进行预置。使用Fidelity（逼真度）和Smoothness（平滑度）时，数值越小，绘制的曲线越准确；数值越大，绘制的曲线越光滑。选中“Fill new brush strokes”（填充新的笔刷笔画），则绘制笔刷路径时，除了填充色填充路径外，还使用笔画色填充路径的笔画。如果Keep Selected（保持选取）选项被选中，最后绘制的路径将保持选中状态，并且靠近选中路径绘制一条新的路径时，将重新绘制选中的路径。取消该选项，则最后绘制的路径将不再被选中，这样可以绘制互相邻近的路径，而不是重画最后一次绘制的路径。如果选取Edit Selected Paths（编辑选中的路径），则该选项的滑块将决定，离选中的路径多远绘制新的路径才需要重新重画选中的路径。

图1

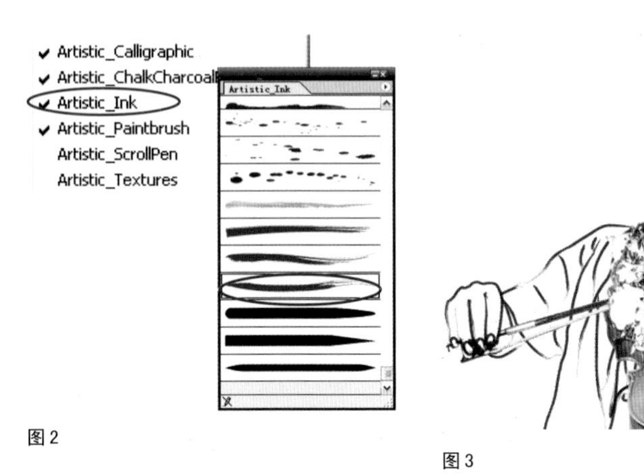

图2

图3

首先采用钢笔路径工具描绘我们需要的对象（图1），对象描绘完毕之后，选择我们要施加笔头的线条，然后通过Brushes调板调出Artistic_ink调板（或者执行Window/Brushes Libraries/Artistic_ink菜单命令调出调板），选择一个适合笔头（图2），所选的线条就可以被施加艺术笔刷的效果了(图3)。

2、符号

符号工具

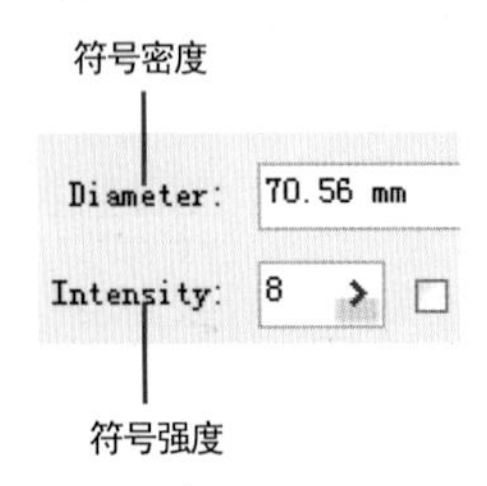

Show Brush Size and Intensity

选中此选项后，符号系统工具的密度由笔刷尺寸圆圈的颜色灰度表示。

符号（Symbol）是由对象构造的，可以在Symbol选项板中创建和储存符号。利用这个选项板，可以将符号的一个或多个副本应用于作品中。

创建符号的对象

符号几乎可由Illustrator中创建的任何对象构造，唯一的例外是一些复杂的组合（例如Graphs（图表）的组合）和嵌入的对象（不是链接）。

使用符号

有8个Symbolism（符号体系）工具。使用Symbol Sprayer（符号喷枪）工具在文档中喷射选中的符号，喷射到文档中的一组符号叫做符号范例集合(symbol instance set)，由一个约束框包围（无法使用选择工具选择集合中的单独范例）。使用Symbol Shifter（移动）、Scruncher（弯曲）、Sizer（缩放）、Spinner

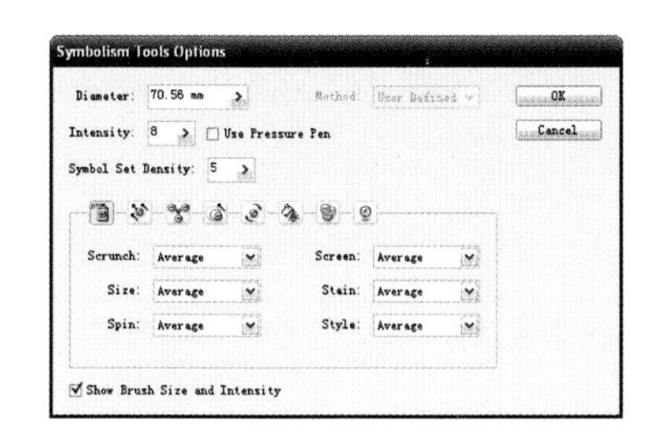

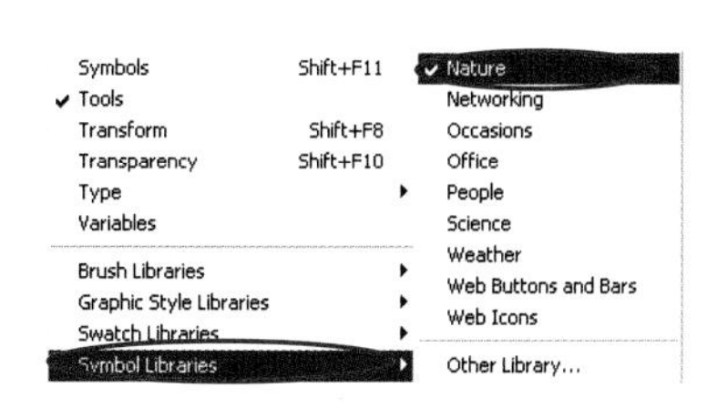

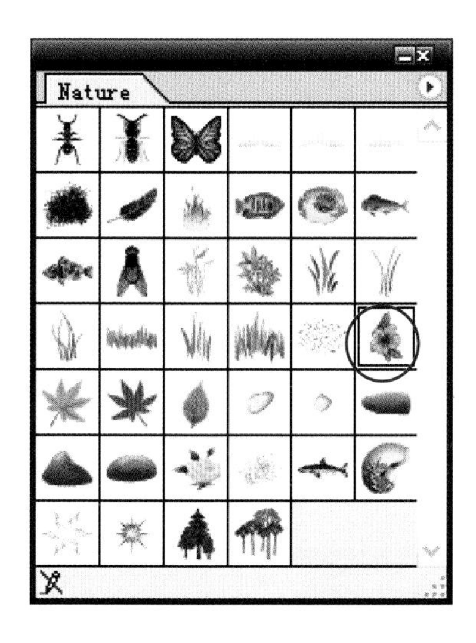

通过执行Window/Symbol Libraries/Nature菜单命令调出Nature的符号调板，从中选择我们要的符号，选用符号工具，点击画面，按住鼠标不放或连续点击画面可以增加符号，但是选择的时候多个符号都会作为一个整体被选择。

（微调）、Stainer（染色）、Screener（透明）或Styler（样式）等工具修改符号范例集合中的符号。

要向已有的范例集合中添加符号，选中范例集合，然后在Symbol选项板中选择添加的符号的。可以与范例集合中已有的符号相同或不同的喷射。另外，如果使用默认的Average（平均）模式，新建的符号范例可以继承同一个范例集合中临近符号的一些属性[size（尺寸）、rotation（旋转）、transparency（透明度）和style（样式）]。按⌘键（Mac）／Ctrl（Win）键在Symbol选项栏中单击可增加或减选项。

类似地，要增加或修改符号范例，选中符号范例集合和Symbol选项板中相应的符号。如果不这样的话，符号体系工具就会失去效果。

符号与点状笔刷

一般来说，符号要比点状笔刷灵活得多。符号可由Illustrator中创建的几乎任何对象构造，而笔刷只能由简单的线条和填充构造。

将二者应用后，考虑其可以改变的类型，符号也要比点状笔刷灵活得多。使用符号体系工具，可以改变符号集合中一个单独符号的许多属性（例如size（尺寸）、rotation（旋转）和spacing（间距）。而点状笔刷的属性修改将被应用到整个集合中，无法单独改变对象集合中某个对象的属性。

对于符号，可以重新定义存储于Symbols选项板的原始对象，并将该改变应用到Artboard（画板）上所有使用该对象的符号范例中。对于点状笔刷，位于Brushes选项板中的原始对象无法改变。

对于符号，可以从一个符号范例集合中删除单独的符号范例；但对于点状笔刷对象，必须首先将对象扩展才能删除单独的对象。

不像其他类型的矢量对象，符号不受Scale Strokes Effects（缩放笔画和效果）预置的影响，该选项只对符号范例集合作用。而点状笔刷的对象的缩放有其独特的方式。

单击画笔的效果

短时拖拉画笔或双击并拖动画笔得到的效果

按住鼠标并拖拉区域的效果

案例：创建Illustrator笔刷

我们运用可以将绘制的图形拖拉到Brushes调板来创建新的笔头，新的笔头可以是艺术笔头，也可以是一般的笔头，或者是图案笔头，由此，我们可以得出更丰富多彩的笔头形式来绘制我们的作品。

1、使用钢笔路径工具绘制图形。（图1）

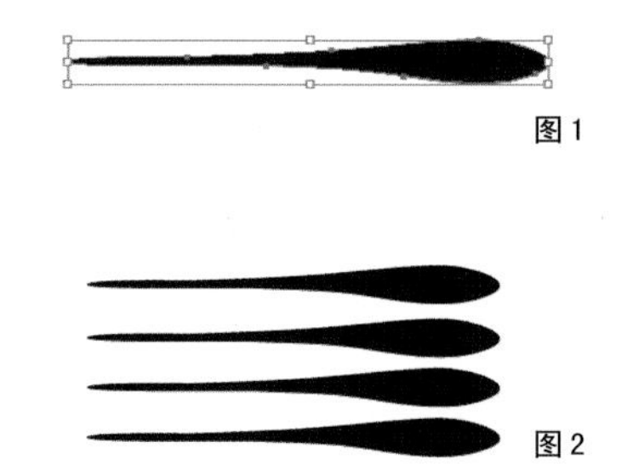

图1

图2

2、执行Ctrl+C复制绘制好的图形，执行Shift+Ctrl+V在原来的位置粘贴图形，用选择工具选择粘贴好的图形，按住Shift键向下移动图形到适合的位置，重复三次。（图2）

3、调出Brushes调板（如果工作界面中没有，可以通过Windows/Brushes菜单命令将调板调出）。然后用选择工具框选做好的这组图形，将这组图形拖拉到调板中（图3）。

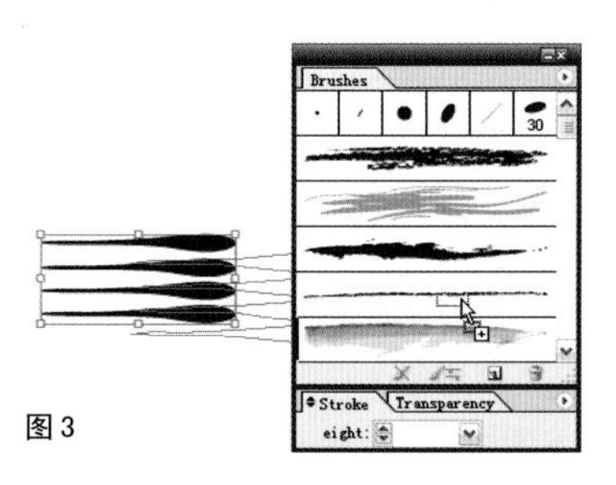

图3

4、自动会弹出New Brush对话框，我们在这里选择New Art Brush选项。然后点击OK（图4）。

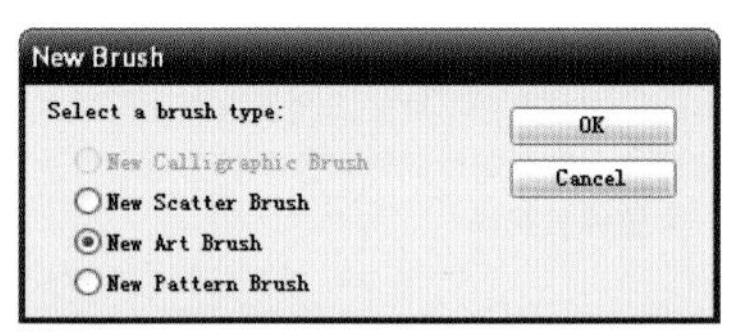

图4

5、随即，会弹出一个Atr Brush Option（艺术笔头选项）对话框，我们可以在这里确定笔头的方向以及属性。我们在Colorization Method目录中选择Tints。（选择Tints以后，我们才能改变笔头的颜色）（图5）。

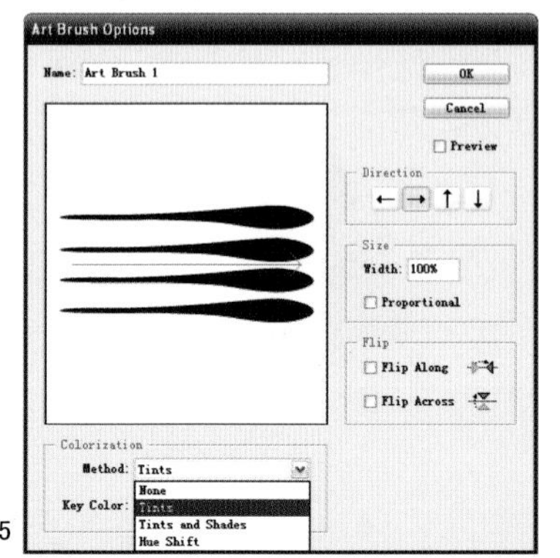

图5

6、选择Apply to Strokes按钮，让选项效果实施到笔头上（图6）。

Brush Change Alert

That brush is in use and some strokes may have overridden its options. Do you want to apply the changes to existing brush strokes?

Apply to Strokes　Leave Strokes　Cancel

图6

7、这时，在Brushes调板上就会出现以刚刚制作好的图形为对象的笔头。使用毛笔工具用3pt round笔头绘制一个签名（图7）。

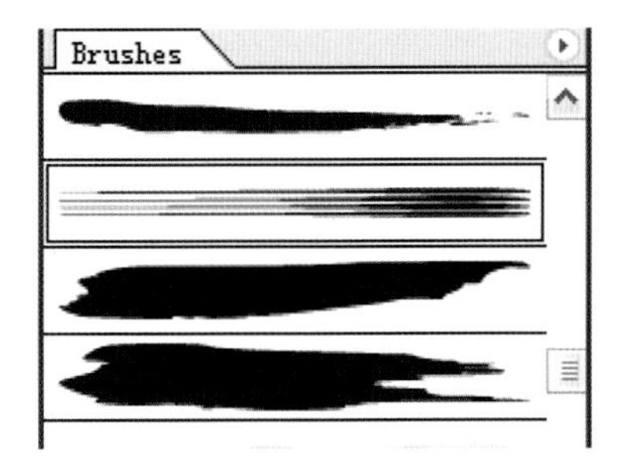

图7

8、用选择工具选中画好的签名，然后在工具栏的选择其中设定边框为蓝色，填充为无色，边框宽度设置为3pt（图8）。通过Brushes调板右端的弹出菜单（或者是Windows/Brushes Libraries菜单命令）调出Artistic_Watercolor调板（图9）。从中选择Watercolor_Thin艺术笔头。

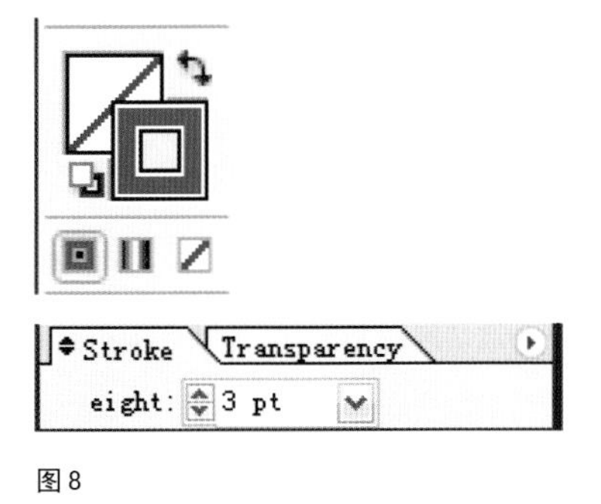

图8

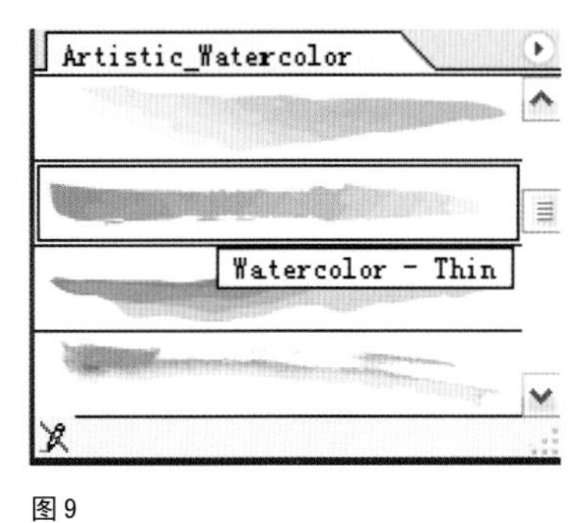

图9

9、这是Watercolor_Thin艺术笔头就以蓝色施加到签名上（图10）。

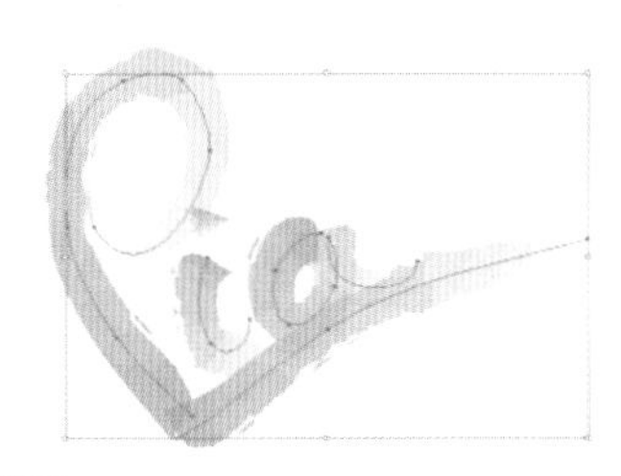

图10

10、选中签名，按Ctrl+C，然后再按Shift+Ctrl+V，在原地粘贴签名，然后选用刚才做好的自制笔头，并将边框的宽度设置为1pt（图11）。这样，签名就完成了（图12）。

图11

图12

二、Photoshop的克隆工具

Photoshop的克隆工具提供了一种方式来复制当前图片的一部分、另一张图片或者当前图片编辑过程中的某一步骤。这些可以克隆的工具分别是Clone Stamp、History Brush、Art History Brush，如果选中选项栏上的Erase To History选项，那么克隆工具也包括Eraser工具。选项栏中的很多选项对于很多绘图工具是相同的，而其他的一些选项对于不同的工具是不同的，下面进行介绍。

历史纪录艺术画笔

是一种自动绘图工具，可以通过单击进行若干次涂抹。每次涂抹自动跟随Snapshot（快照）或者选中的历史记录调板状态中的颜色边缘或对比变化。

成功地运用Art History Brush（历史纪录艺术画笔）取决于控制工具的自动性。在绘画的同时能看到初始图片是很有帮助的，因为在决定涂抹的形状和颜色时，单击的位置将决定源图像的哪一个色彩边将被给予最重的色。除了可以以从选择混合模式（从Modes下拉列表框）并控制Opacity（不透明度）和Brush Dynamics参数之外，你还可以设置Style（样式）、Area（区域）、Fidelity（保真度）和Spacing（间距）。Style选项是指笔触的相对长度以及他们与源图片颜色边界的接近程度。Fidelity选项是指当前三颜色和源图片的区别程度。Area选项将决定每一次单击画笔时将有多大的区域将被笔触覆盖。

画笔: 59 模式: 正常 不透明度: 100% 样式: 区域: 50 像素 容差: 0%

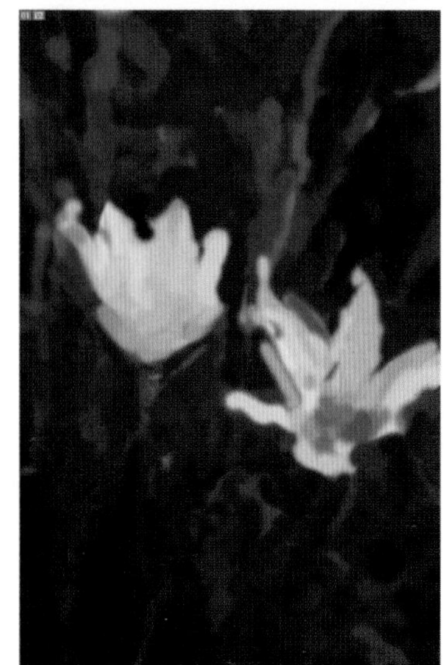

历史纪录画笔工具

利用图片先前的版本作为资源。利用储存在History（历史纪录）调板中的版本，History Brush（历史纪录画笔工具）能够精确地将先前的颜色和其他细节应用在当前图片上。

画笔: 108 模式: 正常 不透明度: 100% 流量: 100%

（历史纪录画笔工具）能够精确地将先前的颜色和其他细节应用在当前图片上。

Clone Stamp（仿制图章）工具

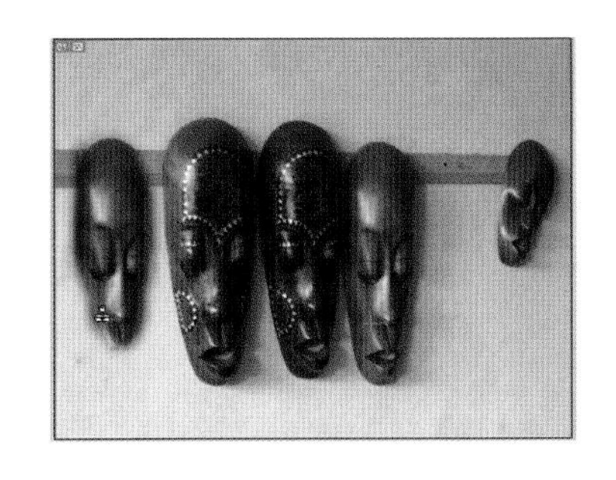

Clone Stamp（仿制图章）工具对样品图片的一部分进行复制，按下Alt/Option键再单击可以对源区域采样，样品可以取自任何开放的图片，取自所有的图层（如果Use All Layers复选框被选中），或者仅仅取自激活的图层。

一旦样本选择好了，可以单击或者拖动工具来克隆取样的图像。Aligned（对齐的）选项功能和Pattern Stamp（图案图章）工具非常相似：当选中Aligned复选框时，图章工具操作起来就会抹掉前景并显露取样的图像；当Aligned没有选中时，则每次绘制时将开始制作一个源图像的新复本（从源图像的取样点开始）。

画笔: 66 模式: 正常 不透明度: 100% 流量: 76% 对齐的 用于所有图层

按下Alt/Option键再单击可以对源区域采样之后，图章可进行复制。

抹到历史纪录选项

Eraser（橡皮擦）工具 的Erase To History（抹到历史纪录）选项可按历史记录调板中当前选中的Snapshot（快照）或者状态进行复制绘图。

画笔: 66 模式: 画笔 不透明度: 100% 流量: 100% 抹到历史记录

抹到历史纪录选项可按历史记录调板中当前选中的Snapshot（快照）或者状态进行复制绘图。

三、Photoshop 的绘图和克隆工具选项

以下的两页列表，按照字母的顺序列出了Photoshop 6的绘图上选项栏中可以提供的选项，缩微图标也显示了是哪些工具拥有该选项功能。

Aligned(对齐)

使用Pattern Stamp工具时选择Aligned复选框。意味着在添加图案的图像在擦除图层的同时、最露出下面图案填充图层，假如没有选中该复选框、则每次操作都重新开始绘制图案. 那么每次产生的图案并不连贯。

Auto Erase(自动擦除)

在Pencil（铅笔）工具选项栏中选择Auto Erase（自动擦除）选项。意味着如果在前景色的区域中拖动铅笔工具.则操作区域会被擦成背景色; 如果在任何其他颜色像素中拖动工具，则像普通的一样擦成前景色。

Brush（或Painting Brush）

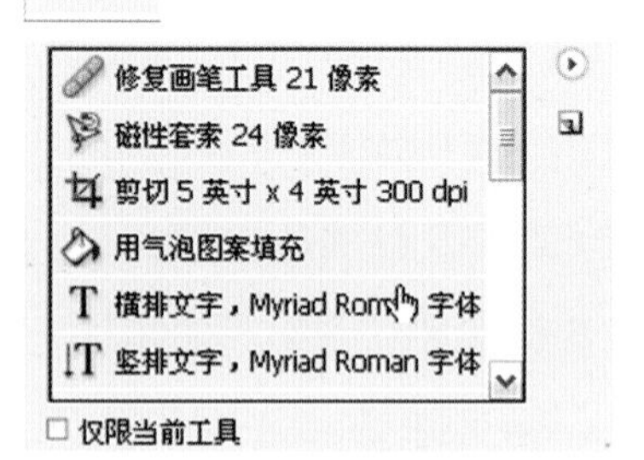

Brush（画笔。或者叫 Panting Brush）选项："样本"、显示了当前使用的工具所选择的笔触样式（每一种工具都会记住它最近使用的笔触样式）。单击笔触图标打开调板对当前笔触样式进行编辑，可以通过单击右上均翻New Brush（摺起页）图标另存为新笔触。单击矩形图标将打开Brushes调板，它和先前的版本有一些不同。

Brush Dynamics(动态画笔)

在选项栏右端的Brush Dynamics（动态画笔）选项区提供了两三种选项可以对Stylus（光笔）压力进行设置，假如使用压感笔和绘图板的话，也可以对Fade（渐隐）效果进行设置。

1、Size选项控制笔触的大小，也就是笔触的下笔范围。

2、Opacity（不透明度）或者Pressure（压力）选项控制涂抹的颜色密度，也就是笔触的阴影效果。（对于Eraser工具来说减小Opacity或者Pressure设置将降低其擦除效果）。

3、Color选项使得颜色从前景色变为背景色。

Erase To History（抹到历史记录）

☑ 抹到历史记录

Erase To History（抹到历史记录）选项由于可以将文件擦除到前一个状态，其效果就像将Eraser工具直接转换到了克隆工具。

Finger Painting（手指绘画）

Smudge（涂抹）工具中的Finger Painting（手指绘画）选项选中，意味着抹掉存在的颜料，否则将使用开始涂抹时指针下前景颜色进行涂抹。

Mode（模式）

对于所有的绘图和克隆工具来说，Mode（模式）下拉列表控制着当前图像中的像素颜色和绘画的互动效果。对于大部分工具来说在Layers调板中可以得到的模式在这里也可以得到，虽然对于Art History Brush（历史纪录艺术画笔）工具来说模式较少。并且除了Layers调板中的模式之外，所有的绘画和克隆工具还可以在Behind（幕后）模式下操作——图层中只有透明区域接受颜色，而已经有颜色的像素则受到保护。

对于Erase(橡皮)工具来说，Mode（模式）设置使得它模仿Pencil（钢笔）、Paintbrush（画笔）和Airbrush（喷枪）三种工具的功能，但是它并不是涂抹颜色而是擦去颜色。

Opacity（不透明度）

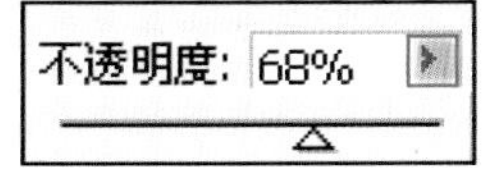

还可以通过输入不透明度的百分比.或者单击右侧的小矩形图标拖动弹出的滑块，来控制使用颜色的密度。[当选择Eraser工具的时候，根据你选择的模式不同将出现不透明度或者Pressure(流量)选项。不透明度数值决定了使用的透明度或者背景色的程度。不透明度或者流量 的值越小则换除效果越小。]

Pattern（图案）

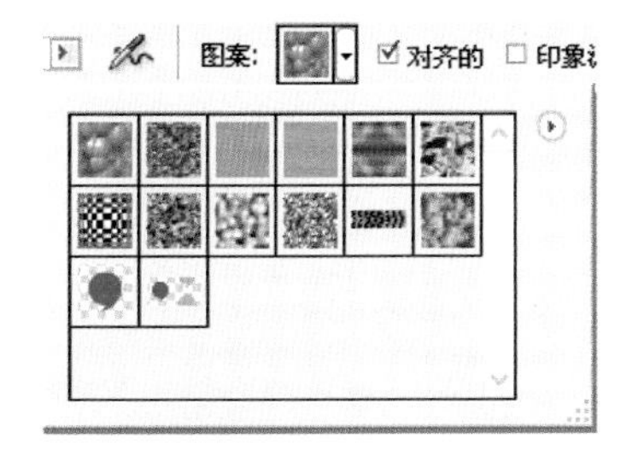

打开Pattern选项区，并在弹出的样式列表中选择每一次要应用的图案，而Aligned（对齐）复选框将影响图案应用的方式。

Pressure（流量）

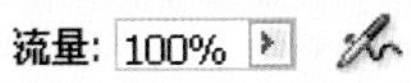

Pressure（流量）选项可以理解为颜料（或者在透明层使用Eraser工具时的透明度）喷射的速率. 其功能和上边介绍的Opacity选项相似（当选择Eraser工具时. 根据模式不同出现Opacity或者Pressure选项）。当使用Smudge工具时，Pressure（流量）选项决定了在拖动工具时采集颜色的敏感度。Pressure（流量）的值越大，每种最初采集的颜色涂抹的距离越长，颜色变化发生得就越慢。当Pressure（流量）为100%时，画笔下的颜色在你第一次下笔时将被保留得距离更长，当拖动时就出现像“硬笔画”一样的效果。

Use All Layers（用于所有图层）

☑ 用于所有图层

当选中Use All Layers选项时。在使用Smudge工具时颜色将涂抹到所有可见的图层。好像所有可见图层合并起来一样。当不选择该参数时只有活动图层的像素被涂抹。

Wet Edges（湿边）

☑ 湿边

当Wet Edges（湿边）选项被选中，颜色（如使用Paintbrush工具）或者透明度（如使用Eraser工具）将顺着笔触的边缘变得最强。对于Paintbrush工具将使得笔触中心像传统的水彩色那样变得半透明，对于Paintbrush工具将使得边缘比中间更加精确地擦除。对于两种工具来说Opacity选项指的是笔触边缘的不透明程度。

案例:Photoshop中艺术化图像

完成后图像

准备一幅要转化为绘画的图像并创建快照，添加半透明黑色涂层作为画布，添加透明图层作为透明的载体，使用历史纪录艺术画笔采用自然画笔作为笔头在快照上进行绘画，并调整 画笔的尺寸和形状，用毛笔工具添加细节，最后添加雕塑效果来模仿厚涂颜料的效果。

原图像

1、这是一幅宽度为1000像素的图像。执行历史纪录调板右端的下拉菜单中的新快照命令（图1），建立一个快照，作为历史纪录艺术画笔的源（图2）。

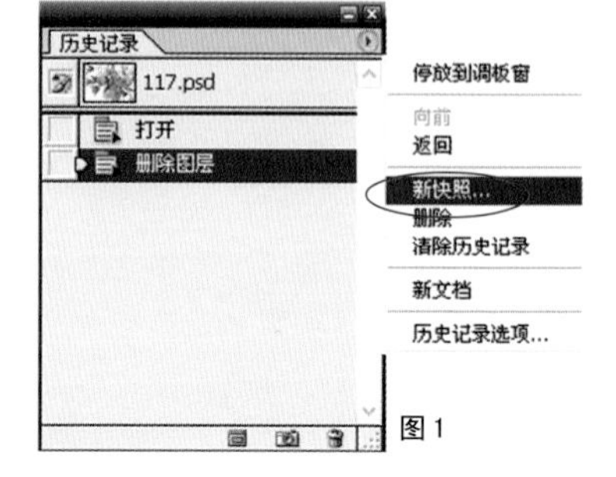

图1

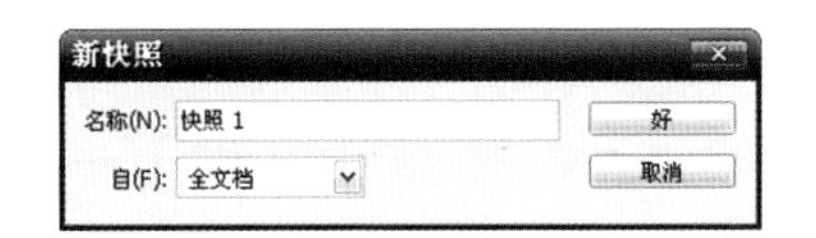

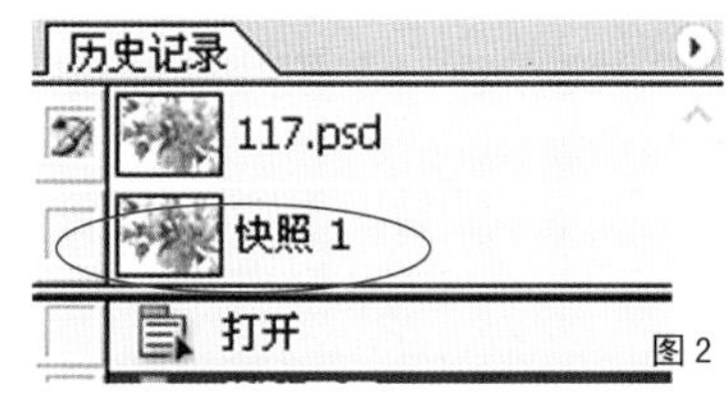

图 2

3、添加一个新图层，填充黑色，将其不透明度设置为83%,并起名为“画布”(图3),我们可以透过它看到下面的图像。

图 3

4、选择历史纪录艺术画笔工具,笔头为59像素大小的自然画笔,并将其不透明度和容差值都设置为85%,区域为200像素,并将画笔样式设置为“绷紧长”(图4)。

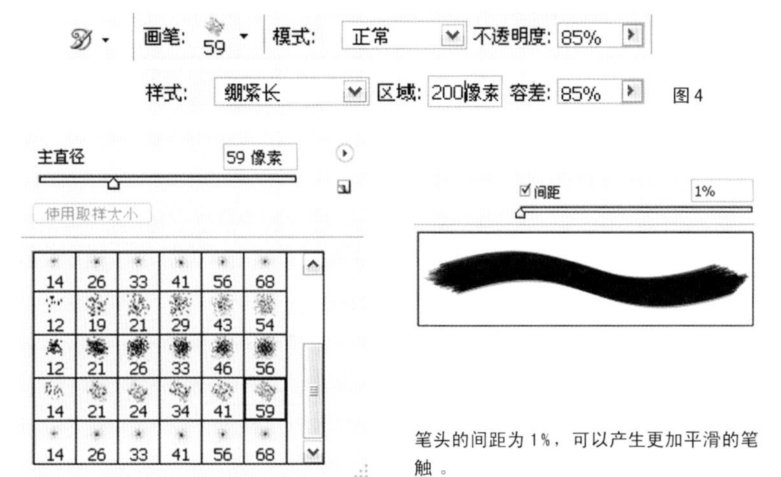

图 4

笔头的间距为 1%，可以产生更加平滑的笔触 。

5、建立一个新图层,用画笔在新图层上涂抹,由于笔头比较粗,因此可以产生比较粗糙的笔触。涂满整个画幅(图5)。

图 5

6、继续建立一个新图层，然后用24像素大小，区域为100像素的笔头，进行主体部分的再次涂抹,使其笔触变得细腻(图6)。

图 6

7、在增加一个新图层，用8个像素大小，区域为50像素的笔头，进行再次的细部刻划，可以使得图像的花卉主体更为细腻（图7）。

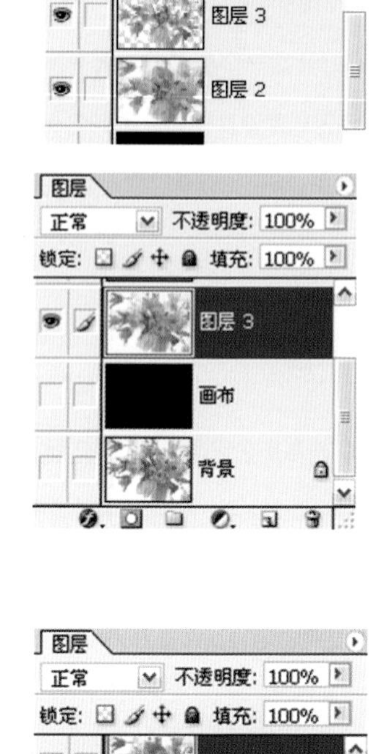

图 7

8、关闭背景和画布左端的可视性（眼睛）图标，选中图层3，执行图层调板右上放下拉菜单中的合并可见图层命令（图8），使刚才用历史纪录画笔进行绘画的三个图层合并为一个图层。

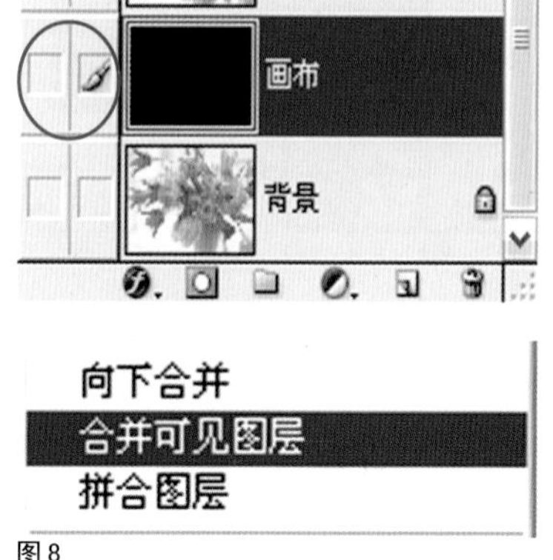

图 8

9、将合并后的涂层拖拉到创建一个新图层按钮上复制一个副本，然后将这个副本执行图像 / 调整 / 去色命令（图 9）。

10、然后将这个去色后的黑白图像执行滤镜/风格化/中的浮雕效果命令，如上图设置属性（图10）。

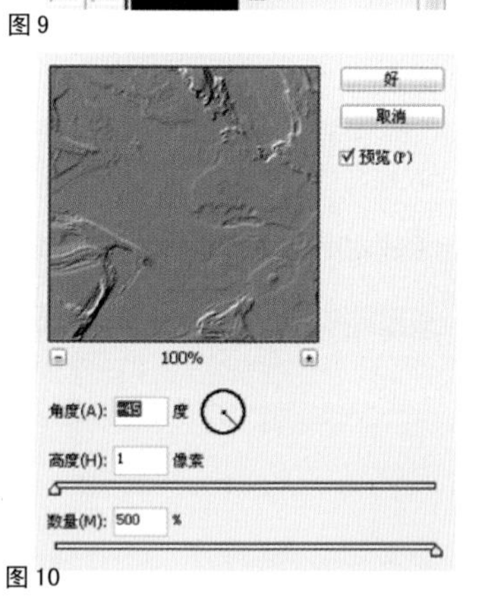

图 9

图 10

11、将做好浮雕效果的黑白图层的图层模式设置为叠加模式，这样，带有笔触的厚涂颜料的画面就产生了（图11）。

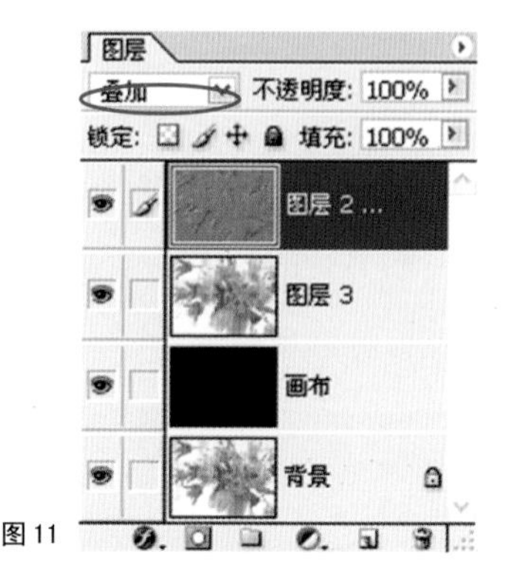

图 11

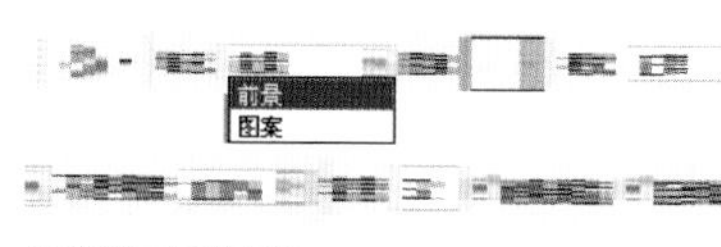
油漆桶工具选项栏

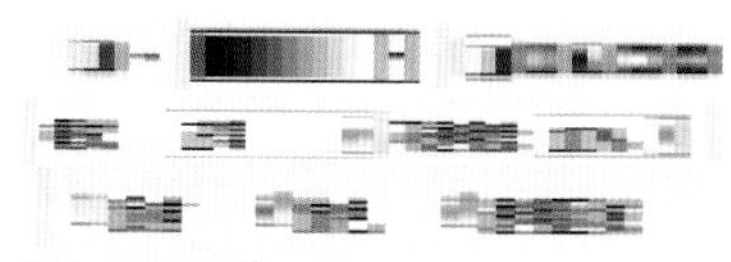
渐变工具选项栏

颜色取样

对于Paintbrush Airbrush Pencil Paint Bucket 和Gradient 工具按住Alt / Option 键就可以转到Eyedropper（吸管）工具。单击就可以对颜色取样. 取样区域由实际Eyedropper 工具选项栏里Sample Size（取样大小）选项的当前设置决定。

颜色填充快捷键

按Alt/Option +Delete 键填充前景色。
按Ctrl/⌘+Delete 键填充背景色
按Shift+Delete 打开Fill（填充）对话框
按Alt/Option+Shift+Delete 键或Ctrl+Shift+Delete 键使用前景或者背景色进行填充，如果Lock Transparent Pixel 选项被启用，则请加上Shift 键。单独按Delete 键，将在透明图层使用透明色进行填充，在黑色背景图层用背景色进行填充。

“反填充”工具

和Eraser 工具在同一组中的Magic Eraser 工具有点像Paint Bucket，不过“填充”的透明色而不是颜色。和Paint Bucket 一样，它也可以选择是否连续填充，是否消除锯齿边缘，如果启用Use All Layer选项也可以采用混合色模式对区域进行填充。

四、填充工具

(一)Photoshop 的填充工具

Photoshop的填充工具——Paint Bucket（油漆桶）和 Gradient（渐变工具），填充的内容和填充的方式均有不同。

1、油漆桶

Paint Bucket（油漆桶）工具使用均匀的颜色或者图案。按住Alt/Option键单击取样颜色，然后用油漆桶工具对选择的区域涂色，可以使用各个图层的混合颜色（在选项栏中选择All Layer选项），也可以仅仅使用当前激活的图层。

当Contiguous（连续的）复选框被选中，单击Paint Bucket工具时，将代替那些和初始单击时热点颜色相同而且连续的像素，否则所有被单击的图层和选中的像素都将被油漆桶的颜色代替，无论其初始颜色是否连续。

填充区域的边缘可以选择是否Anti-aliased（消除锯齿），并且填充可以被活动的选区限制，这样无论Contiguous是否被选中，填充都将在选择的边界上结束。

2、渐变工具

Gradient工具使用两种或者更多的颜色，将一种颜色和另一种颜色混合，对整个图层（或者选区）进行填充。颜色变化的方向与Gradient工具拖动的方向相同。Photoshop的 Gradient工具在选项栏上提供了一些参数选择，让你可以进一步获得你想要的渐变几何效果——如线性、径向、角度、对称和菱形。新的颜色渐变效果现在可以应用在Gradient 填充图层或者使用了 Gradient Overlay效果甚至是Stroke效果的图层样式上。渐变效果还可以通过新的Gradient Map（渐变映射）特性将图层变为一个有限色板。

选项栏中同样也显示了当前选择的渐变效果，并且让你选择是否 Reverse（反向）颜色的顺序，是否 Dither（仿色），以及是否在渐变效果中包括Transparency效果，或者以透明颜色进行复制 。

（1）使用渐变编辑器

如果单击选项栏中的渐变图样，会打开渐变对话框，可以使用其中的预置部分进行以下操作

- 从Presets预览框选择一种渐变效果，改变任何或全部设置，就可以在此基础上建立一种新的渐变效果，然后把它添加到当前显示的预置中。
- 双击 Presets 预览框中的渐变效果，输入新名称即可完成重命名。
- 在Presets预览框按住Alt/Option键并单击渐变效果即可删除。
- 单击Presets右侧的按钮在弹出的菜单下边部分选择一个菜单项，在弹出的警告框中单击Append（追加）按钮，可以添加另外的预置渐变组到Presets预览框中。或者单击Load按钮，寻找并装载

我们所需的预设。

击Presets预览框右侧的按钮，在弹出的菜单下边部分选择某项，在出现的警告框中选择OK按钮，将取代当前的预置渐变。或者在弹出的菜单中选择Roplace Gradient（代替渐变），定位并载入需要的预置文件。

（2）创建纯色渐变

要使用Gradient Editor来建立自定义的渐变，首先在工具箱中选择渐变工具，然后在属于它的选项栏中单击渐变图样，在出现的编辑器中将根据你单击时的渐变样式出现Solid（纯色）或者Noise（杂色）的Gradient Type（渐变类型），确定Gradient Type的设置为Solid。

在渐变色带上方或者下方的每一个小房子状的色标分别代表着颜色或者不透明的程度。当我们单击任何其中一个图标的时候，小的菱形将出现在我们单击的图标以及距离它最近的图标之间，这些菱形代表着每一对颜色或者不透明度之间过渡的中点，也就是临近两个色标取值的中点。

- 要改变颜色，先单击选中色标，然后单击Color图样右边的按钮，在弹出的菜单中选择Foregrond或者Background颜色，或者直接单击颜色图样打开Color Picker选择一种色彩。也可以单击任何一个打开文件，或者在Color调板（选择Window / Show Colo）或Swatches调板（选择Window / Show Swatches）中，或者在渐变色带本身进行颜色取样。

- 要改变不透明度的值，先单击选中色标，然后单击OPacity图样右侧的图标在弹出的窗口中用互动滑决改变不透明度的值，或者在任何打开的文件或者渐变工具条本身单击取样不透明度。

- 沿着色带拖动或者在Location文本框输入色带长度的百分比，均可以将色标重新定位。

- 紧邻色带上方或者下方，在任何两个色标中间的地方单击都可以增加一个不透明度（或者颜色）的色标。

- 要删除一个不透明度或者颜色的色标，只要向上或者向下将其拖离色带即可，或者选中之后单击对应的Delete按钮。

- 要改变颜色或者不透明度变化的速率只要将中点的菱形向两边的任何一个色标拖动即可。

- 提高SInoothness参数，可以减低色带化的潜在危险（颜色表现为清晰的分段显示而非柔和过渡）。

当设置好了渐变效果之后，单击New按钮将其添加到当前的Presets调板中。用Save按钮可以保存调整后的预设内容，以供将来使用。

（3）创建杂色渐变效果

要使用Gradient Editor来建立你自己的Noise渐变效果，在工具箱中选择GradientI具，单击选项栏中的渐变图

使用Linear Gradient（线性渐变）效果的时候从开始渐变的地方向结束的地方拖动工具，而使用其他三种渐变类型（径向、角度、对称和菱形）时则需要从中心开始向四周拖动。

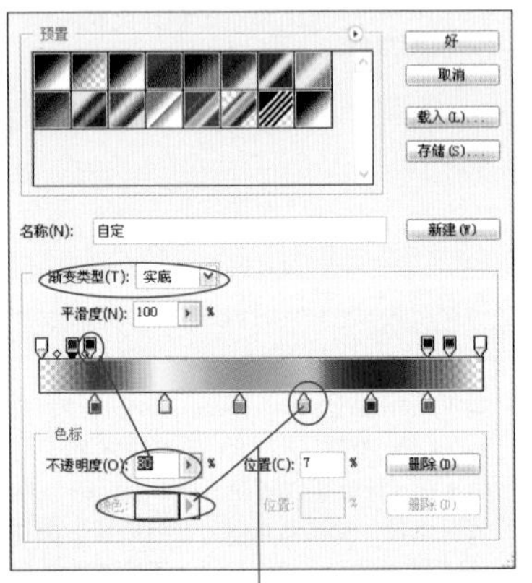

色带上方的色标控制透明度

色带下方的色标控制色彩调整

Gradient Editor（渐变编辑器）建立了一个包括透明度在内的标准纯色渐变样式。颜色的色标在渐变色带的下方，控制透明度的色标在色带上方（其中一个已经被圈住）。

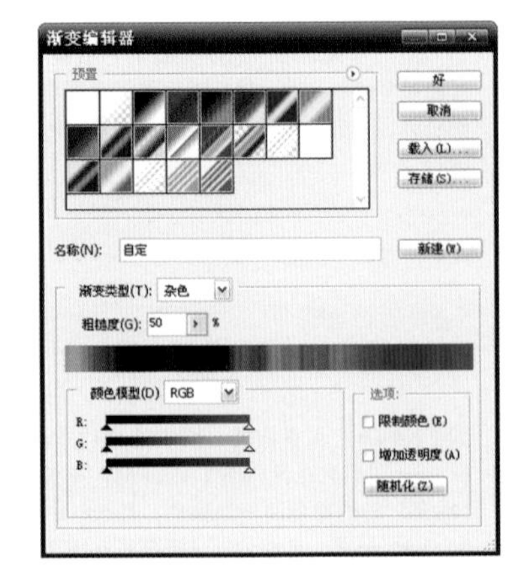

Gradient Editor（渐变编辑器）设置的一个包括透明度在内的Noise（杂色）渐变类型。

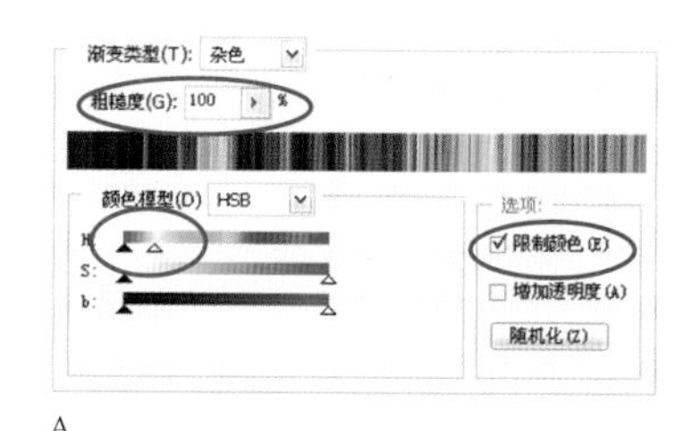

A

B

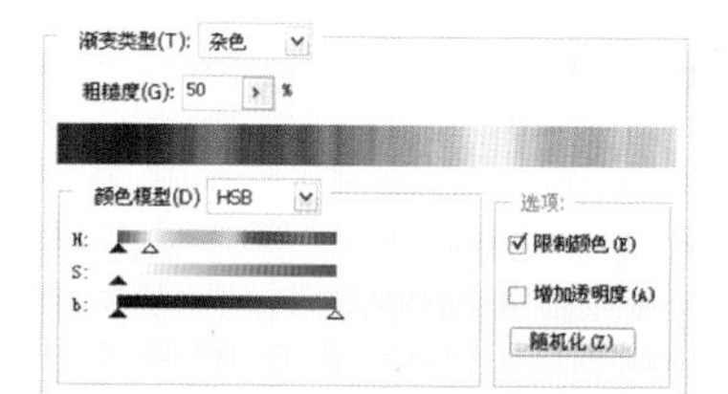

C

D

对于Noise渐变效果，在图A中将Roughness（粗糙度）设置得高一些会获得更多更尖锐的色带，如图B的效果。而图C中较低的粗糙度，并将S的数值设定为0，可以获得较柔和的黑白效果，类似于金属质感。

样，并确定Graient Type（渐变类型）设置为Noise。

使用对话框底部的颜色滑块可以设置在渐变效果中出现的颜色范围，随着选择的Color Mode不同，出现的滑块组也不同。HBS模式（如左图所示）提供了一种相对直觉化的方法来限制色彩的三种组成部分——色调（例如到一个红橙色范围）、饱和度（例如到活泼的或者弱化的色彩）和亮度（到亮或者暗的渐变）。通过拖动滑块设置的颜色范围决定了能出现在渐变效果中的颜色的外边界上，渐变效果中出现的颜色通常是所设置的颜色范围的一个更狭窄些的子集。

● 为了限制出现的颜色使能被CMYK打印，可以选中Restric Color（限制颜色）复选框.

● 要控制在Noise渐变中颜色变化是多而生硬还是少而平滑，可以在Roughness文本框中输入一个或高或低的数值，也可以用单击弹出的滑块来进行试验。

● 要产生一种在你选择的Roughness（粗糙度）和颜色范围内交替围的Noise渐变效果，可以单击Randomize按钮，你可以不断单击直到获得满意的结合为止。

● 使用对话框右下角的Add Transparency（增加透明度）复选框，可以给渐变加上透明效果。这将引入随机的透明度变化，如果已经使用喜欢的颜色产生了一个Nosej渐变，增加随机的透明度将可能引入超乎你想象的变化。如果你需要控制你的Noise渐变的透明度那么通常使用图层蒙版比使用Gradient Editor中的Add Transparency选项更加有效。

当设置好了渐变效果之后，单击New按钮将其添加到当前的Presets（预置）文件中。用Save（保存）按钮可以保存调整后的Presets内容以供将来使用。

3、其他填充方式

除了Gradient工具、Paint Bucket工具和Edit / Fill命令之外，还有两种方式可以进行填充

● 可以通过单击Layers调板中的Create New Fill / Adjust Layer（创建新的填充或调整图层）按钮来增加一个新的填充图层，根据选择的填充图层的不同，可以为整个图层指定颜色、样式和渐变效果。图层还包括一个可控制的蒙版来控制填充显示范围。这样对于一个图层就可以很容易地改变颜色、图案和渐变而不用担心留下先前填充的痕迹。

● 另外一个填充区域的方法就是使用颜色、图案或渐变的叠加效果做为图层样式的一部分。这样就使得对填充和其他图层样式效果（如发光、阴影、倾斜等）的交互控制变得更加容易。

渐变映射图层

在RGB、CMYK或者Lab模式中可以用渐变的颜色取代图像中的色调信息: 通过是用 Gradient Map 命令（选择 Image/Adjust 菜单命令）或者使用 Gradient Map调整图层。要建立一个 Gradient Map调整图层，单击Layers调板底端的Create New Fill/Adjustment Layer按钮，在弹出的菜单中选择 Gradient Map，然后再对话框中选择所要应用的渐变，渐变的颜色（从左到右）就将取代图像的色调（从最暗到最亮）。使用适当的渐变效果就可以实现双色网版一样的效果。

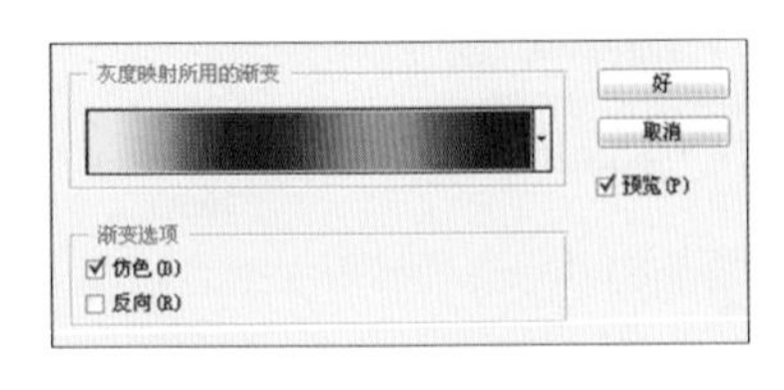

渐变填充图层

渐变可以用来实现夸张或者精妙的效果，这里将 Opacity 设为 75%，在 Overlay模式下通过应用某些渐变来增加精妙的颜色。如“移动渐变”提示描述的那样，是用Gradient填充图层通过试验渐变的位置来提供复杂度。

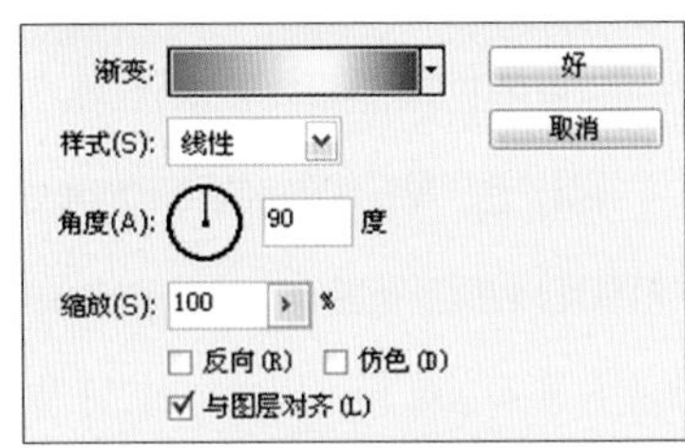

渐变填充蒙版

通过应用一个经过Photoshop自带的Transparent Stripes（透明条纹）渐变填充的图层蒙版结合在一起，将蒙版中渐变变成黑白变化。在Gradient工具用来填充蒙版之后，再使用 Gradient Blur（高斯模糊）滤镜效果来使条纹的边缘更加柔和。

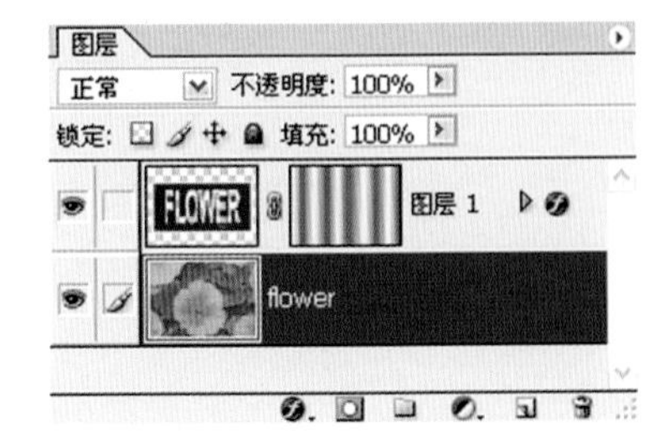

渐变和模式

可以通过应用径向渐变效果来得到一种“分子”效果：首先将前景和背景分别设置为白色和黑色（按D键是用默认色，用X键切换前景背景颜色），然后在Normal模式下采用从前景到背景的径向渐变（在选项栏中实现）来制作一个背景为黑色和中心为白色的分子。接下来在工具栏中选择Lighten（变亮）模式，在中心周围制作类似的径向渐变，当遇到的像素不能再被更加暗的灰度增亮的时候，渐变就会停止。

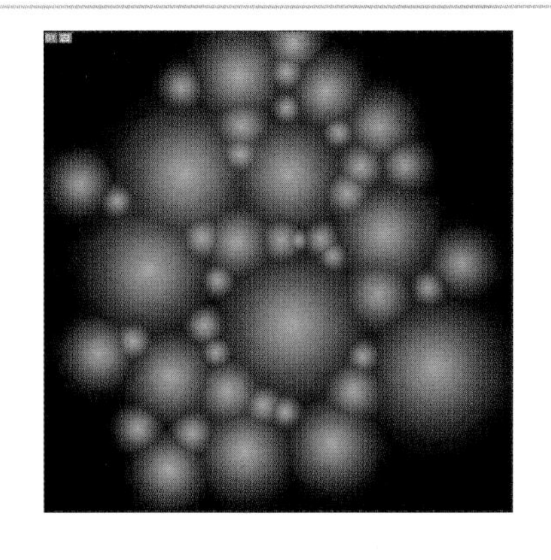

（二）Illustrator 的填充工具

绘图与着色是Illustrator创作的核心与灵魂。

1、填充

Fill（填充）是路径内部的实体。可以使用颜色渐变或图案填充，甚至可以选择None（无色）填充，即没有填充。当填充的路径是开放路径时（即路径的两个端点没有相连），填充存在于将两个端点用直线连接的假想的闭合路径中 。

2、笔画

Stroke（笔画）指路径基本的“轮廓”。可以使用笔画“装扮”路径，使之呈现不同外观，就象使用填充控制路径的内部空间一样。要做到这一点，可以给笔画赋予不同的属性，包括宽度（厚度）、虚实类型、虚实序列、转角样式和端点类型。如果将路径的笔画赋予None（无色），则对象没有可视的笔画。

3、设置对象的填充与笔画的多种方式

要设置对象的填充或笔画，实现选中对象，然后单击工具箱底部的Fill或Stroke图标（按X键可以在笔画与填充之间切换）。要将对象的笔画或填充设置为None，使用“/”键，或单击工具箱或颜色选项板上的None图标（白色小方框，中间有红色斜线）。

可以使用下述任何一种方法设置填充或笔画的颜色：1）在Color选项板上调整颜色滑块或在颜色光谱上拾取颜色；2）在Swatches选项板上单击一个色板；3）使用 Eyedropper（滴管）工具在其他对象上拾取颜色；4）在Color Picker（颜色拾取器）中拾取颜色（双击工具箱或颜色选项板上的填充或笔画图标，可打开Adobe Color Picker）。另外，还可以将Swatches选项板中的色板直接拖曳到选中的对象上或工具箱的Fill/Stroke图标上。

4、Swatches（色板）选项板

Illustrator的色板选项板可以保存不止是单色的颜色，还包含Gradient（渐

变）选项板中的颜色。无论何时，将包含有自定义色板或样式的对象从一个文档拷贝粘贴到另一个文档，Illustrator会自动将色板或样式粘贴到新文档的选项中。

Swtches调板的下方的按钮可以让我们在色板中分别列出单色、渐变色或图案的内容，便于我们查找。

5、滴管与颜料桶工具

Eyedropper（滴管）（拾取笔画、填充、颜色和文本属性）和Paint Bucket（颜料桶）（可应用笔画、填充、颜色和文本属性）是Illustrator中极为有用的两个工具。使用这两个工具可以很容易地从一个对象获取颜色（和样式）应用于另一个对象。

要为下一个对象设置默认颜色，使用滴管工具单击包含所需要颜色的对象，滴管工具将拾取单击对象的颜色，接着使用颜料桶工具单击另一个对象便可将刚拾取的颜色应用于该对象。

选中其中一个工具，按Option（Mac）或Alt（win）可切换到另一个工具。除了可以从对象上拾取颜色外，按住Shift键，滴管工具还可以拾取删格图像的颜色。

6、混合和渐变效果

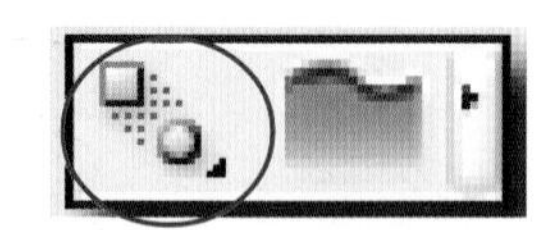

（1）混合

我们可以将混合想象为对象的外形和颜色同时或其中一种以“变异”的方式进入到另一个对象中。可以在多个对象之间进行混合，甚至可以在渐变或复合路径之间进行混合。

创建混合最简单的方法是同时选中希望进行混合的对象，在执行Object/Blend/Make命令。混合对象的数目，将由混合工具的默认设置或Blend Option（混合选项）的上次设置所决定。选中混合对象后，双击Ｂｌｅｎｄ（混合）工具图标，在打开的混合选项对话框中可以对混合对象的设置进行调整。

在许多情况下，创建平滑混合的最可靠的方法是在两个对象间使用Ｂｌｅｎｄ工具节点定位。首先选中想要进行混合的两个对象，接着使用Ｂｌｅｎｄ工具进行节点定位：先单击第一个对象的选中的点，再单击第二个对象上选中的点。

混合选项

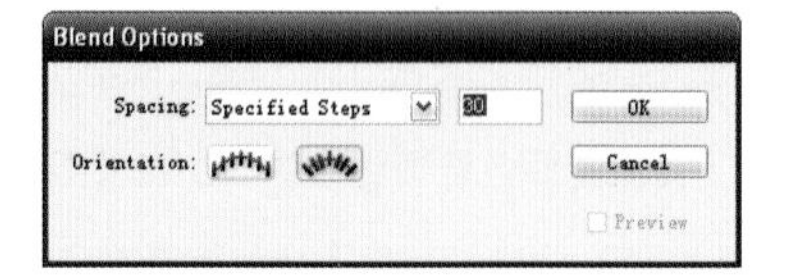

可以通过双击Blend（混合）工具，或者通过Object／Blend／Blend Option菜单命令打开Blend Option对话框。

- Smooth Color（平滑颜色）允许Illustrator在一个混合中自动地计算两个关键对象间理想的步长数目，，从而获得一种最为平滑的颜色过渡效果。如果关键对象具有形同的填充色或渐变或图案，计算结果将是根据对象的尺寸在混合区域内均匀分布对象。
- Spacified Steps（指定步长）在每一寸关键对象间指定步长的数目。较小的步长将导致清晰地分布对象，而较大的步长将导致一种近似于油漆喷雾的效果。
- Spacified Distance（指定距离）在混合的对象间放指定的距离。
- Orientation（方向）决定混合对象在发生混合路径的时候是否发生旋转。

沿着路径混合

混合路径的方法：

先将两个以上的对象进行混合，然后制作一条路径，全选路径以及混合好的对象，执行Object／Blend/Replace Spine菜单命令。这样，混合的对象就会沿着路径产生线性变化。

除此之外，我们还可以将多个对象进行混合。

（2）、渐变

在Illustrator中渐变的方式和性质和Photoshop中基本一致，但是在Illustrator中渐变色的设置方式与Photoshop中略有不同。

渐变填充蒙版

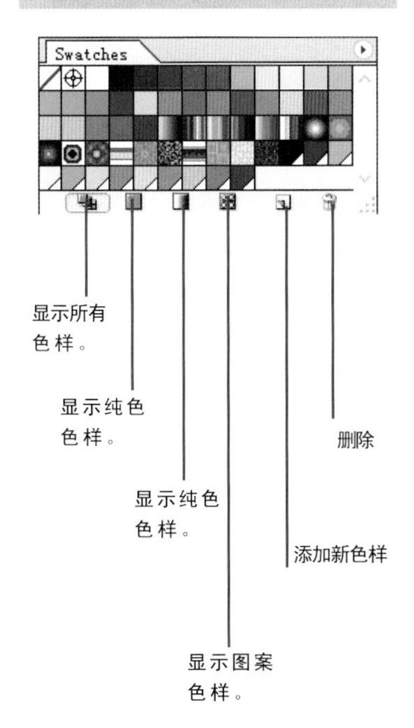

Swatches调板的下方的按钮例出了调板排列色样的方式，可以使例出全部的色样，也可以只例出纯色的色样、渐变色样或图案。

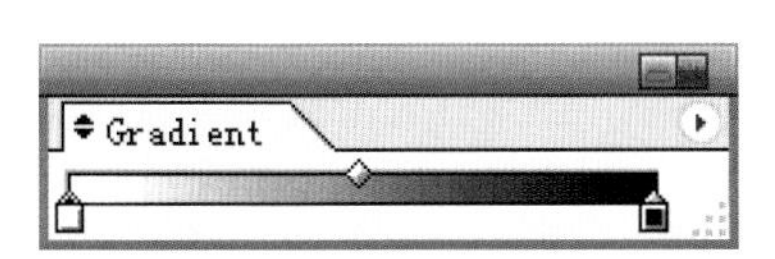

1、要编辑渐变色，我们可以先调出渐变调板。（windows／Gradient菜单命令）

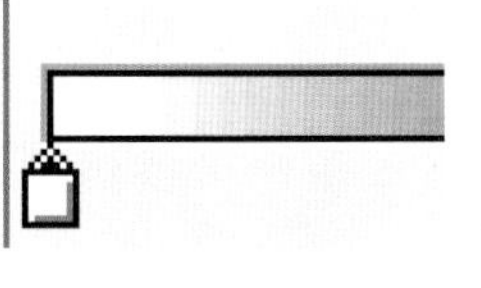

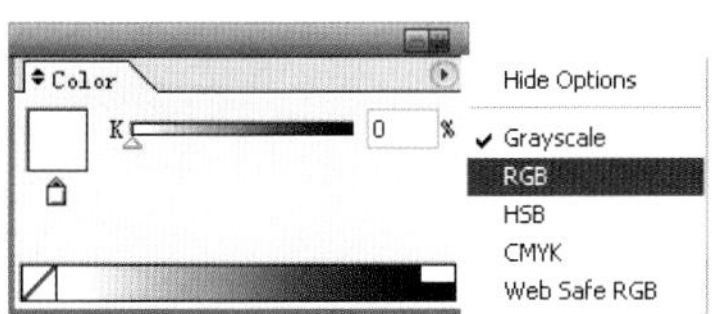

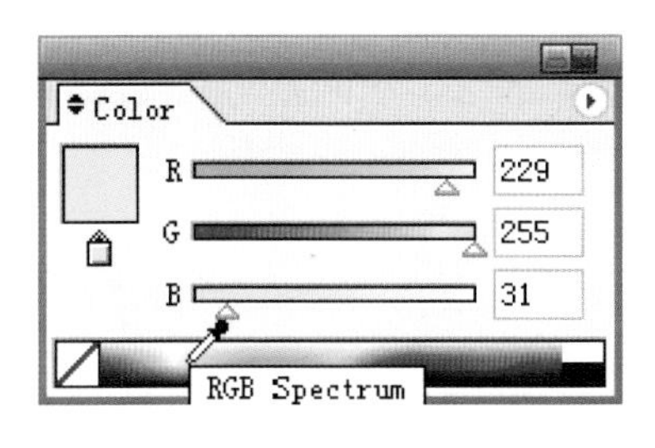

2、选中渐变色带下方的色标图标，然后在Color调板中的下拉菜单中选择RGB颜色，可以将鼠标移动到Color调板的色带上选择颜色，或者设定RGB的数值，来设定颜色。

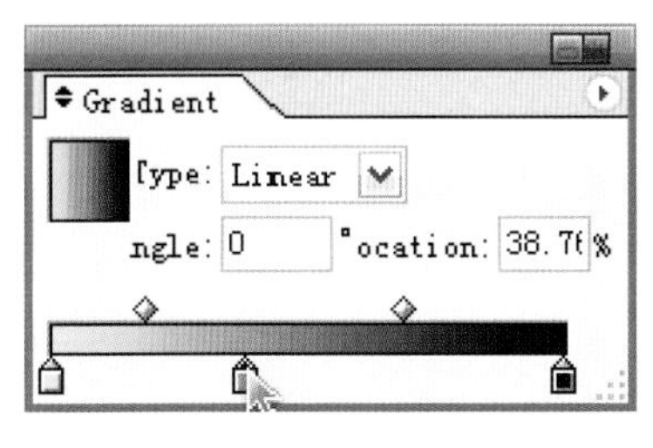

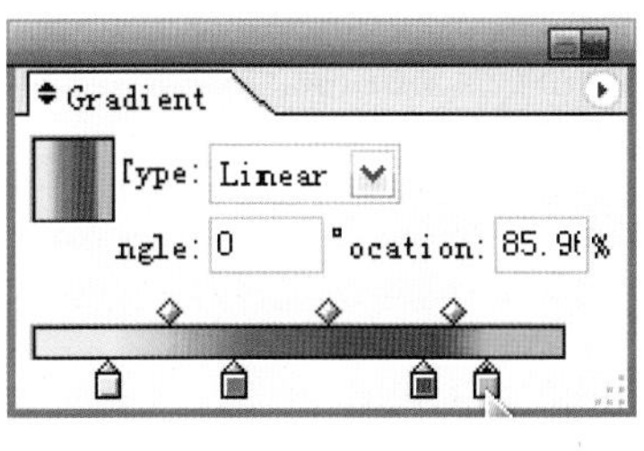

3、点击Gradient色带的下端线可以添加色标然后同样在Color调板中修改其颜色，添加色标的个数可以按照需要任意为之。

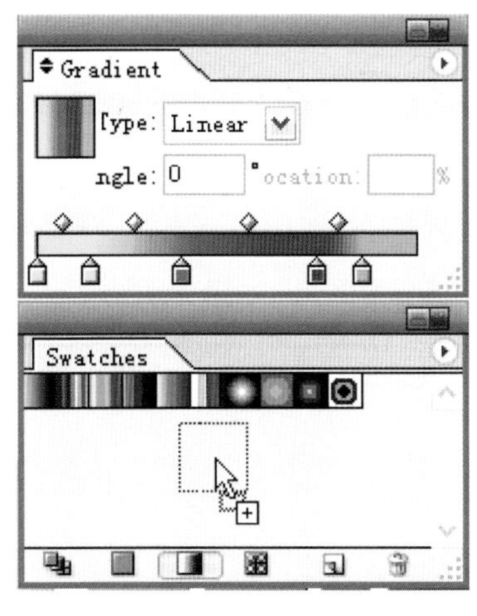

4、制作的好渐变色可以通过拖拉的方式放置到Swatches调板中进行储存，而不至于丢失。

Gradient

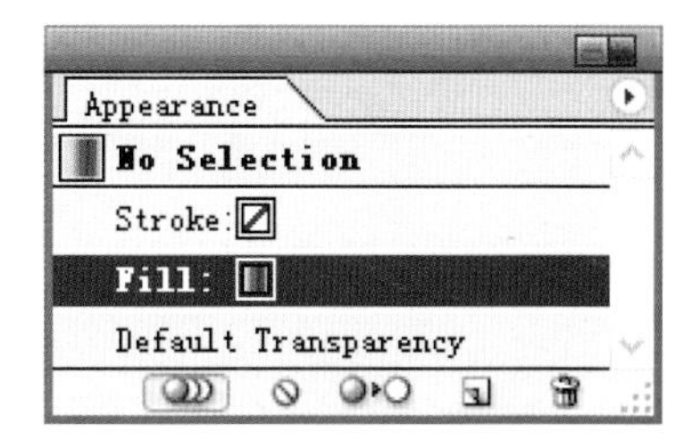

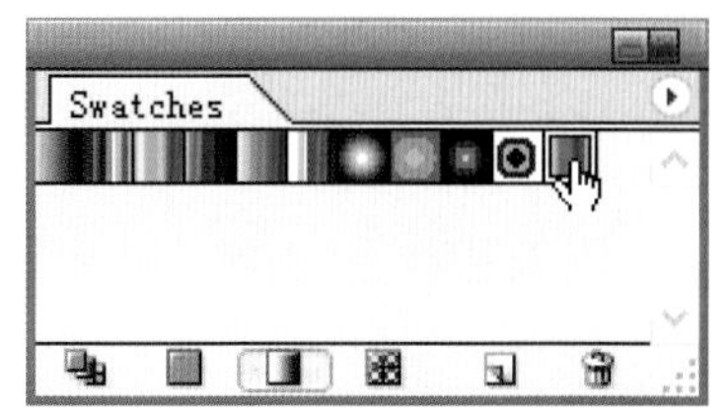

Gradient

5、选择已经打好的文本，然后在Appearence调板的下拉菜单中选择New Fill，并选中Fill栏，然后在Swatches调板中选择刚才做好的渐变色，文字的颜色就给施加了渐变效果。

（3）、渐变网格

将渐变网格应用到使用单色或渐变填充的对象上，可以对多点创建平滑颜色过渡（但不能将复合路径转换为网格对象）。一旦转换后，对象将永久成为网格对象，所以如果重新创建原始对象比较困难，最好是使用原对象的副本进行转换操作。

单色对象可以通过执行Object／CreatGradientMesh命令（或渐变网格工具）来执行。渐变对象需要先通过Object／Expend来进行网格。

案例：Illustrator中的混合

完稿

1、绘制两个图形对象，这里用五角形工具绘制一大一小两个五角星，然后给它们填充不同的颜色以及笔画，然后同时选择这两个五角星，然后双击Blend（混合）工具调出Blend Option对话框，在Specified Steps设定相应数值，点击OK，就可以得到直线性的两个星形之间的变化（图1）。

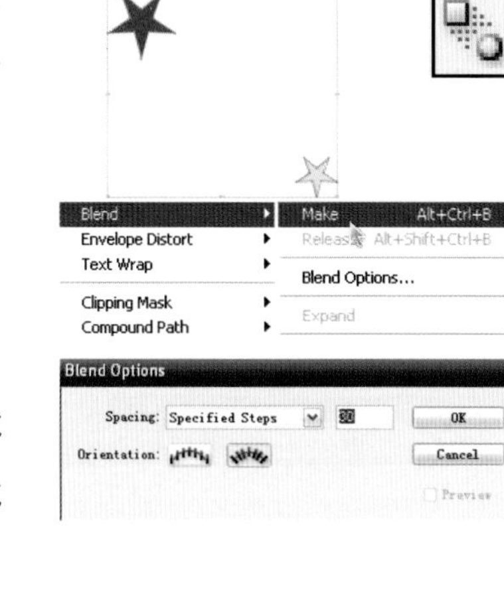

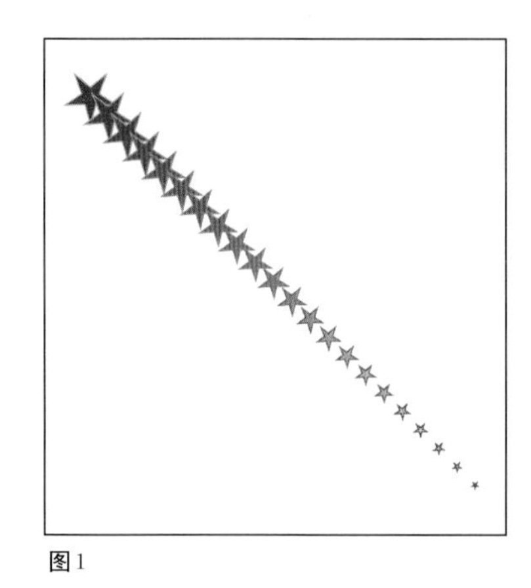

图1

2、绘制一条曲线路径，同时选中路径以及混合后的对象（图2），执行执行Object/Blend/Replace Spine菜单命令。可以得到复合符合曲线路径的混合对象。（图3）

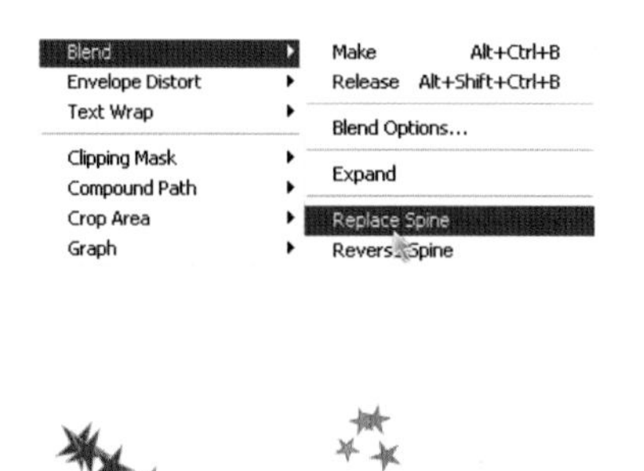

图3

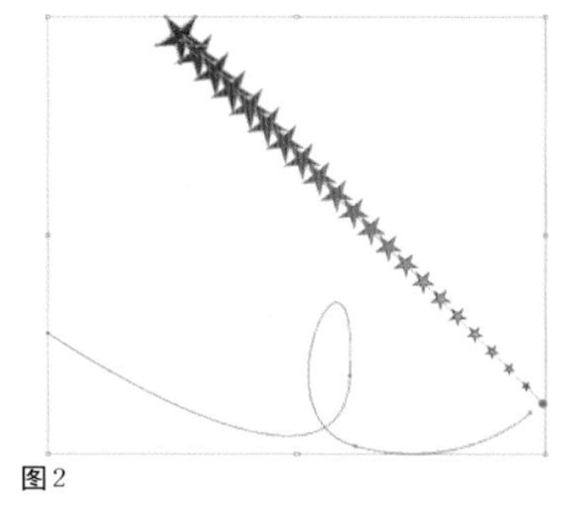

图2

3、用直接选择工具选中路径可以编辑路径的节点以及曲线段，从而改变混合的路径样式（图4）。也可用直接选择工具选中两个顶端的关键对象，改变其颜色、边框或者形状，从而使混合改变（图5）。

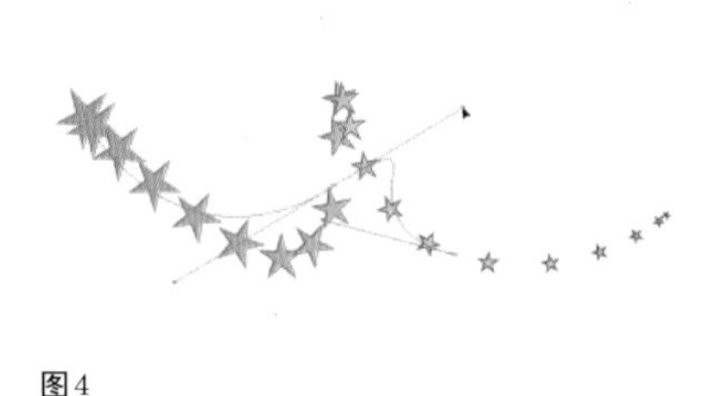

图4

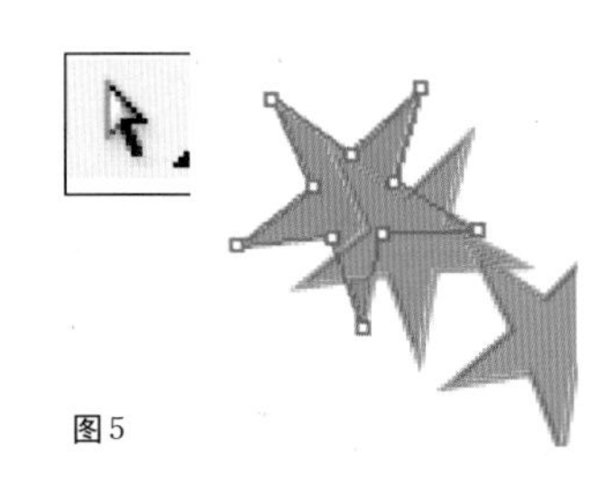

图5

案例:Illustrator 中填充和笔画

1、在Illustrator中，用钢笔工具描绘我们需要的图形，这里，我们描绘了一组云的图案，上图是没有填充也没有施加笔画的图形，用选择工具选择之后我们可以看到路径的位置和组合(图1)。

图1

2、填充色是色板中没有的颜色，因此需要自己来设定，我们双击工具栏中的填充色的图标，弹出选色器对话框，选择我们要的颜色。然后点中工具面板中的填充色图标，拖拉到Swatches调板中，就可以添加一个新的刚才设置好的颜色(图2)。这个新颜色储存在色板中，以便我们下次再次使用。

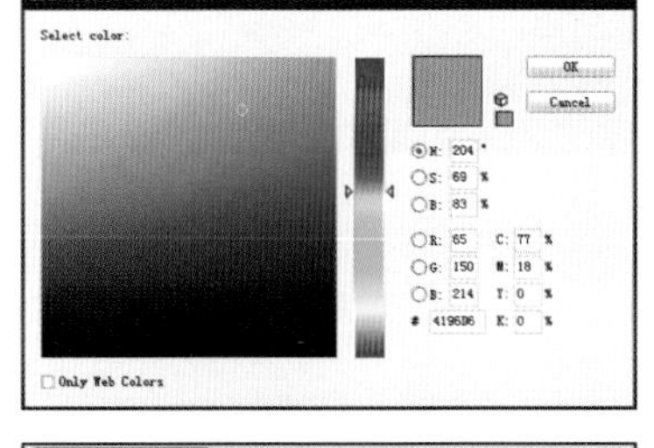

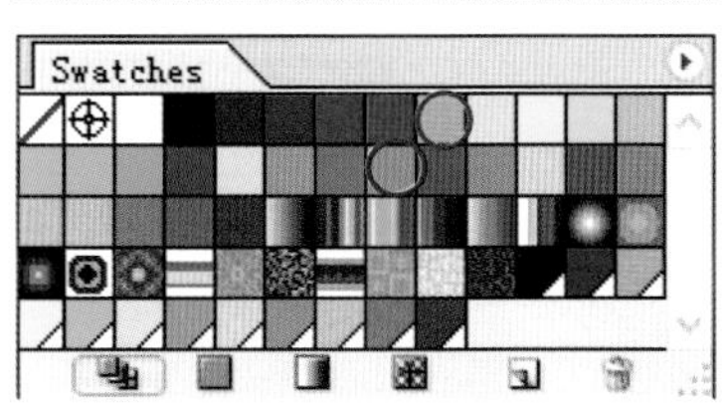

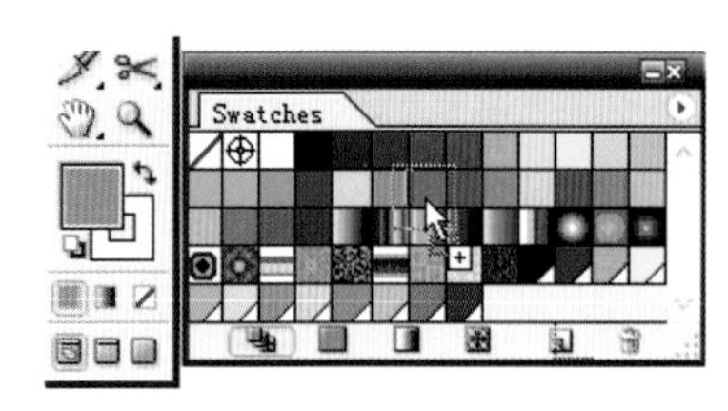

图2

3、选中云纹图形，然后将工具栏中的填充色的图标设置为刚才设定的蓝色，然后选中笔画的图标，在Swatches调板中选择中黄色。同时，边框的宽度我们可以通过Stroke（笔画）调板来设定。(如右图所示)这是，云纹就会呈现蓝色填充黄色边框的图形(图3)。

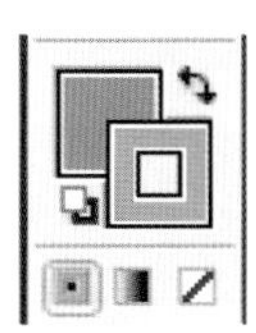

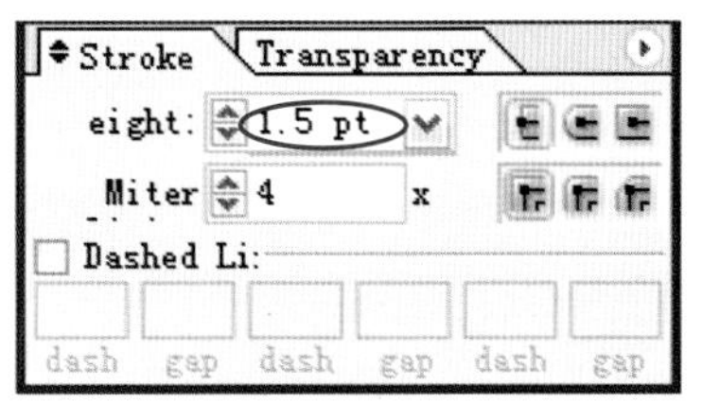

图3

4、如果我们想要得到没有边框的云彩效果，可以通过选中笔画图标，然后点击下方的无色图标，这样就可以去掉边框(图4)。

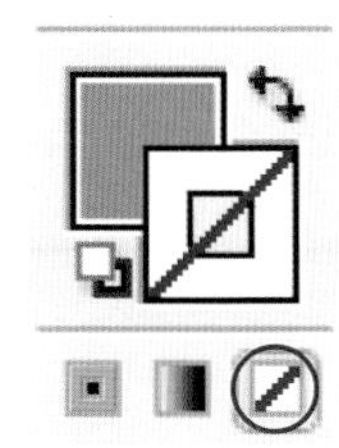

图4

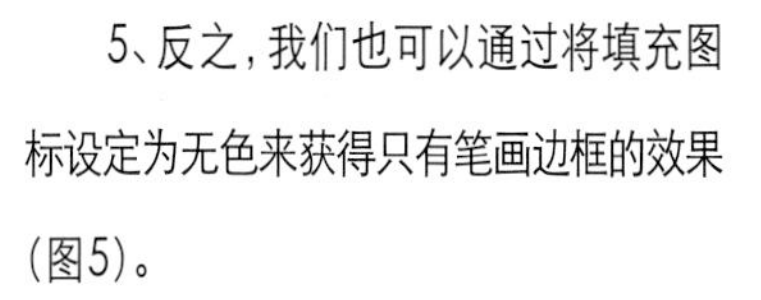
5、反之，我们也可以通过将填充图标设定为无色来获得只有笔画边框的效果(图5)。

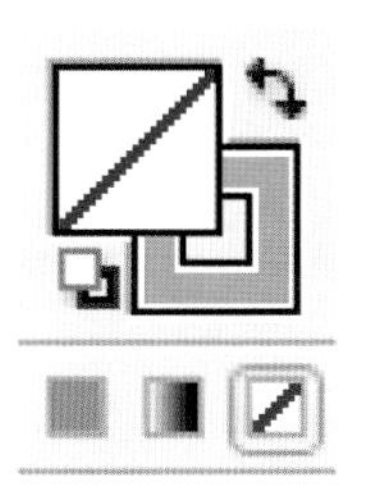

图5

案例:Illustrator 中的渐变网格

1、单色对象可以通过执行Object / Creat Gradient Mesh 命令（或渐变网格工具）来执行（图1）。在Creat Gradient Mesh 对话框中设定to Center，以及1 0 0 %的Highlight，可以获得中间是白色，周边是黄色的过渡。行数和栏数的数值决定了过渡的柔和度。（图2）

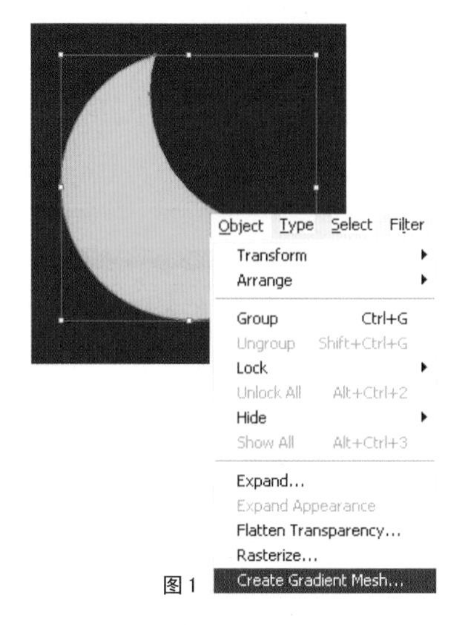

图 1

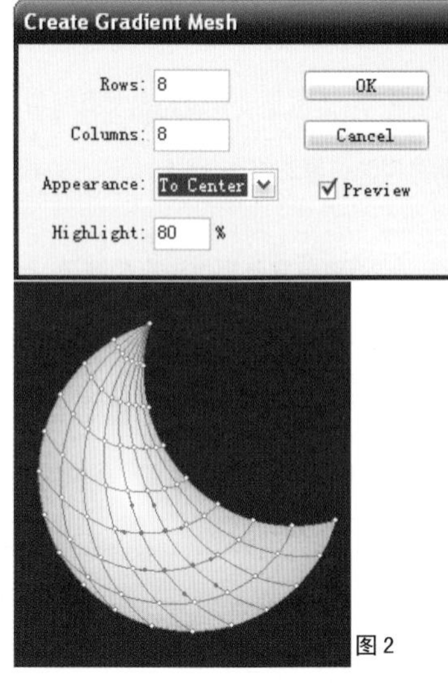

图 2

2、渐变对象需要先通过Object / Expend来进行网格。在Expend（扩展）对话框中，选择 Gradient Mesh 选项（图3）。

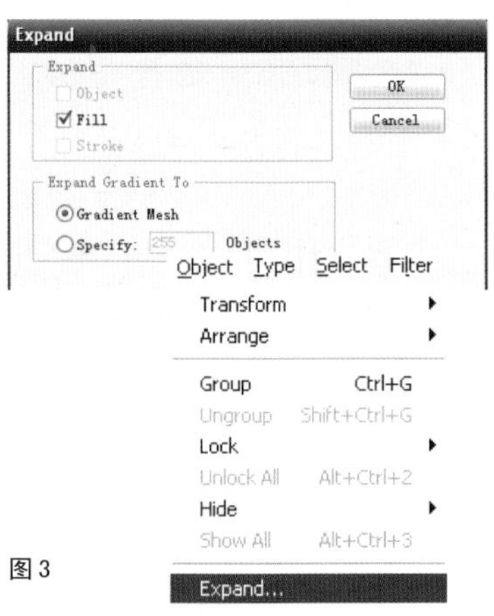

图 3

这样就可以得到扩散的网格，网格上的节点可以用直接选择工具来进行移动和编辑（图4），从而可以得到我们想要的渐变效果。同时，选中网格中的某一个网格，可以改变此格子内的颜色（图5）。

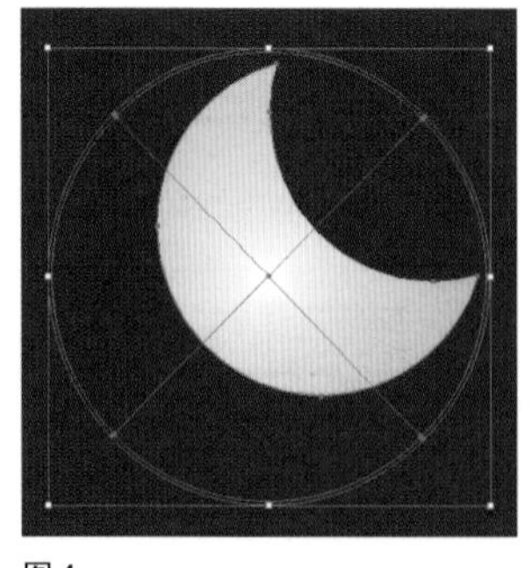
图 4

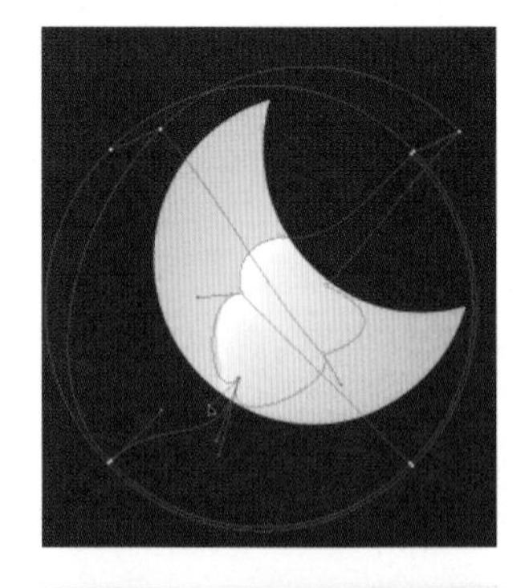

图 5

作品欣赏

1	8
3	7
4	6
5	2

1、2、格雷汉姆《李维斯的银标签》广告竞赛作品
3、贾斯伯《李维斯卖点广告》
4、5、盛冬亮《藏系列》
6、盛冬亮《城市系列》
7、8、王一飞《城市汽车系列》

作品欣赏

1	
2	4
3	5

1、王一飞 《JACK DANIEL'S 系列》
2、3、蒋奇煜 《灯泡系列》
4、盛冬亮 《鱼》
5、盛冬亮 《点》

习　题

1、Photoshop 中绘画工具有哪些？其中哪些是绘图工具，哪些是克隆工具，哪些是填充工具和渐变工具？如何使用？

2、Illustrator 中绘画工具有哪些？

3、Photoshop 绘图与克隆的选项有哪些？各自的使用特长？

4、Illustrator 中笔刷、符号、图案都有哪些特点？使用中要注意些什么？

5、Illustrator 中的渐变工具和渐变效果应该如何使用？

6、Photoshop 和 Illustrator 的笔头各有什么特点？

实验题

1、熟练掌握 Photoshop 中的绘画工具。

2、熟练掌握 Illustrator 中的绘画工具。

3、自定义 Photoshop 画笔笔头。

4、创建 Illustrator 笔刷。

5、在 Illustrator 中填充和笔画。

6、在 Illustrator 中混合对象。

7、在 Illustrator 中使用渐变网格。

8、在 Photoshop 中艺术化图像。

第七章　图形和路径

第七章　图形和路径

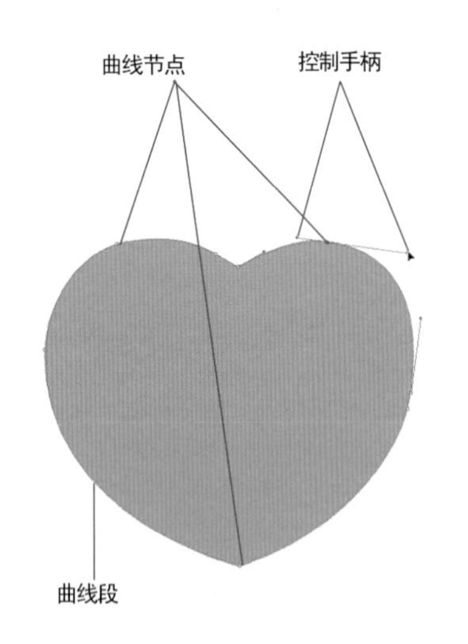

使用 Shape 工具制作的路径，就是使用锚点和控制手柄定义的 Bezier 曲线。

Photoshop 中 Paths 调板的功能

Paths 调板中提供了所有用来保存、填充和描边路径的命令；将选区转变为路径以及相反的命令；以及进行剪贴路径（在从右上角弹出的调板控制菜单中选择）来输出剪影区域的命令。

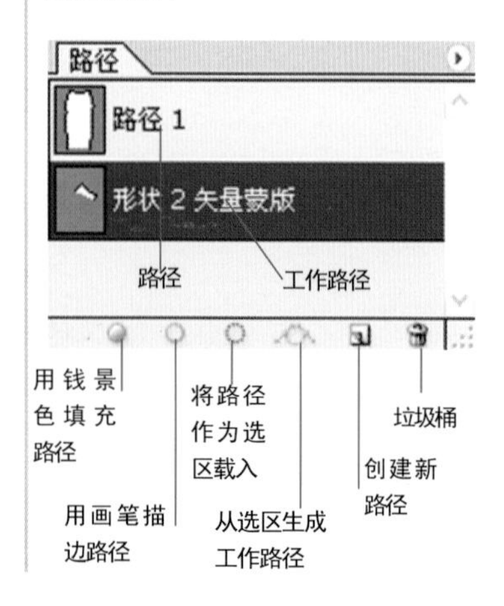

关于贝赛尔曲线的一些重要原则

（1）方向线的长度与角度可以预测曲线的形状。
（2）方向线的长度等于曲线长度的 1/3。
（3）确保曲线光滑应将节点放置在弧的一侧，而不是两边。
（4）节点数越少，曲线看上去越光滑，打印的速度也就越快。
（5）通过拖曳方向节点，调整曲线的高度与角度或者通过约束框调整曲线高度。

Photoshop中的基于矢量的绘图工具和Illustrator中的基本的矢量图形工具的使用方法是非常类似的，特别是有关贝赛尔曲线的绘制和编辑工作，在操作方面几乎是一样的，因此，我们把这两部分的内容在这个章节里面进行有比较地说明。

一、Bezier（贝赛尔）曲线

1、节点和线条

(1)Photoshop 中的贝赛尔曲线

在Photoshop中，路径的概念有几个重叠的含义。广义上来讲任何基于矢量的由锚点和曲线组成的轮廓都称为路径，在这个意义下，以下的这些都是路径：

- 图层剪贴路径(Layer Clipping Path)，在shape图层中定义了形状的轮廓。当Shape图层被激活时，Path调板中就会出现其名称。
- 图层剪贴路径，用作透明图层或者文字图层的矢量蒙版。当透明或者文字图层激活时就会显示在Paths调板中。
- 当前Work Path（工作路径），独立于任何图层，从出现在Path调板中，直到创建个新的Work Path。
- 保存的Path（路径），被命名并且永久地保存在Paths调板中，和Work Path一样也独立于任何图层。路径可以通过在Path调板或者复制图层剪贴路径在其名字显示时得到。

(2)Illustrator 中的贝赛尔曲线

在Illustrator中不是使用像素画图，而是生成由点构成的图像，这些点叫做“节点”（而在Photoshop中也是模拟这些矢量的编辑方式，从而生成我们需要的图形）。这些节点由曲线或直线连接，这些线条叫做“路径”。

Illustrator可以描述每条路径的位置、大小以及许多其他属性，例如路径的填充色、笔画宽度和颜色等。在创建对象时，可以改变对象的叠放次序，还可以将多个对象组合，这样可以将它们当作一个对象选择，在需要的时候还可以去掉组合。

Illustrator允许用户使用Pen（钢笔）工具生成Bezier Curves（贝塞尔曲线）来构造。贝塞尔曲线由非打印节点（这些节点固定曲线）与方向节点（决定曲线的角度与凹凸）定义。为了使方向点更容易辨识与操作，每一个方向点与节点用非打印的方向线（也叫做“方向柄”）相连。当用户使用Pen工具创建路径或者使用Direct-selection（直接选取）工具编辑路径时，可以看见方向点与方向线。

Photoshop 中的贝塞尔曲线编辑工具

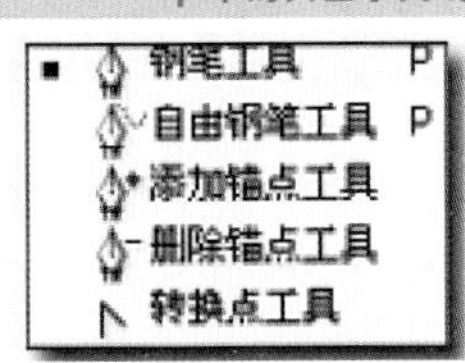

Photoshop 的贝赛尔编辑工具

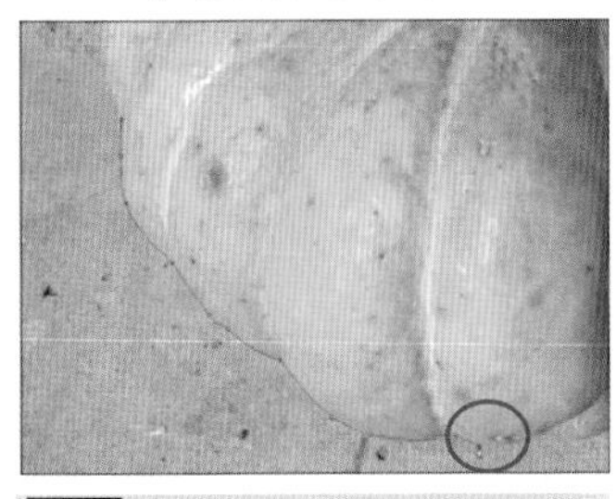

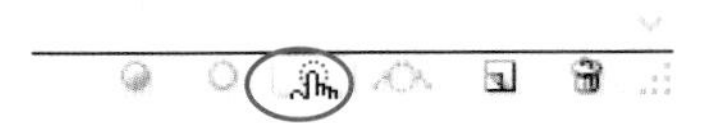

运用钢笔工具沿着对象的边缘进行描绘，形成一个闭合路径之后，然后将创建的形状路径作为工作路径，然后单击路径调板下方的“将路径作为选区载入”命令，就可以产生适合对象的选区范围。

路径编辑切换

可以使用快捷键来在钢笔工具和路径编辑工具之间进行切换，而不用回到工具箱中：

- 按Alt/Option 键转到转换点工具
- 按Ctrl/⌘键切换到直接选择工具

切换到增加节点工具或者删除节点工具最容易的方法是让 Photoshop 自动来完成，只要在钢笔工具的选项栏中选择 Auto/Add/Delete 选项即可。

☑ 自动添加/删除

- **钢笔工具——**Pen 工具和其他几个路径编辑工具在工具箱中编在一组。使用 Pen 系列工具——Pen（钢笔），Freeform Pen(自由钢笔)和 Magnetic Pen（磁性钢笔），可以通过单击和拖动来创建 Bezier 曲线路径。

- **自由钢笔工具——**Freeform Pen 工具使得你在拖动绘制的时候，就像是在使用一支真正的铅笔；在需要控制曲线形状的地方锚点会自动添加。如同Pen工具一样，可以在选项栏中选择 Auto Add/Delete 选项。也可以设置 Curve Fit（曲线拟绘）容差，用来决定路径跟随光标运动的紧密程度；使用较低的设置，曲线将更紧密地跟随光标运动,使用较高设置则会出现更多的锚点。

- **磁性钢笔——**Magnetic（磁性的）复选框是Freeform Pen 工具选项栏中的另一个选项。这个选项实际上将Freeform Pen转变为了Magnetic Pen（磁性钢笔），这样就可以随着图像的颜色与对比度差别来创建路径。

要使用Magnetic Pen工具，首先在要描绘的路径边缘某处单击圆形光标的中心，然后让光标沿路径“浮动”，在移动鼠标或者光标的同时不要按下按钮。磁性钢笔工具将始终自动跟随颜色对比形成的“边界”。选择 Magnetic Pen Option 后；改变调板中的设置就可以决定其工作方式。可以设置Width（宽度）、Contrast（对比度）和 Frequency（频率），以及打开或者关闭的 Stylus Pressure（光笔压力）。

Width（宽度）指的是在浮动光标的时候，工具搜寻边界的半径。Width 值越小，工具寻找边界的识别能力就越高。

Frequency（频率）决定了一个固定点的自动放置频率，固定节点和路径的最终锚点不同。

Edge Contrast（对比）决定了工具在边界上搜寻的对比度范围，通常用缺省设置。

Illustrator 中的贝塞尔曲线编辑工具

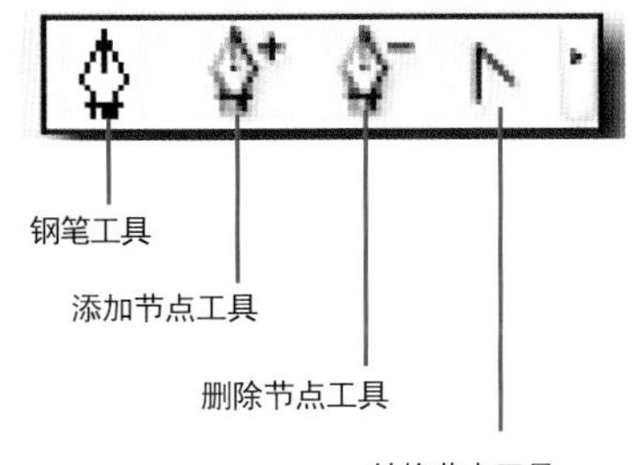

- **Pen（钢笔）工具与自动添加／删除——**能够执行许多功能。自动添加／删除功能启动后（执行Edit／Preference／General命令，在打开的对话框中，取消Disable Auto Add／Delete这个选项），当 Pen 工具位于一条已选中的路径上时，将会自动变成添加节点工具；当Pen工具位于路径的节点上时，将会自动变成删除节点工具。按住Shift键，可暂时取消Pen工具的自动添加／删除功能。如果不想在创建路径时受角度限制，在释放鼠标键前释放Shift键。

● **Convert－anchor－point（转换节点工具）——**隐藏在Pen工具的下拉式菜单中（默认的快捷键是Shift＋C），可通过该工具单击节点将平滑点转变成直角点。要将一个直角点转变成平滑点，单击并逆时针拖曳直角点生成新的方向线（或者旋转直角点直到修正了曲线）。要将一个平滑点转变成曲线角点（两条曲线在该点绞合），单击方向点并按住Option（Mac）／Alt（Win）键拖曳到新的位置。当Pen（钢笔）工具被选中时，用户可暂时通过按Option（Mac）／Alt（Win）键获取Convert-anchor-point工具。

● **Add-anchor-Point（添加节点）——**在Pen工具的下拉式菜单中或通过按"＋"键获得，该工具将在单击路径的位置上添加一个节点。

● **Delete-anchor-point（删除节点）工具——**在Pen工具的下拉式菜单中或通过按"－"键获得，该工具在单击路径节点时删除该节点。

注意：如果通过按"+"或"－"键获得添加删除节点工具，必须通过按p键回到Pen工具。

● **Pencil（铅笔）工具——**双击Pencil，在打开的Pencil Tool Preferences对话框中，选中Edit Selected Paths（编辑选中的路径）选项，Pencil工具便可以修改选中的路径形状。选取一条路径，用Pencil工具在路径上或靠近路径绘制，修改路径的形状。

● **Smooth（平滑）工具——**工具通过平滑角点和删除节点来平滑路径上的点。Smooth工具在平滑节点与路径时，试图尽可能保持路径原有的形状。

● **Erase（橡皮擦）工具——**删除选中路径的一部分。通过沿路经抢曳Erase工具，可删除路径的一部分，必须沿着路径拖曳Erase工具，若是垂直于路径拖曳则会导致意想不到的后果。该工具在剩余的一对路径上添加一对节点，节点添加在与删除路径部分邻接的地方。

● **Scissor（剪刀）工具——**通过在单击处加上两个不连续的、选中的节点来剪切路径，节点位于两段剩余路径的端点。若只选中其中一个节点，取消选中对象，使用Direct selection（直接选取）工具单击剪切处，这样可以选中上一个节点，将其拖到一边便可更好地看清楚两个节点。

用钢笔开始绘制一个对象

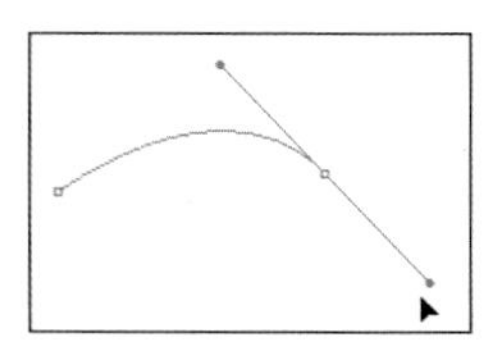
钢笔工具点击之后拖拉出控制手柄可以调节曲线的曲线度。

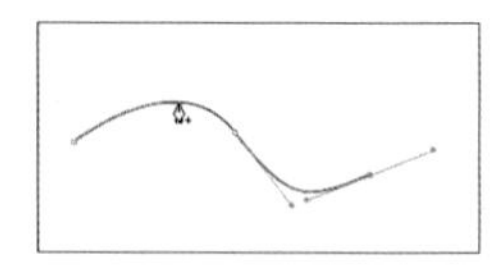
将钢笔工具移动到已经绘制好的线段上会出现添加节点的工具光标，点击该位置的曲线段上的点可以产生一个新的节点。

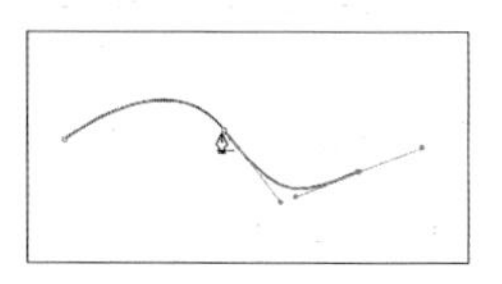
将钢笔工具移动到已经绘制的线段的某个节点之上会出现删除节点的工具光标，点击该位置可以删除该位置的节点。

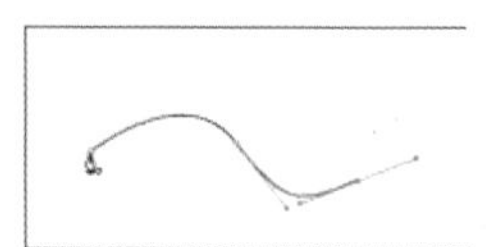
路径绘制完毕，钢笔工具再回到第一个节点的时候光标会出现带圆点的钢笔工具，点击第一个节点可以使路径闭合。

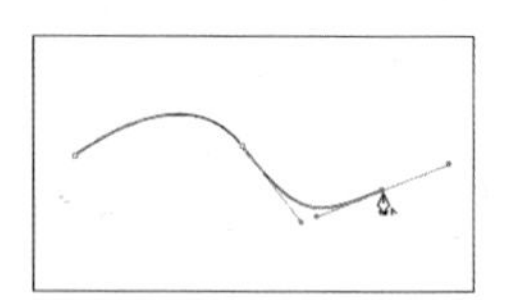
绘制了一个节点之后，马上将鼠标移到这个节点上，鼠标会出现带拐角的钢笔工具，可以使这个节点生成一个拐角

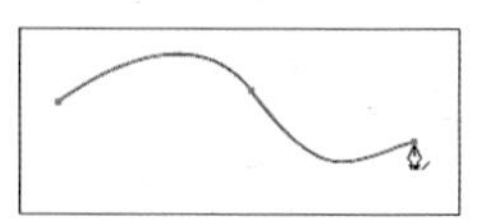
用钢笔工具点击线段的结尾的节点会出现此光标，表示点击该节点后可以从该节点继续绘制 。

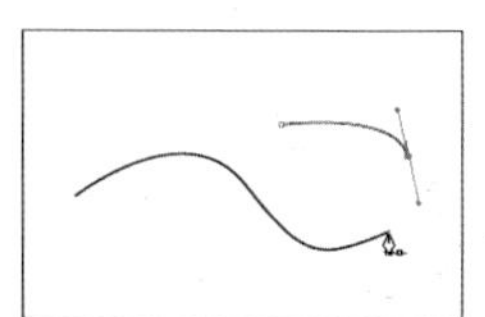
两段线段，选择一条线段后，将鼠标移动到另一条线段的一个节点上，光标出现如图式样，表示可以将这两条线断连接起来。

工具容差选项

使用鼠标或者数字钢笔进行徒手绘图难以精确。Pencil（铅笔）工具、Smooth（平滑）工具和Brush（笔刷）工具的选项可以帮助用户生成更多类型的路径，从非常真实的路径到更美观、优美的路径，而不需要不断调整节点。双击这些工具便可看到相应选项。

Fidelity（逼真度）：增加或减少生成的或编辑的路径节点的距离。该值越小，组成路径的节点越多，反之亦然。

Smoothness（平滑度）：着手创建或编辑路径时，Smoothness(平滑度)选项可改变路径平滑度的百分比路径的平滑度越低，获得的线条与笔画越真实；反之、则更美观而不够真实。

- **Knife（美工刀）工具——**可切割所有未锁定的可视对象和闭合路径。只需拖动Knife工具穿过要切割的对象，然后选中对象移动或删除。

案例：在Photoshop中运用钢笔工具选取对象

完成后的透明底图像

运用钢笔工具沿着对象的边缘进行描绘，形成一个闭合路径之后，然后将创建的形状路径作为工作路径，然后单击路径调板下方的“将路径作为选区载入”命令，就可以产生适合对象的选区范围。

原图像

1、用钢笔工具沿着玫瑰花束的边缘描画路径(图1)。

图1

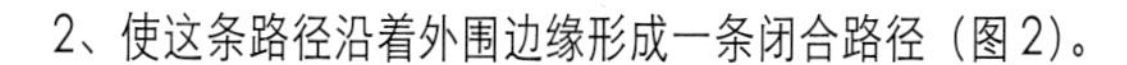

2、使这条路径沿着外围边缘形成一条闭合路径（图2)。

图2

3、还是选用钢笔工具，然后选择钢笔工具选项栏中的从区域中删除按钮，对玫瑰枝条的间隙进行描画，并形成闭合路径(图3)。这个步骤可以重复，直到所有的间隙都被描画。

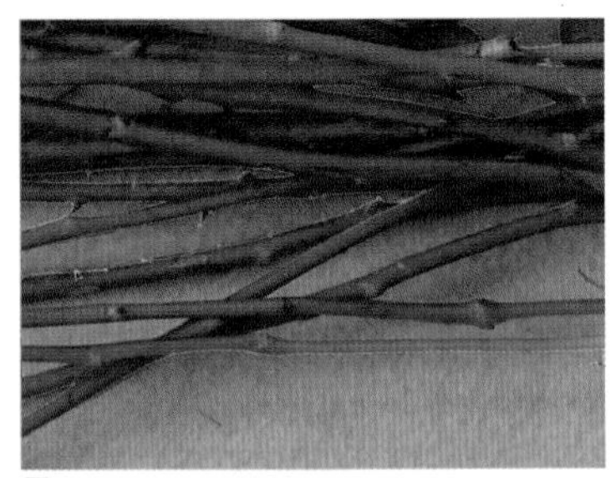

图3

4、所有的间隙都被描画好之后，选取形状图层，并调出路径调板，这时Shape1矢量蒙版也被定为工作状态中，然后点击路径调板下方的"将路径作为选区载入"按钮(图4)。

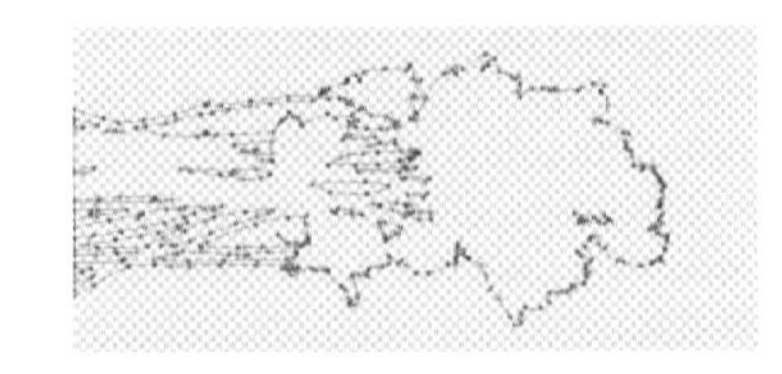

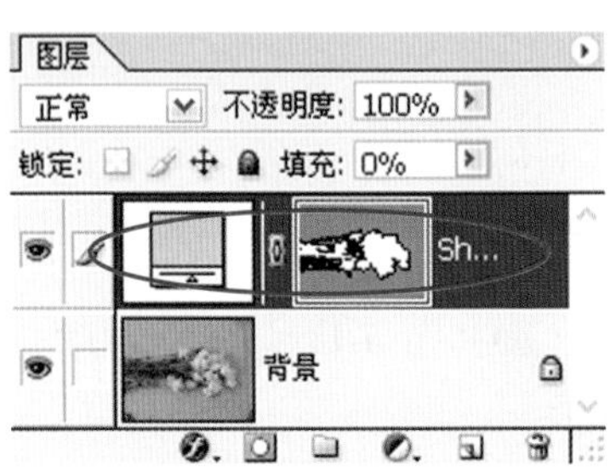

图4

5、这时，玫瑰花就处于被选取的状态中，选用矩形选择工具，然后在图层中将背景作为工作图层，将鼠标移动到选区内，点鼠标右键，在弹出菜单中执行将选区拷贝的命令(图5)。

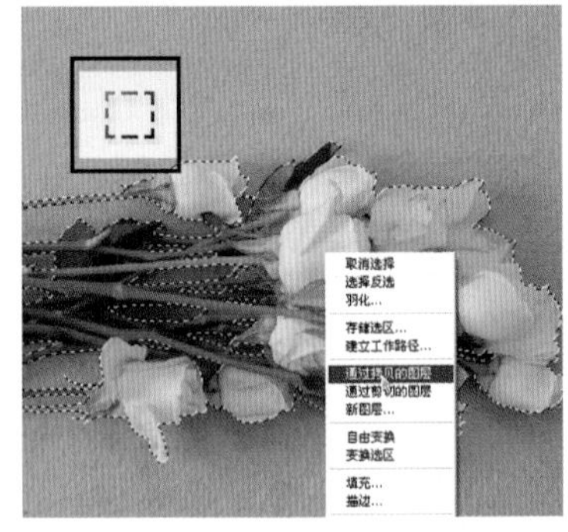

图5

6、将玫瑰花束拷贝到新的透明图层之后，可以在其上方添加一个曲线的调整图层，这样玫瑰花束就会显得比较明亮，而不会太暗(图6)。关闭背景的可视性图标，就完成了这一段操作内容，并将文件存储为PSD格式以便以后使用。

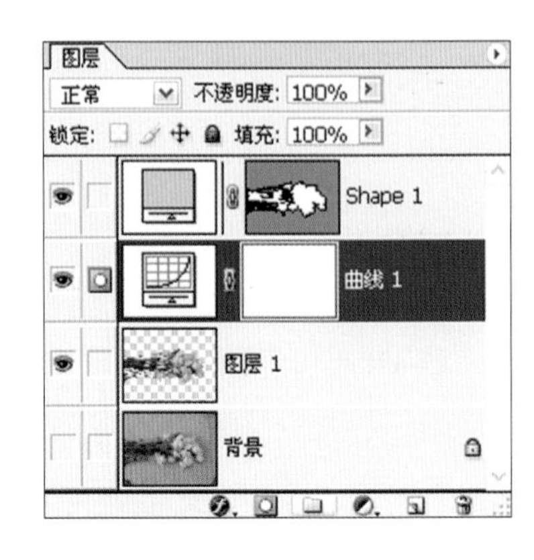

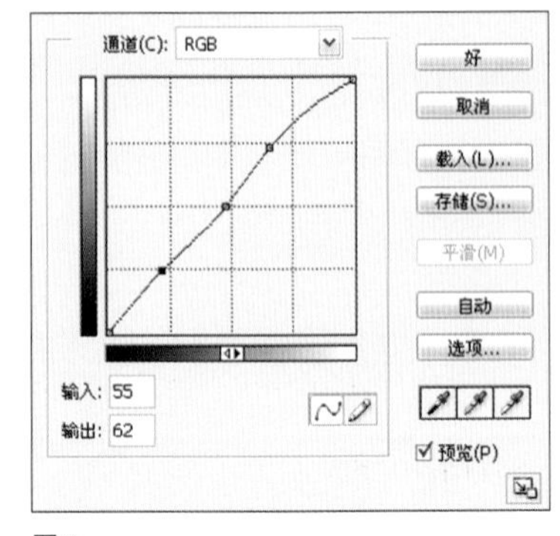

图6

二、几何对象

在Photoshop和Illustrator中，绘制几何对象的工具几乎一样。

Photoshop的形状工具

Shape工具——Rectangle（知形）、Rounded Rectangle（圆角馆形）、Ellipse（椭圆形）、Polygon（多边形）、Line（直线）和Custom Shape（自定义形状），在工具箱的单独位置成为一组。通过选项栏可以选择创建一个基于矢量的Shape图层，或者绘制一个基干矢量的工作路径，或者在激活图层上创建一个基于像素的颜色填充的形状。使用任何一种工具进行拖动就可以创建一个形状。

Illustrator的形状和线性工具

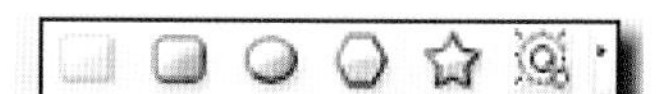

Ellipse（椭圆）、Rounded Rectangle（圆角矩形）、Polygon（多边形）和Star（星形）工具创作的对象叫做“几何图元”，这些几何对象是由对称的路径与非打印的节点组合来描述的，节点指示几何对象的中心，使用几何对象的中心可排列几何对象与其他对象及捕获辅助残。可以使用数值或手工创作几何对象，这些工具位于工具箱中Rectangle（矩形）工具的下拉式菜单中。

1、几何对象的绘制方法

(1) 手工创作几何形状——在Illustrator和Photoshop中通用。

选择需要的几何工具，单击并拖曳对象的一个角点到另一个角点生成对象。按住Option（Mac）/Alt（Win）可从中心向外拖曳生成对象(按住Option（Mac）/ Alt（Win）键直到松开鼠标键以确保对象从中心开始绘制)。一旦绘制好几何对象，便可像其他路径一样编辑。

(2) 输入数值创作几何形状——在Illustrator中使用

选择需要的几何工具，在画板上单击要创建对象的左上角点，在对话框中键入数值，单击OK。要从对象的中心创建对象，按住Option（Mac）/ Alt（Win）单击面板。

绘制弧线，选择Arc（弧线）工具，然后单击并施曳开始绘制弧线。按住F键可改变弧线的凹凸方向，使用上下键可调整弧线的半径，释放鼠标键便可完成绘制。

绘制网格，选择Rectangular Grid（矩形网格）或者Polar Grid（极坐标网格）工具，然后单击并拖曳开始绘制网格。使用上下左右键增加或减少网格数，使用Z，X，C，V键可调整网格线的间距。

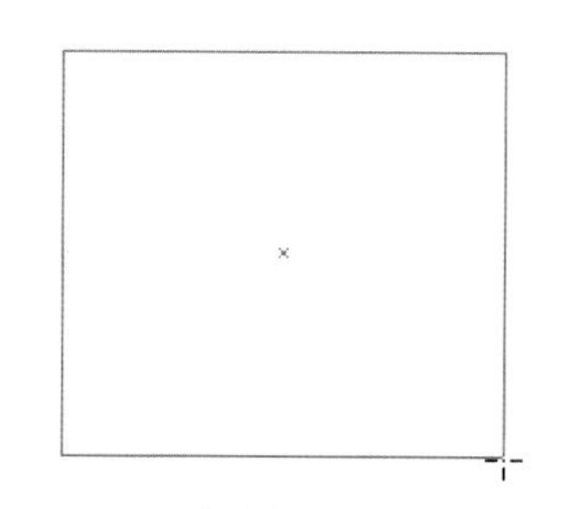

手工创作几何形状

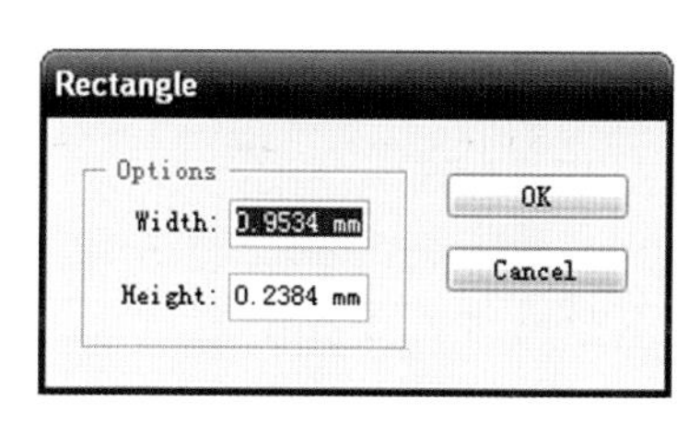

输入数值创作几何形状

2、Photoshop 中图形编辑的特点

在Photoshop中，一个Shape图层定义了一种颜色填充，并且拥有一个严格定义了颜色显示和隐藏区域的图层剪贴路径。Shape工具的选项栏让我们控制应用到层的颜色的Mode和Opacity选项，并且当我们绘制的时候我们可以选择加到形状上的Layer Style。这个图层样式将应用到我们在Shape图层绘制的所有元素上。

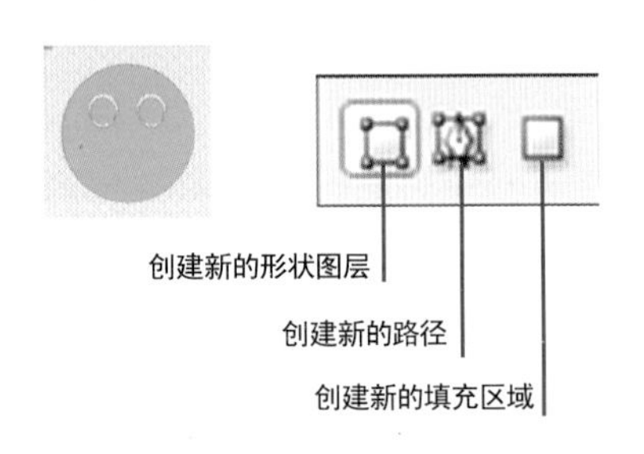

形状样式

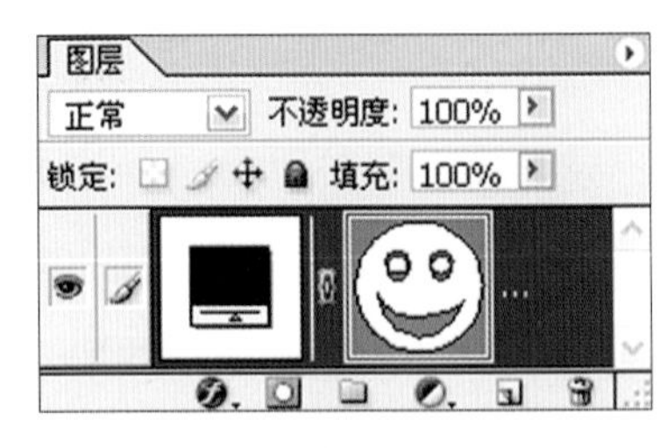

形状图层

形状路径

形状的添加和删减

绘制了一个Shape图层之后，如果要再次下一个Shape图层或者路径，用Add to Shape Area按钮可以添加到当前的Shape图层；用Subtract from area可以从形状区域中减去；用Intersect shape area可以选择重叠部分；用Exclude overlapping shape area可以选择除去重叠的部分。

设置比例

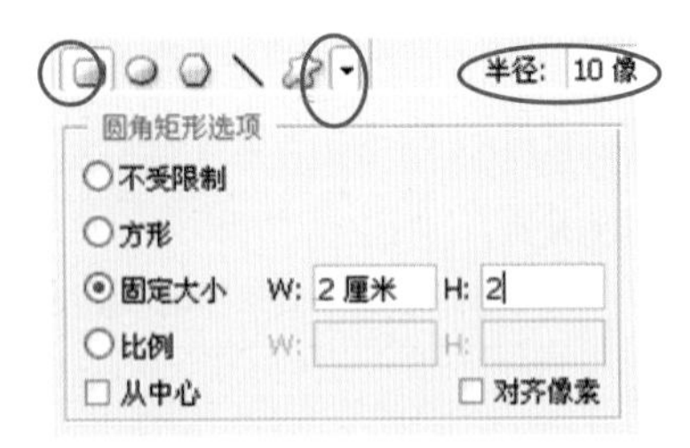

对于Rectangle（矩形）、Rounded Rectangle（圆角矩形）或者Ellipse（椭圆形），我们可以将形状限制为正方形或者圆形，我们可以将宽度和长度的关系选择为Fixed Size（固定大小）或者Proportional（比例），或者选择From the Center（从中心）向外而不是从角落开始绘画。对于Rounded Rectangle（圆角矩形）选项栏润了Radius（半径）参数来决定角落的圆度。

设置多边形

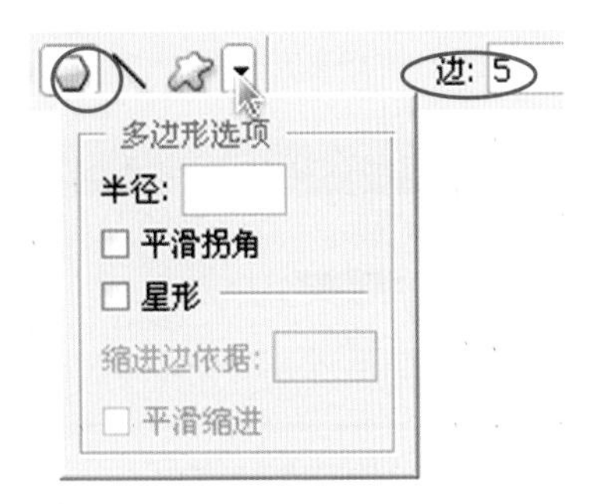

对于Polygon（多边形）工具，Radius（大小）是在弹出调板中设置。因此不是控制多边形的尺寸，而是拖动工具进行旋转的时候，决定了它的角度。我们也可以选择使用点状或是Smooth Corners（平滑拐角），通过选择Indent the Sides By（缩进边依据）从而根据直径的百分比来将多边形转变为星状，以及Smooth the Indents（平滑缩进）。Polygon和Line工具在我们绘制的过程可以旋转，只要改变拖动的方向即可。

Line

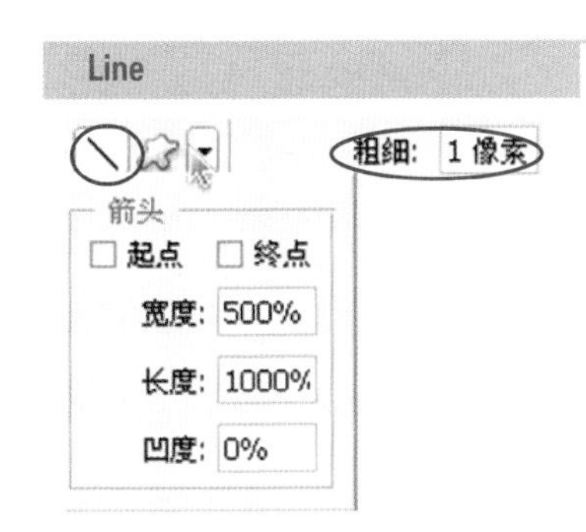

对于Line工具（这里的直线实际上是一个长的薄膜矩形），选项栏中可以定义Weight（粗细）选项；在弹出的调板中可以选择Arrowheads（箭头），并定义箭头的形状。

Custom Shape（自定形状）

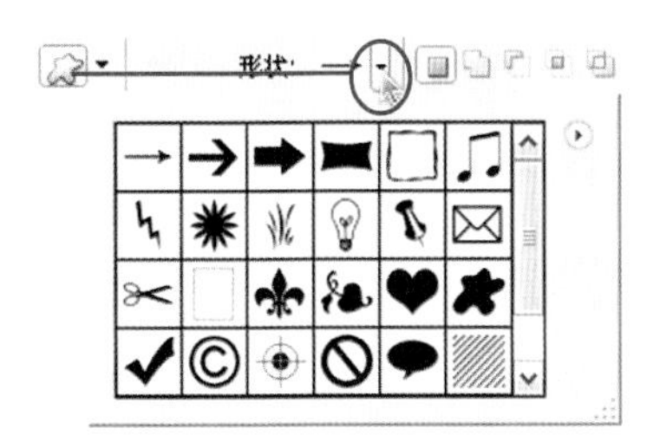

Custom Shape（自定形状）工具可以从保存在预置文件中的形状进行选择。在弹出调板中可以将自定义形状约束在初始Defined Size或者Defined Proportion，或者选择Fixed Size（固定大小）。

可以单击Shape图标或者紧邻的小矩形打开形状调板，在其中选择不同的预置；也可以通过调板的弹出菜单添加其他的预置形状库。

案例：在Photoshop中运用形状工具进行绘图

Photoshop中我们可以运用形状工具以及在形状调板上进行绘图，然后结合图层的效果工具，对该工作形状进行效果的实施，从而完成基于点阵性质的图形绘制。

1、打开一个携带透明图层的新文件，用椭圆工具，形状模式中选择创建一个新形状按钮，按住Shift键在画面中绘制一个正圆。然后用移动工具将圆移动到画面中心（图1）。

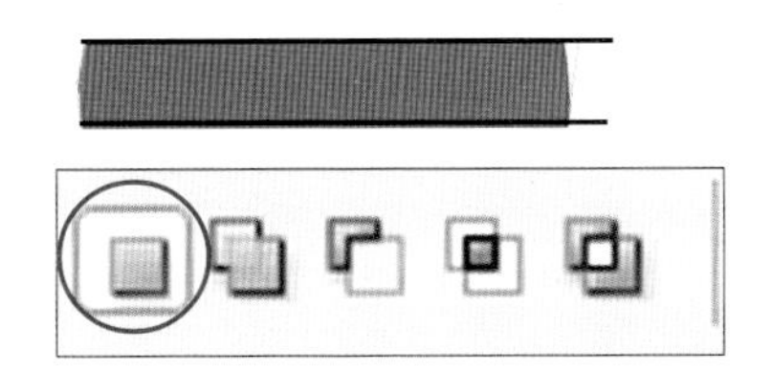

图1

2、再次选用椭圆工具,在选项面板中的形状模式中选择从区域中减去按钮,然后在画面中绘制一个小圆(图2),可以用路径选择工具对位置进行移动。

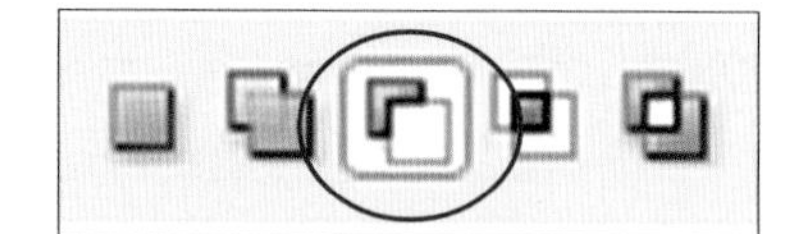

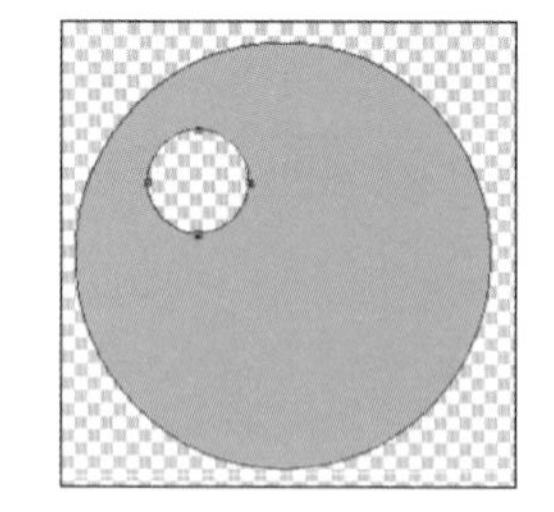

图 2

3、按 Ctrl+C 复制该小圆，再按 Ctrl+V粘贴该小圆,用路径选择工具按住 Shift键(水平限制)将这个小圆移动到如图3的位置。

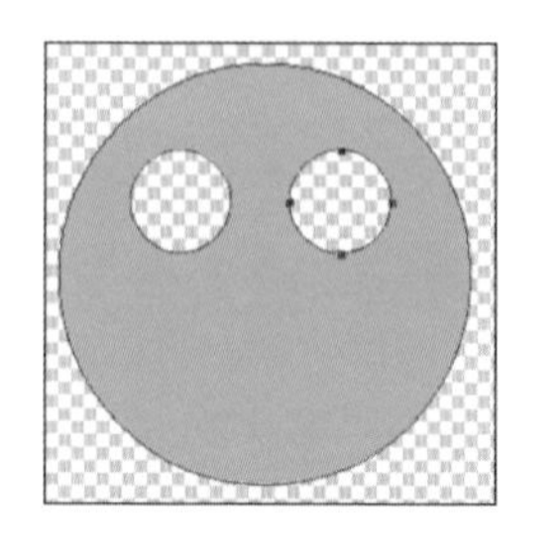

图 3

4、在形状模式中选择排除重叠图形区域按钮，在原来的小圆的区域绘制纵向的椭圆型圆，如果新画的这个圆的大小形状不符合我们的要求,可以使用Ctrl+T 调出自由变形工具,拖拉节点对该圆的大小形状进行调整。如图 4 所示。

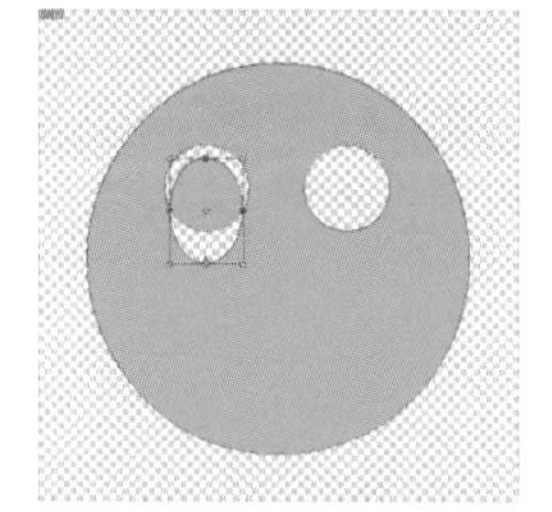

图 4

5、然后按照第3步的方式进行复制和移动。位置如图5所示。也可以用路径选择工具选择好圆形之后,使用向右箭头键逐像素地移动形状到适合的位置。

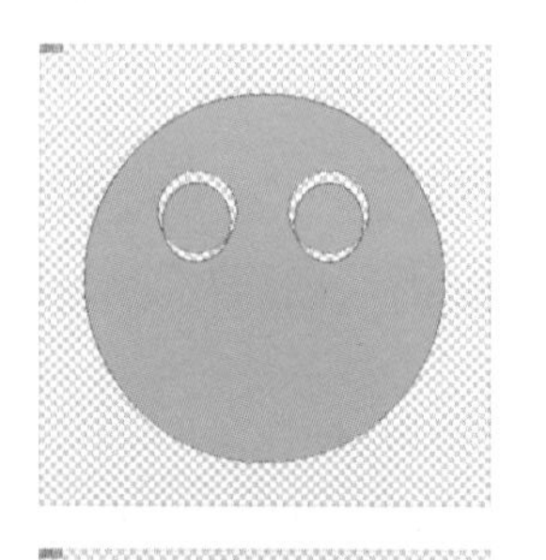

图 5

6、在形状调板中选用第一个钢笔工具，在形状模式选项中选择从区域中减去按钮，在圆形的下半部绘制半月形的嘴形。在图 6 位置点击。

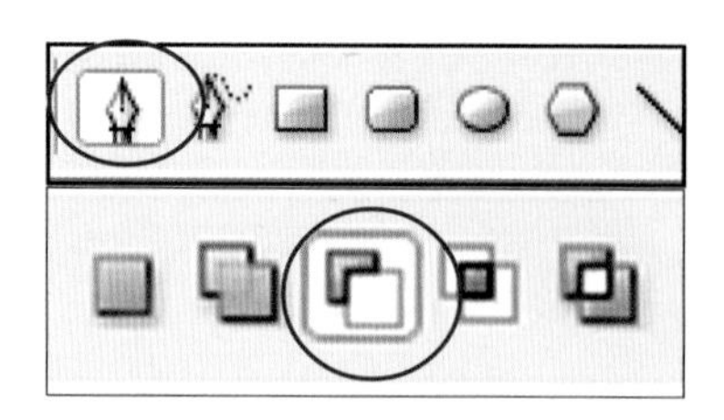

图 6

7、按住Shift键在图8位置（图形垂直中点）点击鼠标并进行向右水平拖拉的动作，可以得到水平方向的控制杠杆。

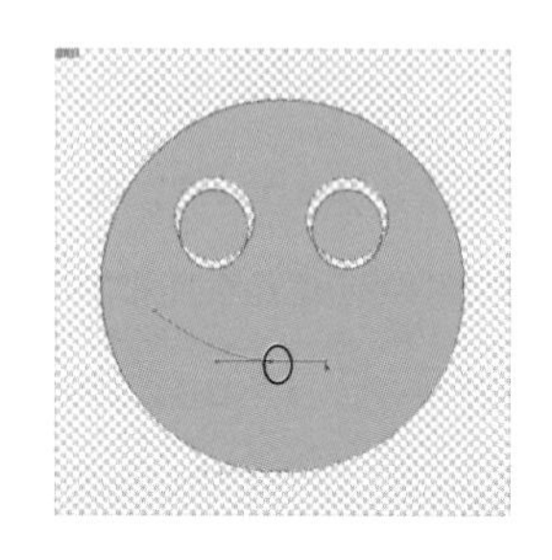

图 7

8、在和第一节点相对应水平镜像的位置点击鼠标立即释放。会在这里增加一个单纯的节点(图8)。

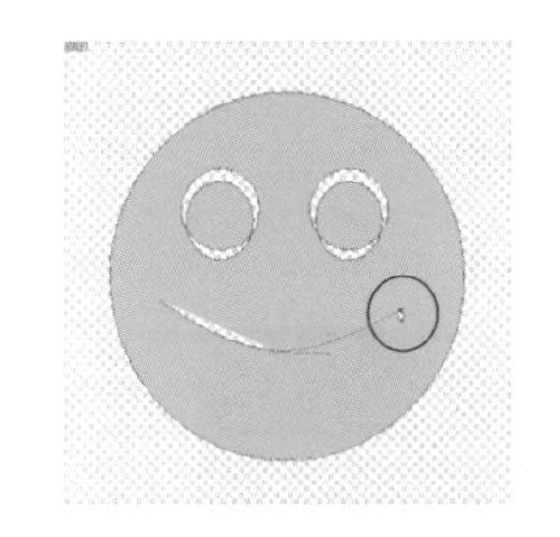
图 8

9、在刚才第8步中节点的下方位置，同样按住Shift键点击并向左水平拖拉鼠标(图9)。

图 9

10、回到第一个节点，鼠标光标呈现钢笔闭合路径的形状，这样就可以闭合路径了(图10)。

图 10

11、绘制完毕之后会在路径调板中增加一个形状1矢量蒙版，为了不使此调板遗失，我们可以双击该调板，给它重新命名，就可以长久保存该调板了(图11)。

图 11

12、在图层调板中我们给该形状图层添加图层效果——阴影和图案叠加。

在进行图案叠加的操作时，可以点击图案示图右端的箭头调出下拉菜单中的图案列表，选择适合的图案。调整图案叠加对话框中的缩放滑块可以控制图案的排列大小(图12)。

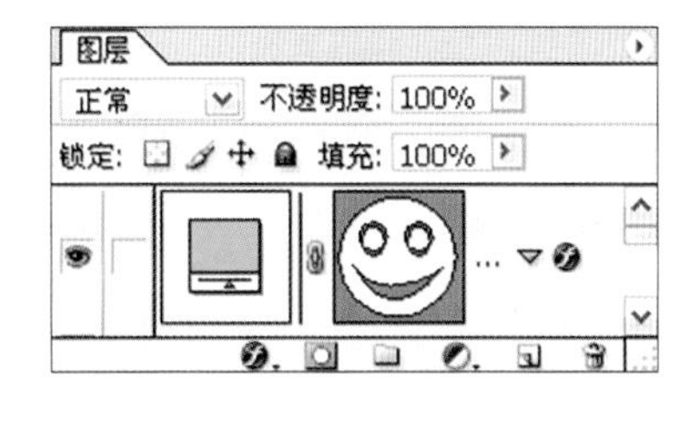

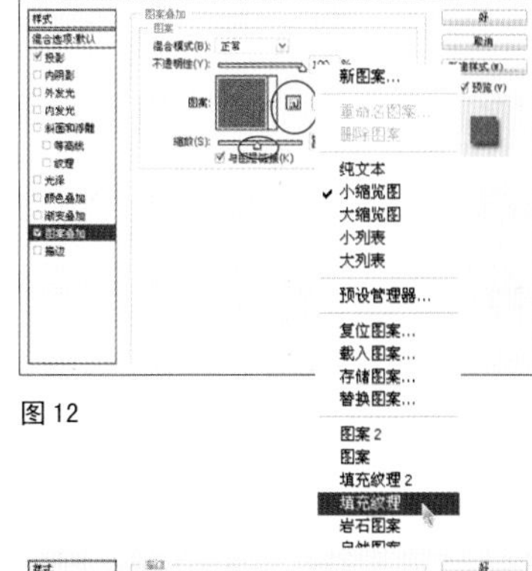

图 12

13、选择图层效果面板中的描边命令，点击颜色色块调出选色器来选择颜色，并移动大小滑块来确定边线的粗细(图13)。

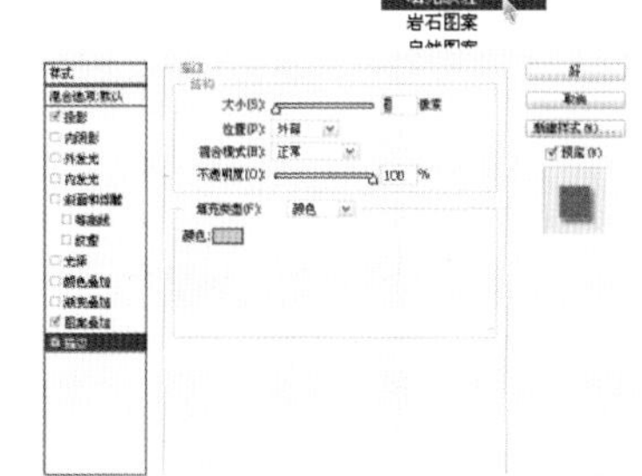
图 13

3、Illustrator中图形编辑的特点

选取

Selection（选择）工具选取单个或多个对象

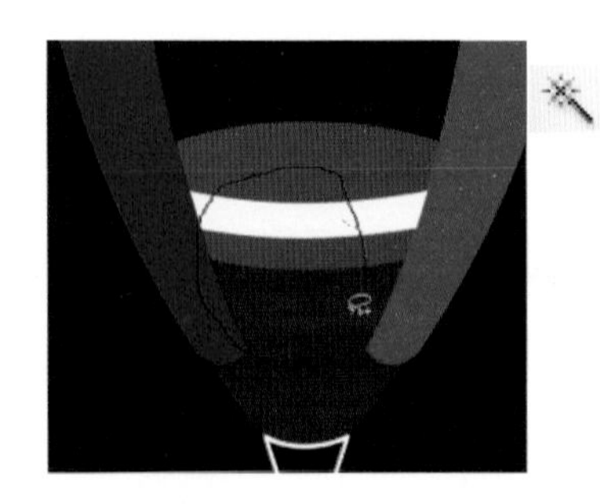

Lasso（套索）工具环绕对象选中整个路径或多个路径

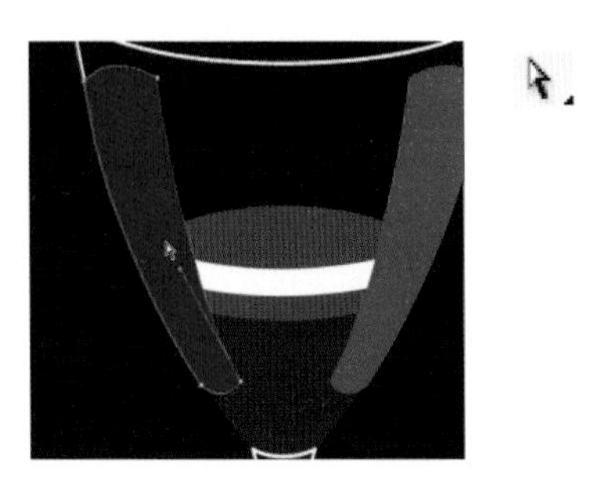

Direct－select Lasso（直接选取套索）工具可选择路径的单个节点或路径的部分

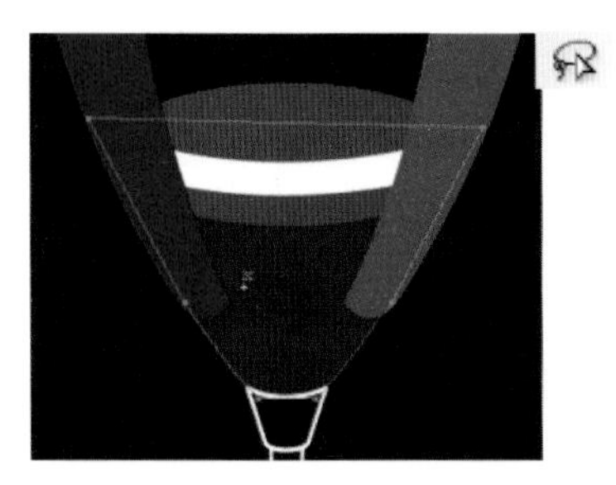

Magic Wand(魔棒工具)点击某个区域可以选中该位置的对象。

在Illustrator中可以使用多种方式选取对象。可以使用Selection（选择）工具选取单个或多个对象，也可以使用Layers选项板中的目标指示器选取对象、组合和图层或将它们定为目标，选取组合或图层将选中组合或图层内的所有对象。

可以使用Lasso（套索）工具环绕对象选中整个路径或多个路径，按住Option（Mac）／Alt（Win）可将路径从当前选区中取消，按住Shift键可将路径加入当前选区。

使用Direct－select Lasso（直接选取套索）工具可选择路径的单个节点或路径的部分，按住Option（Mac）／Alt（Win）可将节点从当前选区中取消，按住Shift键可将节点加入当前选区。

组合

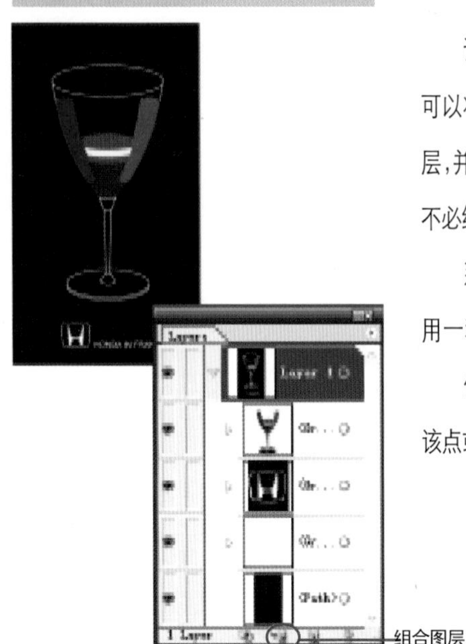

许多基于对象的软件（例如Illustrator和CorelDraw）提供组合功能，这样便可以将多个对象作为一个整体操作。在Illustrator中，组合中所有的对象位于同一个图层，并在Layers选项板中有一个组合图层，其旁边有一个三角形。除非的确需要，否则不必组合对象。

那么什么时候组合对象呢？如果需要重复将多个对象作为整体选取或对多个对象应用一种外观，则需要组合对象。

使用Direct-selection工具。使用Direct-selection工具单击节点或路径将选中该点或路径的一部分。

笔画

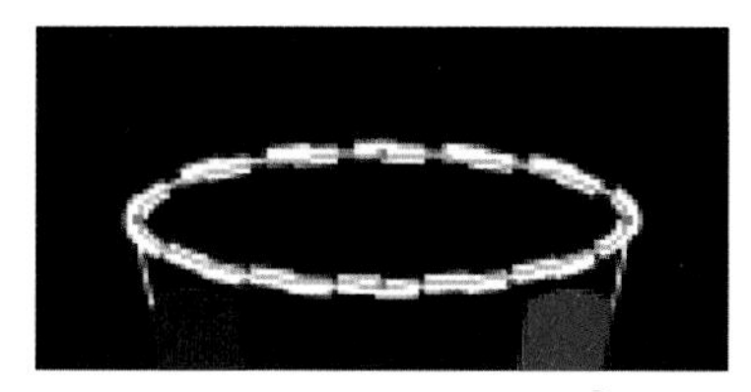

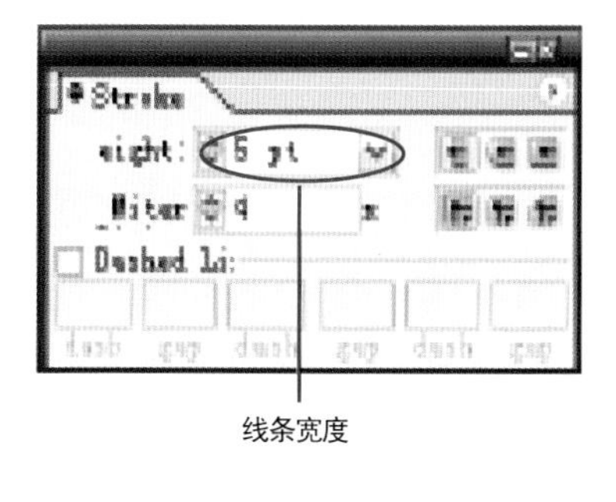

Stroke（笔画）指路径基本的“轮廓”。可以使用笔画“装扮”路径，使之呈现不同外观，就像使用填充控制路径的内部空间一样。要做到这一点，可以给笔画赋予不同的属性，包括宽度（厚度）、虚实类型、虚实序列、转角样式和端点类型。如果路径的笔画赋予None（无色），则对象没有可视的笔画。

连接与平均

Average（平均）与Join（连接）是Illustrator中最有用的两种功能（均位于object／Path菜单或在弹出式菜单中）。使用Average功能将把路径的两个端点置于二者的平均位置；使用Join功能将连接路径的两个端点，Join功能对不同对象的操作不同。

Average功能还可以排列选中的节点[要排列对象，使用Align（排列）选项板]。使用Direct－selection工具或Direct－select Lasso。

工具框选取或按Shift选择对象节点，然后使用弹出式菜单（在Mao中按Control键，在Windows中单击鼠标右键）选择Average（平均），将选中的节点按水平方向、垂直方向或水平垂直方向排列。

- 如果两个开放节点互相重合，这时Join将打开一个对话框，询问连接是产生平滑点（Bezier曲线节点带有方向线）还是角点（没有方向线的节点）。两种情况下两个节点都将融合成一个节点。

- 如果两个开放节点不重合，Join将用线条连接两个端点。如果试图将两个节点融合成一个节点，但没有获得对话框，Illustrator将只使用线条连接两个端点！Undo（撤销）（⌘—Z（Mac）Ctrl－Z（Windows），参阅下面的“一步完成平均与连接”。

- 如果选中开放路径（这种情况下不必选取端点），Join将闭合路径。如果两个端点位于不同对象，Join将把两条路径连成一条路径。

- 一步完成平均与连接。按住Option（Mac）／Alt（Win），选择Object Path／Join。如果连接一条直线，Join将形成角点；如果连接曲线，将形成曲线角点。

Pathfinder（路径寻找器）选项板

组成两个或多个相对简单的图形生成复杂对象，往往比直接绘制出复杂的结果容易得多。Pathfinder（路径寻找器）选项板可以很容易地组合对象获得想要的结果。

有两种有效的方式使用Pathfinder组合对象:

- 复合图形，保持“活的”状态可以编辑；

Pathfinder命令，这些命令具备“破坏性”（永久性的），除了使用Undo（撤消）外，无法再回到原始的可编辑状态。

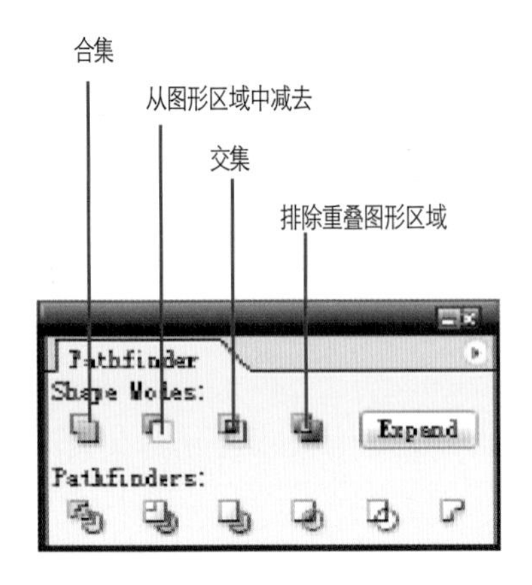

Pathfinder（路径寻找器）命令

Pathfinder命令包括：Option/Alt-Add（合集），Option/Alt-Subtract（从图形区域中减去），Option/Alt-Intersect（交集），Option/Alt-Exclude（排除重叠图形区域），Divide（分割），Trim（修剪），Merge（合并），Crop（裁剪），Outline（外框）和Minus Back（后置对象剪裁），所有这些命令可用于组合或分离对象。

案例：在Illustrator中运用Pathfiner调板进行绘图

完成后的图形

利用Illustrator中的Pathfinder调板来组合两个或多个对象，有时候要比直接绘制出复杂的结果容易得多。这个案例就是利用文字和图形的组合形成图形的动态结果。

第一种，复合图形,保持活的状态可编辑。

1、制作一个椭圆，并打五组文本，“In”“Intersact”“Sub”“Add”和“Exclud”。按图1所示排列。排列的次序可以通过Object/Arrenge菜单来完成。（文本制作的技巧请参考第八章文本与排版的内容。）

图1

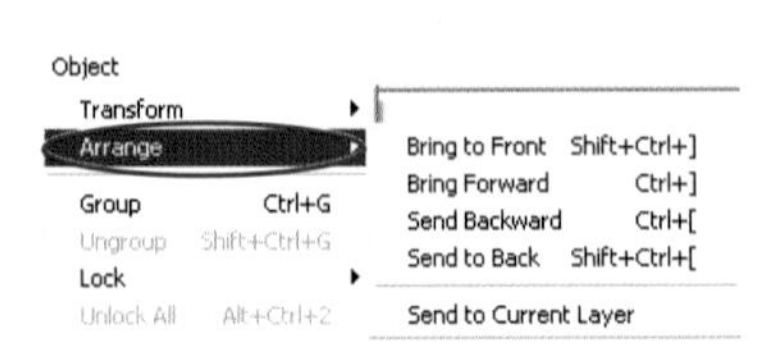

2、用选择工具选取最底层的椭圆形以及Exclud文本（如图2）。然后点击Pathfinder调板中的交集按钮。就可以保留椭圆形与Exclud文本相交的部分。

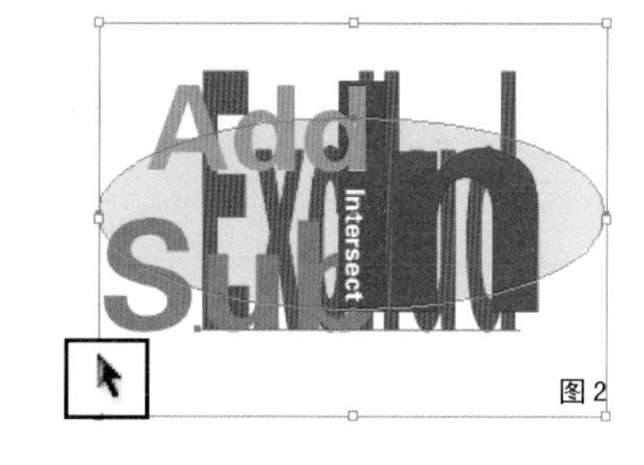

图 2

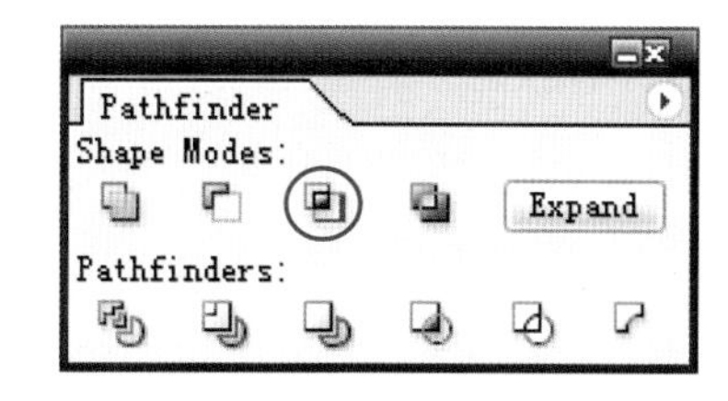

3、椭圆形与Exclud文本交集之后，椭圆形不见了，以及文本多余椭圆形的部分也不见了（如图3）。

选中刚才做过交集的图形以及Sub文本，点击Pathfinder调板中的排除重叠图形区域按钮，使得这两个对象重叠的部分消失。

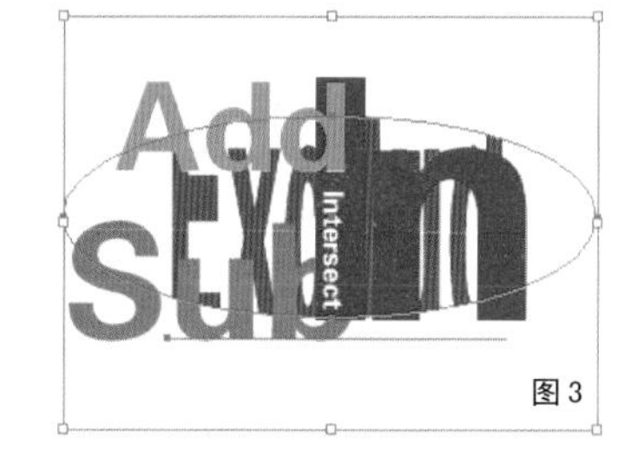

图 3

Pathfinder
Shape Modes:
Expand
Pathfinders:

4、选中刚才做好排除重叠图形区域的结果对象（如图4），同时按住Shift键选取In文本，点击Pathfinder调板中的从图形区域中减去按钮，使得看上去In文本被切除了（如图5）。

图 4

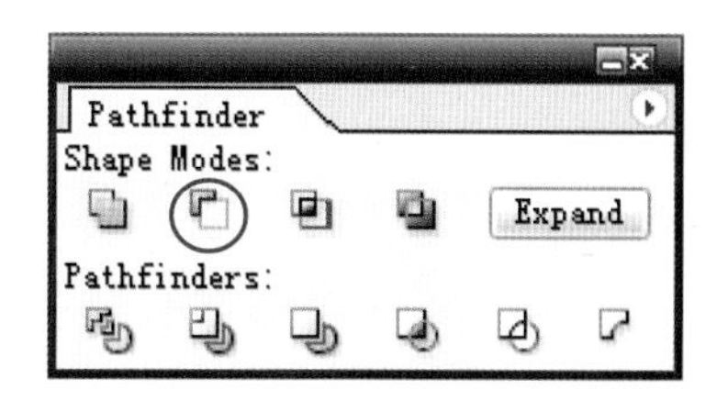

5、全选所有对象，可以用选择工具从左上角至右下角画一个方框包含所有对象即可，然后点击Pathfinder调板上的合集按钮。

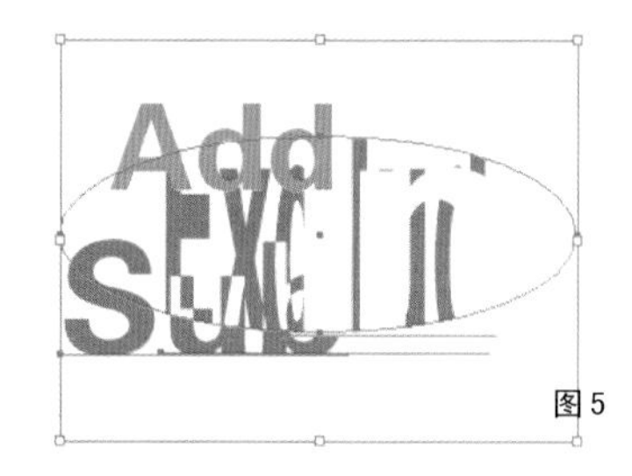

图 5

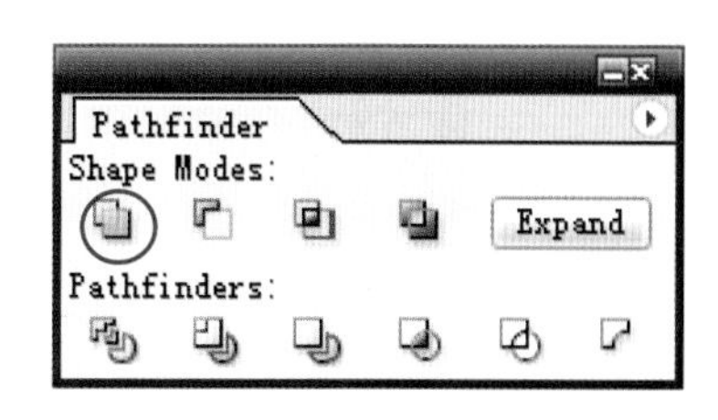

6、全选状态下，在Gradient（渐变）调板中制作一种渐变状态，可以在色带上增加色标，并通过Color（颜色）调板修改色标的颜色，移动色标可以改变渐变的过渡位置，渐变色完成之后可以将Gradient调板中的色样拖拉到Swatches调板中，添加一个新的色样。然后用渐变工具在完成的对象上进行从左至右的水平拖拉（如图6）。

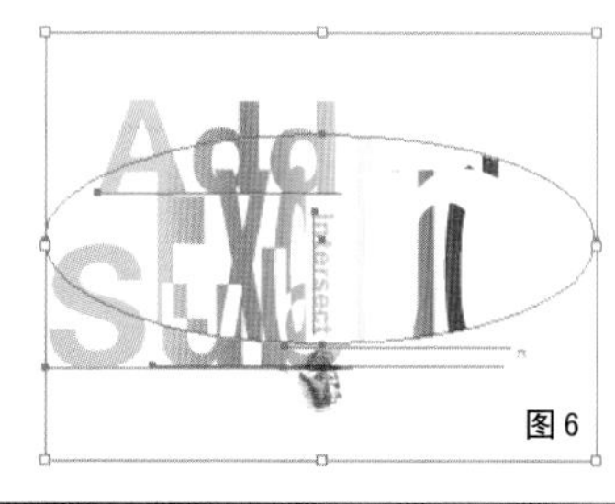
图 6

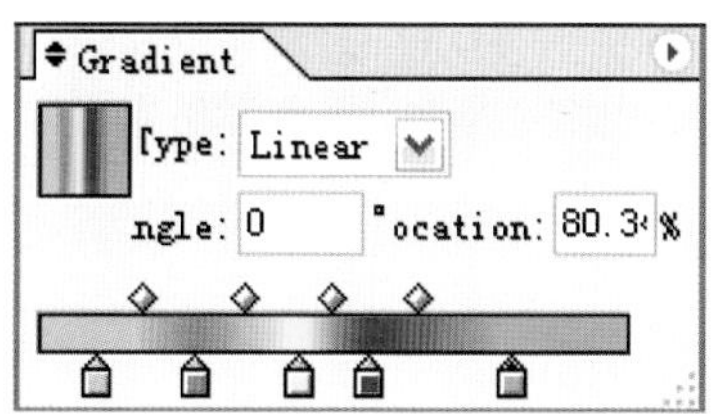

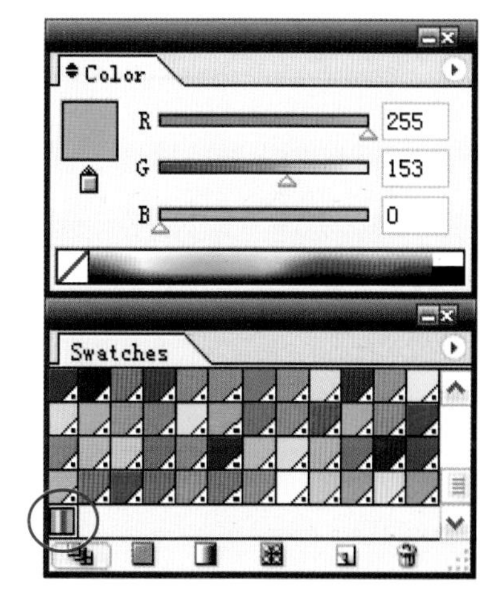

7、渐变色上好之后，接着给做好的对象上阴影，可以通过Filter（滤镜）/Stylize（风格化）/Drop Shadow（投影）菜单命令来执行（如图7）。可以得出完成的图像结果。

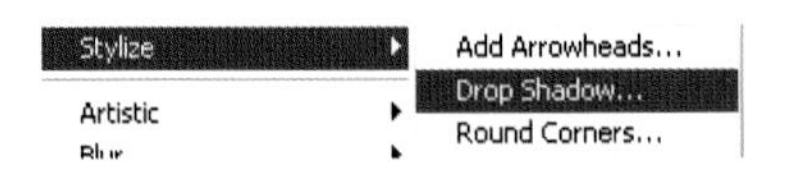

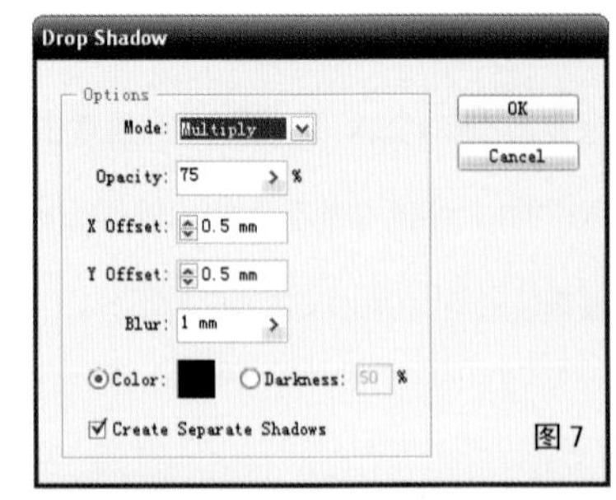

图 7

8、对象制作完成之后，可以通过执行File（文件）/Export（导出）菜单命令来导出文档，可以把文档作为Jpg格式或者Tif等格式作为位图输出（图8）。

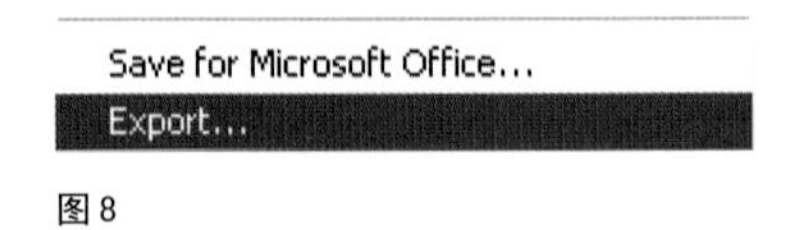

图 8

完成后的图形

第二种，具有永久破坏性的Pathfider命令——Divide（分割）。

1、如果是文本状态的对象是无法执行Divide（分割）命令的，因此我们首选选择文本对象，执行Type（文本）/Create Outlines（曲线化）命令。使文本对象转化为图形对象（图1）。

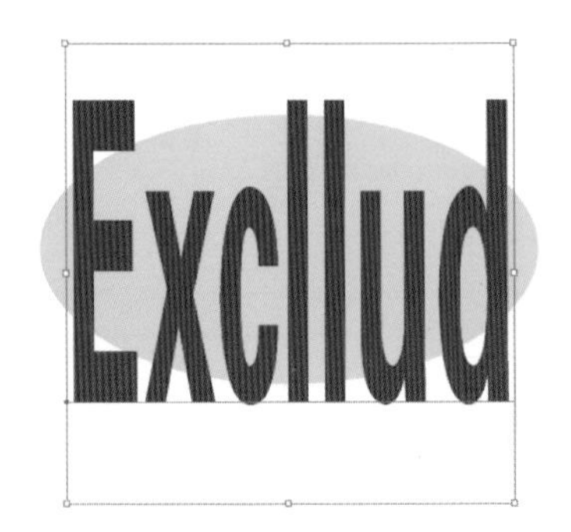

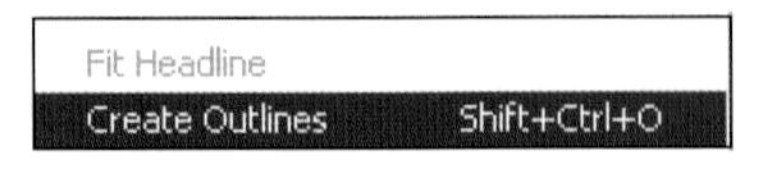

图 1

2、将需要做Divide（分割）的字母和椭圆形对象一起选择，然后点击Pathfinder调板中的Pathfinders按钮中的第一个Divide（分割）按钮（图2），然后将边框设置为无色（图3）。

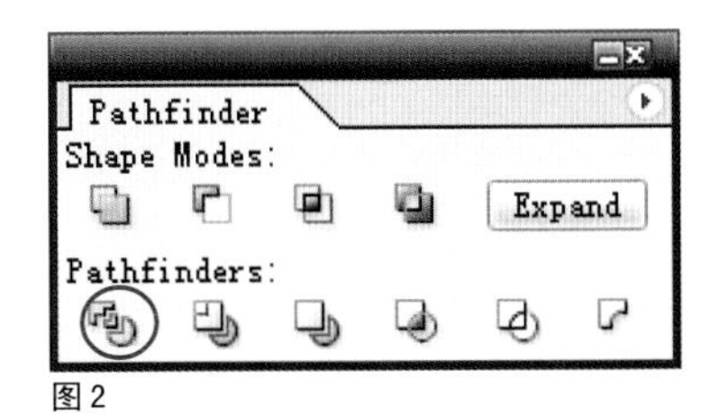

图 2

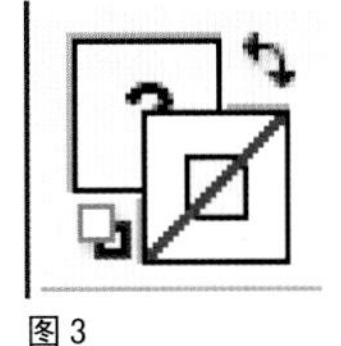
图 3

3、执行了Divide（分割）命令的对象是成组的，要对分割后的对象进行编辑，可以执行Object（对象）/Ungroup（解散群组）命令（图4）。

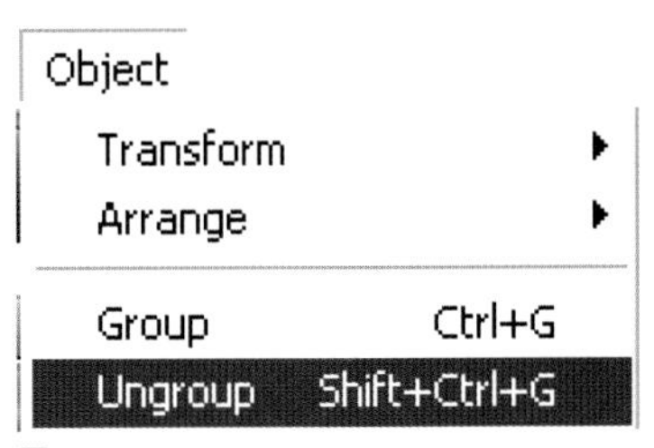

图 4

4、将工具栏中的填充色色框置前，然后用选择工具选取被分割的各个部分进行填色。颜色可以从色板中选择，色样还可以从色板调板右端的下拉菜单中调出（图5）。

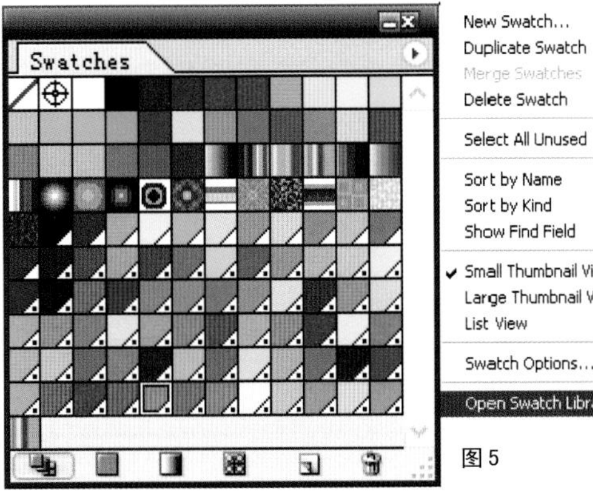

图 5

5、逐个填充好分割后的各个块面之后，图形也就完成了。或者也可以将不需要的部分删除，只留下自己所需要的内容（图6）。

图 6

案例：在Illustrator中使用基本工具创作一幅简单图形

完成后的图形

在Illustrator中使用钢笔工具对已经设计好的草图进行数码化，同时结合形状工具，以及Pathfinder调板、组群、填充及边框的灵活运用使得绘画过程更方便 。

1、打开Illustrator文档，然后新建一个文件，A4尺寸，色彩模式为RGB颜色（图1）。

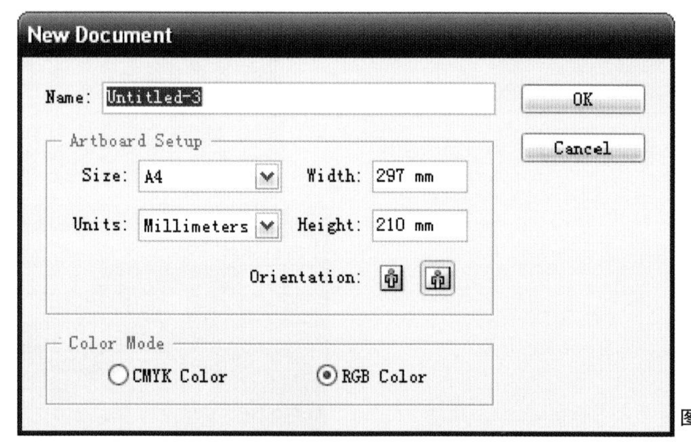

图 1

2、先用手绘的方式将构思绘制成草图。扫描或者数码照相将草图输入到电脑中，以便在Illustrator中用绘图工具进行绘制。扫描好的图像我们可以通过执行File（文档）/Place（置入）命令，或者直接从文件夹中拖入画面来完成(图2)。

图 2

3、为了能够在草稿的上面更好地绘图，这里我们先将草稿位图进行锁定，选择刚才导入的Jpg文档，然后执行Object（对象）/Lock（锁定）/Selection（选择），这样此位图就被锁定了，不会对接下去的操作产生妨碍了(图3)。

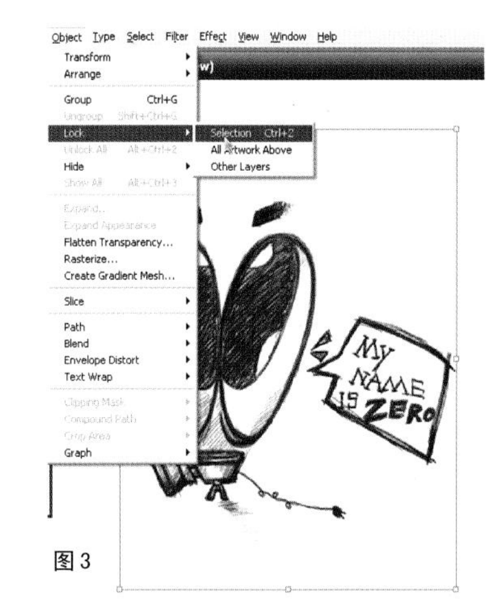

图3

4、将填充色设定为白色，边框色设定为红色，Stroke（边框）调板中的宽度设定为0.75pt（图4）。

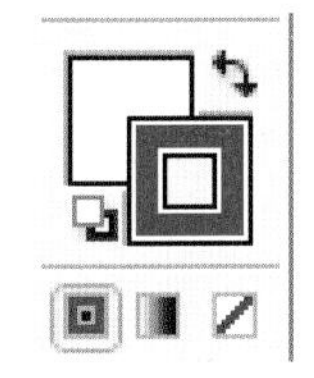

Stroke Transparency
eight: 0.75 pt

图4

5、用钢笔工具沿着草稿中卡通的眼球边缘进行描绘，曲线的地方运用拖拉鼠标的方法拉出控制手柄，以便调节曲线度(图5)。

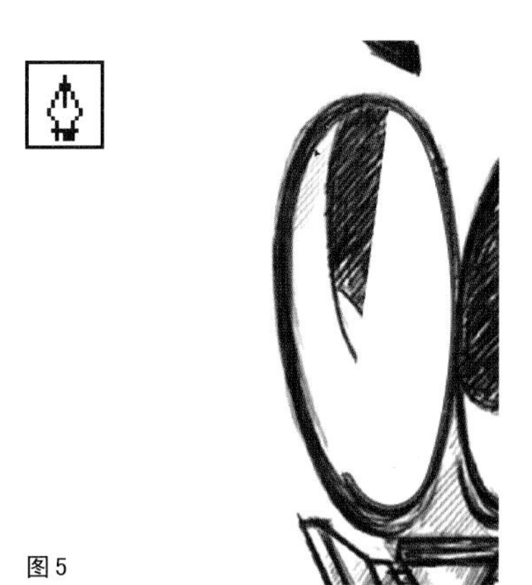

图5

6、整个形状描画完毕的时候，当钢笔工具靠近第一个节点的时候，钢笔显示出闭合路径的光标，点击之后整个闭合形状完成(图6)。

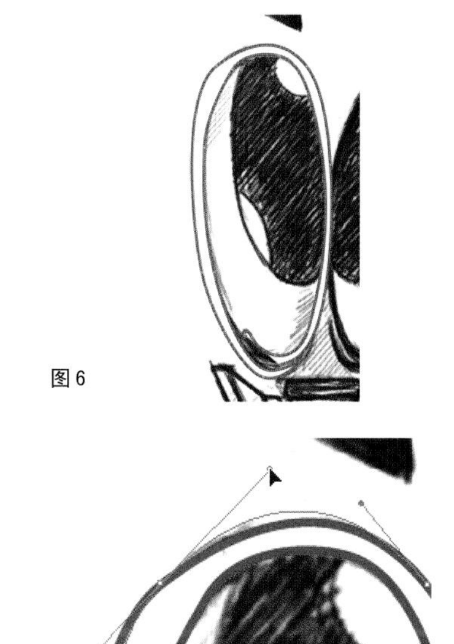

图6

7、我们可以通过Direct – select Lasso（直接选取套索）工具对接点进行修改，拖拉移动控制手柄可以来调整曲线的程度（图7）。

图7

8、同样的方法绘制另一个眼眶，并用直接选取工具调节曲线（图8）。

图8

9、继续用相同的方法绘制白色眼珠，绘制完毕之后，白色眼珠在眼眶的上面，我们利用Object（对象）/Arrange（排列）/Send Backward（向下一层）（或者Ctrl+[）将眼珠放置到眼眶的下方，一次不行，可以两次或多次(图9)。

图9

10、用椭圆形工具绘制一个纵向的椭圆。用选择工具选择该椭圆，然后将鼠标移动到选择框的角上，出现旋转工具光标，旋转该椭圆到适合的角度。(图10)

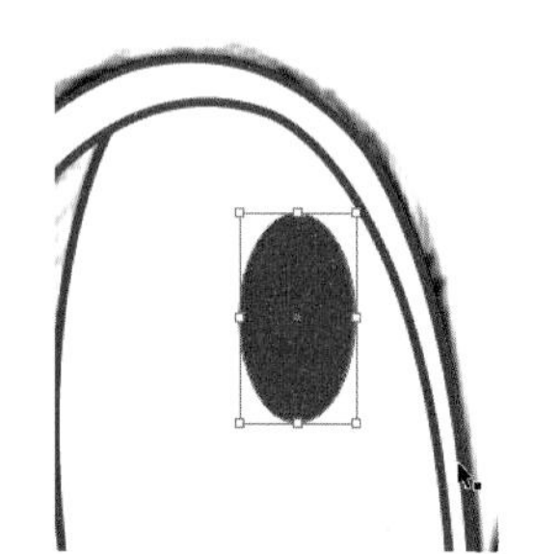

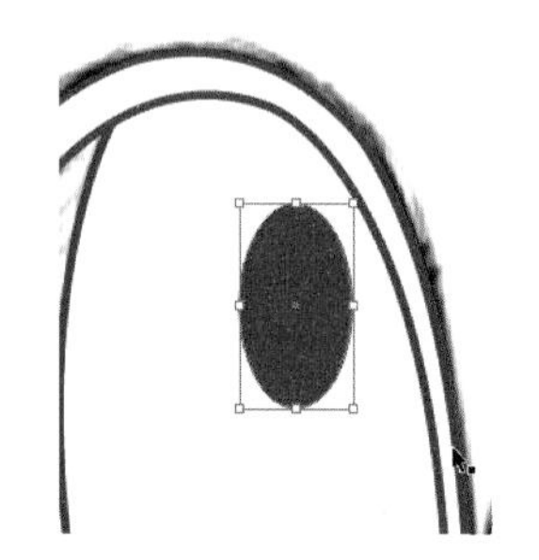

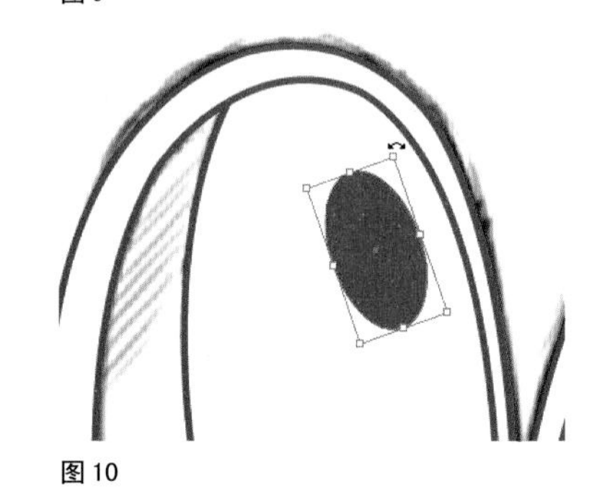

图10

11、同理绘制另外一个红色眼珠（图11).。

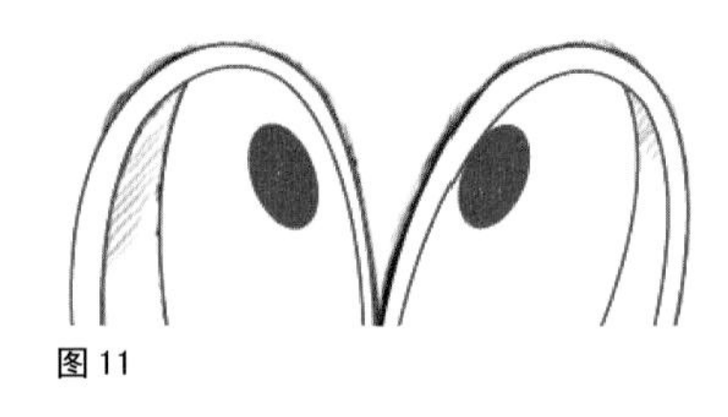

图11

12、将填充色设置为无色，边框色保持为原来的红色（图12)。

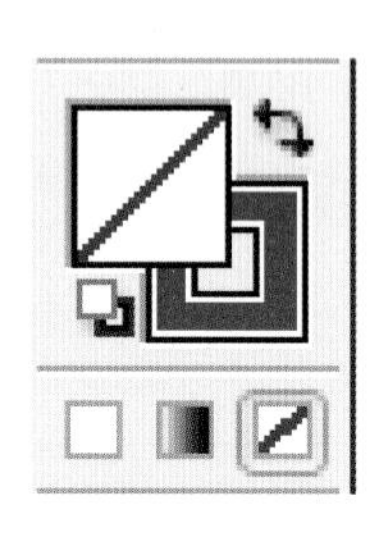

图12

1 3、按照草图的样子，绘制草图底部的摄像机的边框。不选择边框以便画内部的时候可以看得清楚草图内容(图13)。

图 13

1 4、按照草图的样子绘画摄像机结构线条。全部采用闭合的路径图形（图14)。

图 14

1 5、打开Pathfinder调板，选择从图形区域中减去按钮(图15)，然后给图形设置白色填充色(图16)。

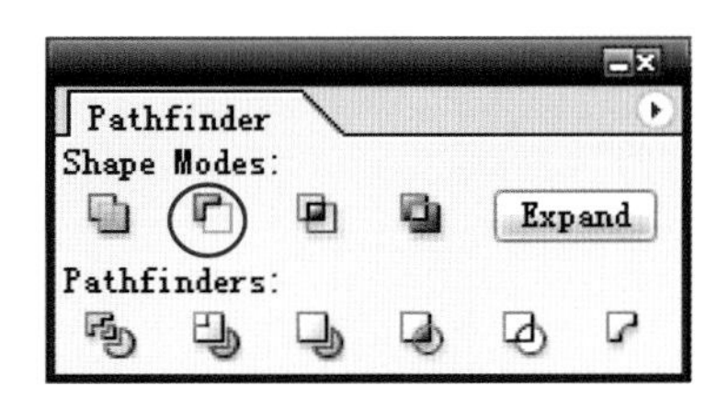

图 15

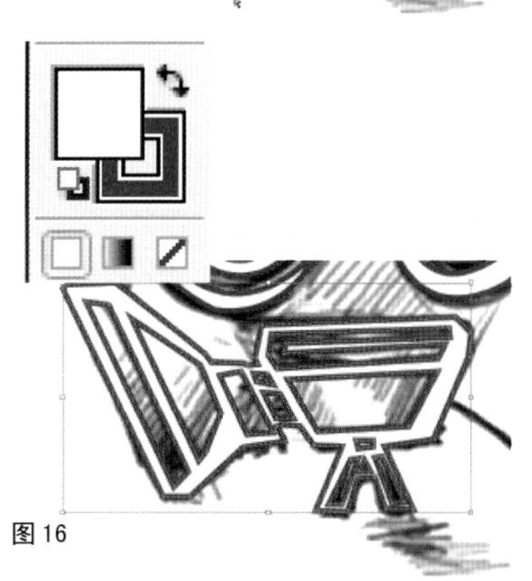

图 16

1 6、再次将填充色设置为无色，然后用钢笔工具描画“MY　NAME IS ZERO”部分以及电线及插头的部分(图17)。

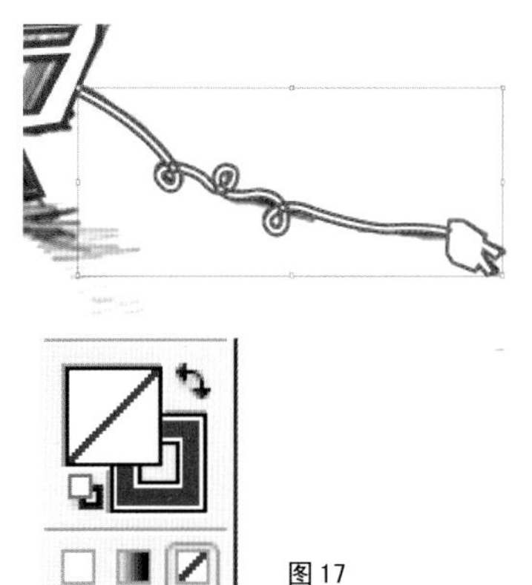

图 17

1 7、全部描画完毕后全选，然后按住shift键点击红色眼珠的部分，去掉两个红色眼珠的选择状态。然后执行Object(对象)／Group(群组)菜单命令，使除了红色眼珠之外所有对象成组（图18)。

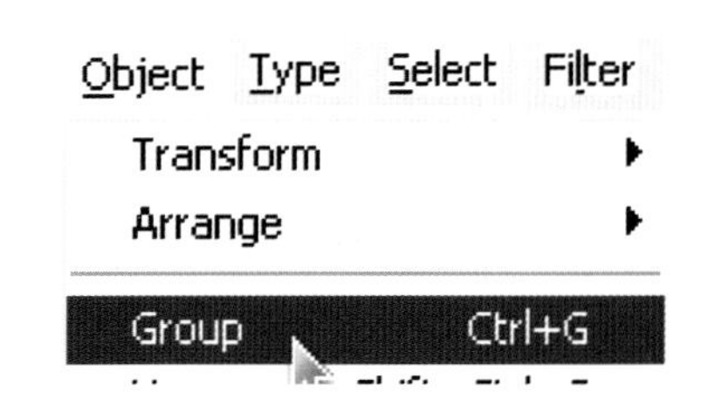

图 18

18、对成组的对象进行色彩的设置，选定成组对象，然后将填充色设置为白色，边框设置为无色(图19)。

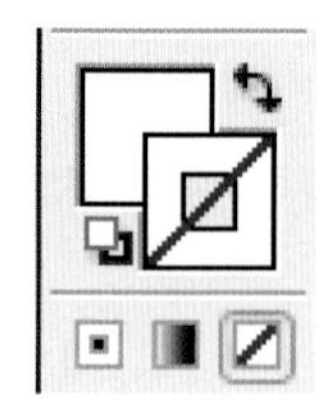

图 19

19、选择 Object（对象）/ Unlock All（解除所有锁定）菜单命令，然后点击草图并且删除(图20)。

图 20

20、设置填充色为红色，然后使用矩形工具在按住Shift键画幅中绘制一个正方形正好覆盖掉刚才绘制的卡通形象(图21)。

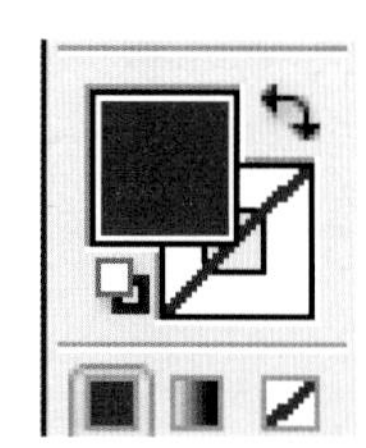

图 21

21、然后在选中该正方形的情况下，选择 Object（对象）/ Arrange（排列）/ Send to back（移至最后）菜单命令，或者使用快捷键Ctrl + Shift + [可以有同样效果(图22)。

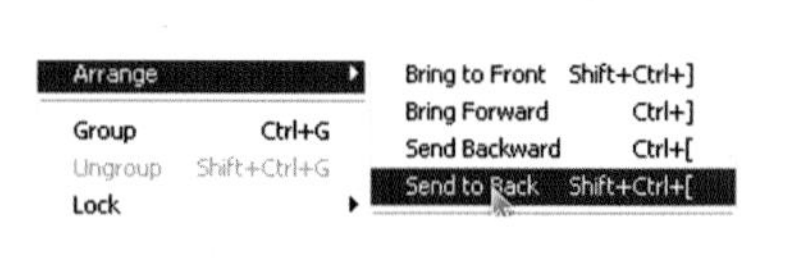

图 22

22、执行 File（文档）/ Save As(另存为)菜单命令，可以将文件以不同的名称进行储存(图23)。

图 23

作品欣赏

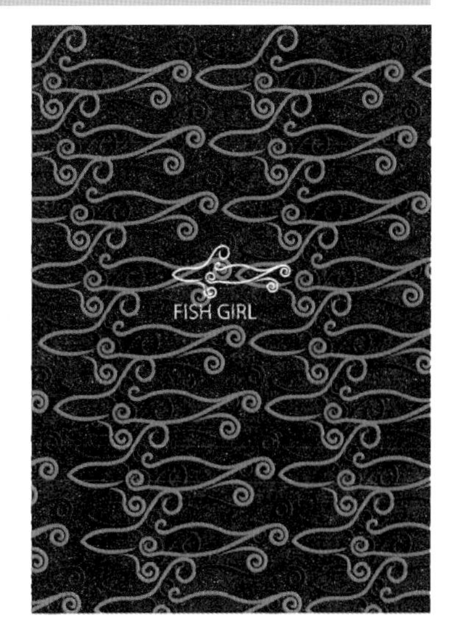

1 5 2 3 6 4

1、2、王一飞《拉卜楞寺系列》
3、吕纯《H》
4、吕纯《萨克斯的节奏》
5、王一飞《fish girl》
6、姜旻敏《摩托车》

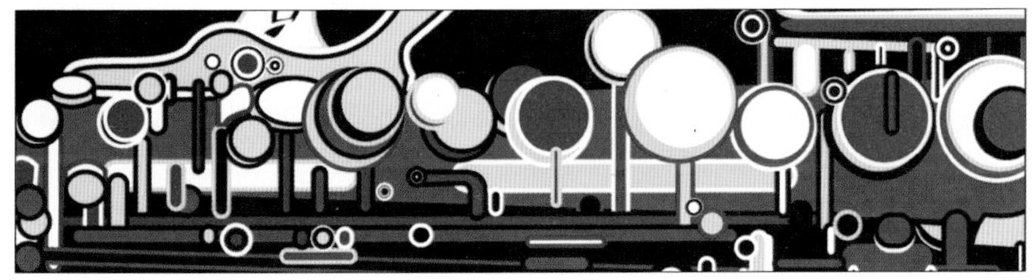

作品欣赏

1、王一飞《美杜沙》
2、陈奕琳《选择》
3、吕纯《城市》

习　题

1、贝兹线的定义，节点的定义。
2、Photoshop 中的贝兹线工具有哪些？用途如何？
3、Illustrator 中的贝兹线工具有哪些？用途如何？
2、Photoshop 中的 j 稽核对象有哪些？如何制作？
2、Illustrator 中的 j 稽核对象有哪些？如何制作？
3、Illustrator 中图形编辑的特点有哪些？

实验题

1、熟悉 Photoshop 中的贝兹线工具。
2、熟悉 Illustrator 中的贝兹线工具。
3、在 Photoshop 中运用钢笔工具选取对象。
4、Photoshop 中运用形状工具进行绘图。
5、熟练掌握 Illustrator 中图形编辑的特方法。
6、在 Illustrator 中运用 Pathfiner 调板进行绘图。
7、在 Illustrator 中使用基本工具创作一幅简单图形。

第八章 文字和排版

在字符调板中，Photoshop 可以控制点文本的特性——例如颜色、尺寸、字体、间距和基线变换。

区域文本则需要拖动并定义文本框，我们可以通过段落调板来对排列方式（居中、居右或居左，首字缩进）进行调整，而对其中每个字符的颜色、尺寸、字体、字间距、行距则需要在字符调板中进行设定。

一直以来，在Photoshop中进行图像的色彩编辑、合并以及绘图之后，我们接下去遇到的可能就是文本的输入了。此操作我们可以有两个选择，一是在运用Photoshop内本身所带的文本工具来完成；二是与基于Postscript的矢量绘图程序（Illustrator等）交换作品，文本可以到矢量软件内完成。后一种效果在文字排版效果上比Photoshop更具备优势。

在这里，我们结合这两个软件同时讲解.

一、Photoshop中的文本

在Photoshop中，大多数情况下可以保持文本为“活动”的（可编辑的），也可以控制他们的颜色、不透明度、特殊效果以及在文件中和其他图层的混和方式。

- 色彩可以通过选项栏和Character（字符）调板中的色块来添加。
- 图像可以通过将文字层作为基本层和图像层建立剪切组，保留其在文字中的部分。
- 斜面、图案、纹理、发光、描边以及阴影效果可以使用活动的Layer Styles 来添加。

并且不用将文本转变为不可编辑模式，就可以实现所有这些变化。如果使用Photoshop的PDF格式保存文件，可以使用Acrobat Reader将其打开，即使使用的字体在当前文件使用的操作系统中不存在，文本的边界也不会随分辨率的不同而改变。如果需要进行进一步修改的话，也可以在Photoshop中再次打开该文件。而Photoshop中的EPS格式就只能保存矢量信息，不能被编辑——无论是在Photoshop以外还是在其中再次打开。

（一）设置文本

当我们要输入文字的时候，就可以进行一下选择：设置点文本还是区域（文本框）文字。

- 点文本可以通过单击画布将选择的单个文字信息传递给Photoshop; 好处是可以自由地控制文本（逐个字符、逐字、逐行），而不使间距或者换行受制于文本框的尺寸和形状。
- 区域文本则需要拖动并定义文本框。可以设置多行文字，可以对每个字符的字体、样式、颜色、间距、尺寸和其他参数进行完全的控制；也可以设置文本对齐方式。使用段落文本的好处：

自动换行

控制对齐的能力

使用连字符连接

标点溢出

文本框如同一个变形框，因此可以

通过Type工具对文本块进行缩放、倾斜和翻转操作。

(二) 编辑文本

要编辑文本或者改变其特性，首先激活文字图层并选择Type工具。在单击或拖动之前，Type工具的选项栏的第一状态将打开，可以立即对所有文字进行改变，而不用实际选中并加亮文字，可以改变诸如文字、字形、尺寸、消除锯齿类型、对齐以及色彩等属性，也可以使用样式调板来进行进一步的总体设置。

(三) 变形文本

点文本和段落文本都可以通过Warp Text（变形文本）功能都可以改变形状、弯曲、伸展或者改变文字来适应“包络线”。当文字图层激活的时候，单击Type工具编辑状态下的选项栏中的Create Warped Text按钮就可以打开Warp Text 对话框（选择Layer/Type/Warp Text菜单命令，或者在文字本身右击光标打开快捷菜单）。

Style下拉列表框展示了基于的包络线形状——例如 Arc（拱形）

Bend参数控制着文字扭曲到所选形状的程度——例如使低拱形（低设置）还是高拱形（高设置）

Horizontal和 Vertical Distortion（水平和垂直扭曲）设置控制效果的中心位置——左或右，上或下。

注意：变形将会应用到整个文本图层中，不能对其中的个别字进行变形。

文本设置选项

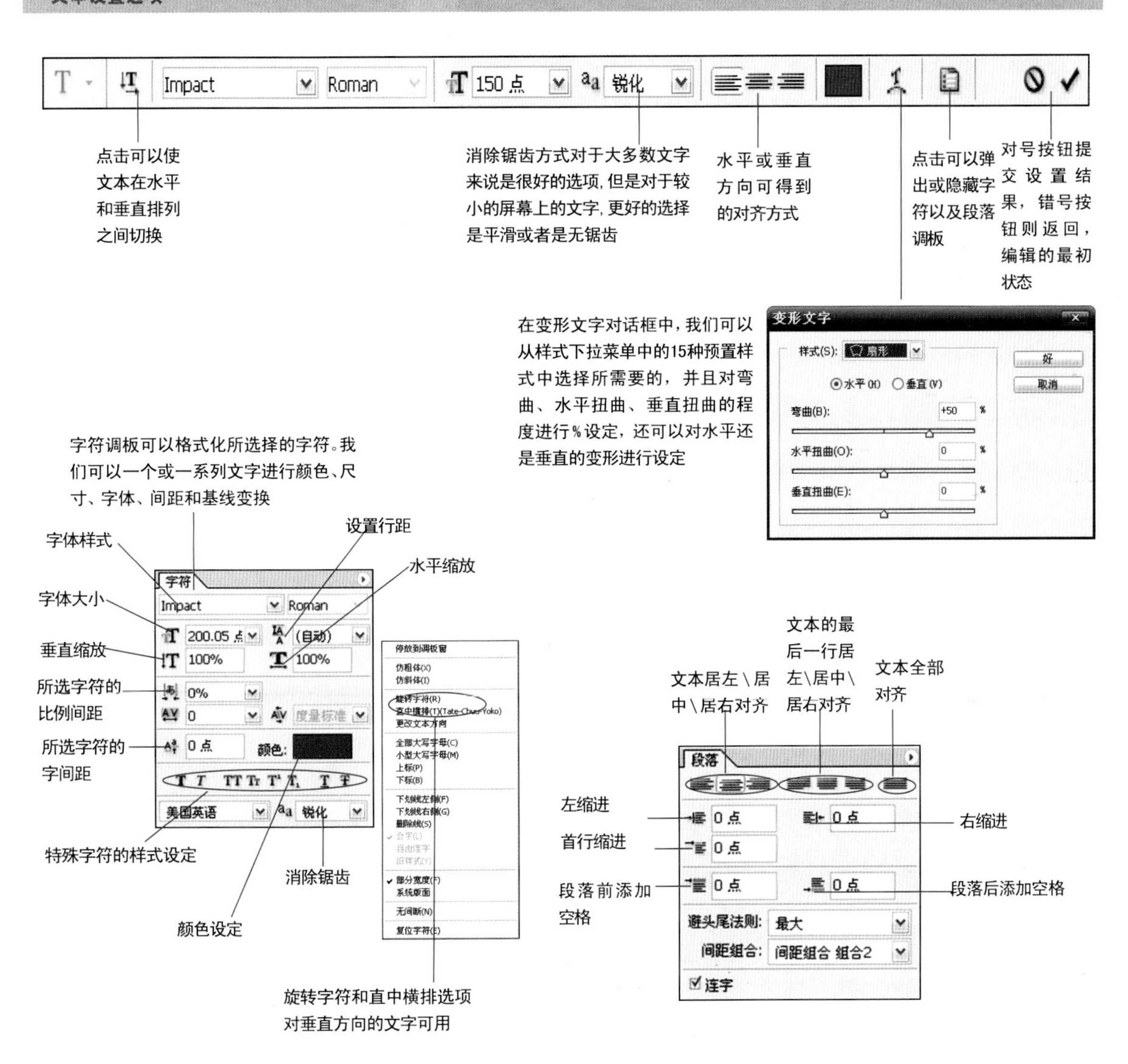

案例: 在Photoshop中混合图像和变形文字

完稿

在图像文件中设置文字,使用Warp Text（变形文字）功能来设置整体的拟合图像的变形效果；使用Character（字符）调板来透视缩短文字的行间距；使用Free Transform（自由变换）菜单命令来调整最终的位置和方向；运用图层的蒙版功能来使被文字遮住的图像部分显露出来。

1、首先在图像中输入文字,然后选中文字，在Character（字符）设定字体大小和行距的大小,在Paragraph（段落）中设定文本居中排列。文本的颜色是黑色（图1）。

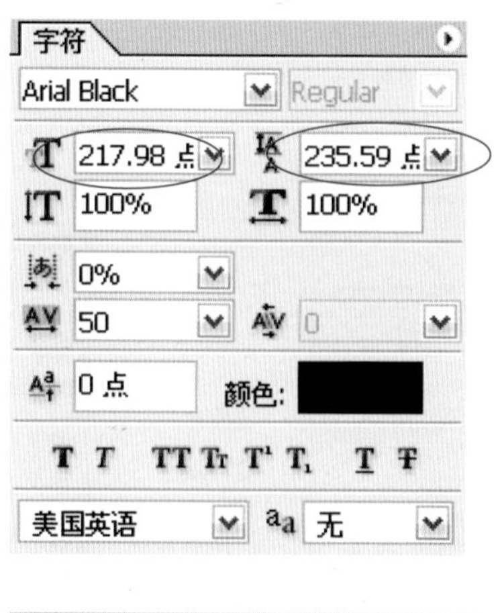

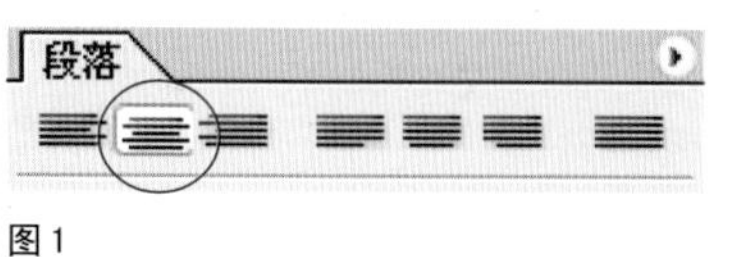

图1

2、在文本工具的状态下，在文本工具选项栏中选用文本变形工具。在变形文字的对话框中选用扇形样式，弯曲和水平扭曲为0%，垂直弯曲为98%，这样就可以得到上小下大的梯形效果，而顶端和底端都不至于弯曲，得到符合地面的透视效果（图2）。

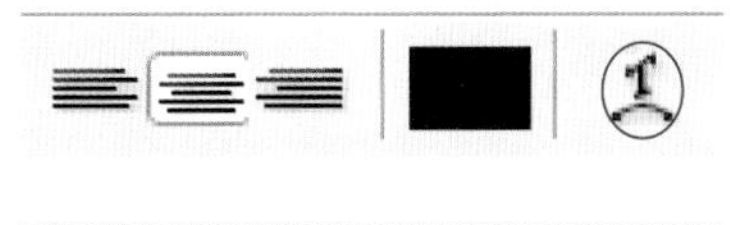

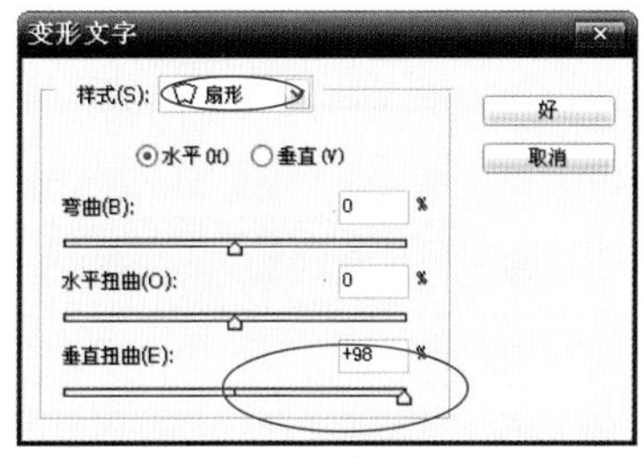

图2

3、如果文本的位置大小还不完全符合画面要求，我们可以通过编辑菜单中的自由变换命令（或者是Ctrl+T），调出自由变换框，然后调整其大小和方向（图3）。

图3

4、用文本工具选中第一行文字，适当减小其文字的大小，并将其字间距扩大，让我们可以看清楚文字内容（图4）。

图4

5、第一行文字调整好之后，用文本工具选择第二行文字进行调整，字符大小介于第一行和第三行之间，字符间距也介于第一行和第三行之间（图5）。

图5

6、关闭文本图层的可视性图标（图6），然后选中背景图层，用钢笔工具（选用钢笔选项栏中的路径选项）将藏女的下半身勾画出来（图7）。并将工作路径转换为路径1（将工作路径拖拉到新建路径的按钮上即可），这样工作路径就可被保存下来，以便我们再次使用（图8）。

图6

图8

图7

7、给文本图层添加图层蒙版，然后用渐变工具，使用前景色到背景色的线性渐变，在画面中部自上往下拖拉（图9）。

图9

8、按住Ctrl键，此案及路径1，可以提取路径1的范围，然后按Shift+Ctrl+I，可以反选，使得选择的范围为藏女的下半身。然后填充黑色在这个范围内，这样就可以对这个部分的文字进行遮蔽效果（图10）。

图10

9、选择文本图层，然后在图层的下拉菜单中执行混合选项命令，在弹出的对话框中将混合模式设定为：叠加，按住Alt键将混合颜色带中的下一个图层中的左端三角往左面移动提高文字的和背景图层叠加处的亮度（图11）。

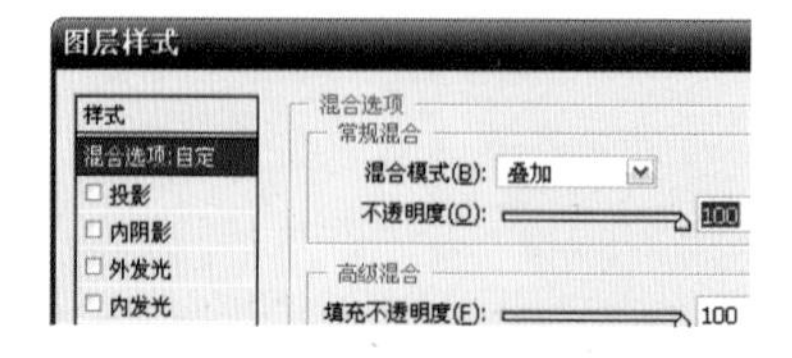

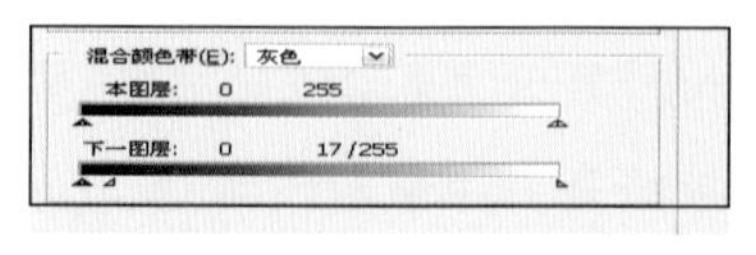

图11

什么时候将文字栅格化

Photoshop文字保持在“活动”可编辑的状态的情况下，可以使得编辑保持更大的灵活性。由于剪切组、Layer Style以及将文件以及PDF和EPS格式保存的功能，很少需要栅格化文字或者甚至将其转变为Shape图层来进行输出，除了有些情况之外：

1、要在文字中使用滤镜，就必须将文字图层栅格化。

2、要在一个文字块中编辑个别字符的形状和倾斜度，必须将文字转变为形状图层。然后可以选择并对个别文字的轮廓进行处理。

3、如果文字要完全匹配一个Shape版本或者栅格化版本（例如在SpotColor通道中使用文字制作一个脱膜图层），那么将活动的文字转变为Shape图层会安全一些。

4、当我们想确保文件按照预期的效果打开或者打印，以及文字的字体能够在下一个处理文件的系统中显示出来，可以将文件转化为形状涂层（Shape Layer）来避免出现错综复杂的情况（选择Layer/Type/Convert To Shape菜单命令）。

编辑多重文字图层

要一次性改变多重文字图层的属性——字体、颜色、大小或者任何其他属性——可以如下操作：在Layer调板中单击一个文字图层的名字激活它，然后单击其他图层眼睛图标旁边的区域将他们全部链接在一起。最后按住Shift键，选择Type工具，然后不要单击画布而在选项栏中直接进行所需的修改。

二、Illustrator中的文字

Illustrator在文本控制方面有很大的功能。尽管在制作多页文档，例如目录较长的杂志文章时，倾向于选择专业排版软件（例如：PageMaker、QuakXpress、InDesign等），网页设计的时候则倾向于DreamWeaver或GoLive等软件，但在单页排版以及绘制图形的时候，Illustrator此类的矢量软件则占有绝对优势。

从左到右依次为：Typt（文本）工具、Area-type（区域文本）工具、Path-type（路径文本）工具、Vertical-type（垂直文本）工具、Vertical Area-type（垂直区域文本）工具、Vertical Path-type（垂直路径文本）工具。选择一种文本工具后，按下Shift键可以使该工具在水平和垂直方向进行转换。

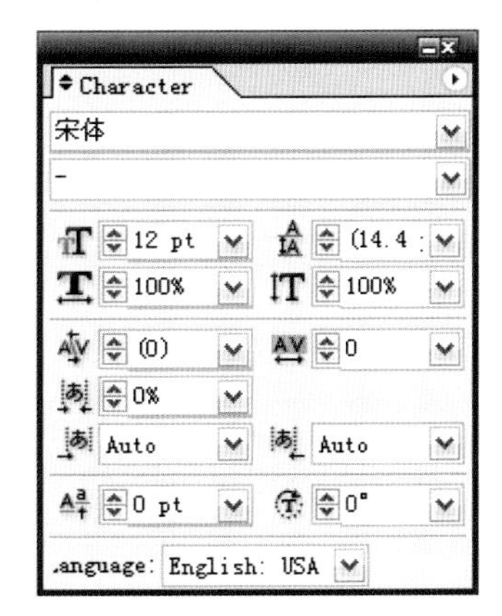

不断改变的文本工具

当使用常规的Type工具，在以下几种情况下应注意观察光标的变化：

如果将常规的Type工具移到一个封闭的路径之上，光标将变为区域文本的图标。

如果将Type工具移到一个开放路径之上，光标将变为路径文本的图标。

选择文章或对象

一旦文章输入完成后，可以使用Type工具通过单击或拖动字母，单词或基线，选中文章的任何元素；双击选中一个单词；连续点击三次选中整个段落；按下Shift键再单击可以选取。或在文本中插入光标，然后在使用Select All命令将文章中的全部文本选中。

Illustrator同样也是通过Character（字符）和Paragraph（段落）选项板来创建和操作文本的。除了在上一节“Photoshop的文本”中讲到的点文本和区域文本之外，还多了一个路径文本。

(一) 路径文本

使用Path Type工具单击一条路径，可以允许文本沿着路径的周长放置（之后路径的笔画色和填充色均将变为无色）。可以用Illustrator中的Selection选择工具来重新定义文本的起始端和相对路径的内外翻转。

(二) 将文本转换为轮廓

在Illustrator中，我们要将文本转换为轮廓，首先要选中希望转换为轮廓的对象，然后执行Type/Create Outlines命令。之后如果要使文本的“空洞”填上颜色，将复合路径选中之后，执行Object/Compound Path/Release命令即可。

哪些情况下需要把文字转换为路径？

- 可以进行图形变换或者扭曲组成字母或单词的单个路径和节点。
- 当把文本输出到其他应用程序中时可以保持字母和单词的间距以及字体的格式，而不用考虑其他系统里面是否也有同样的字体。

案例：自定义路径文本

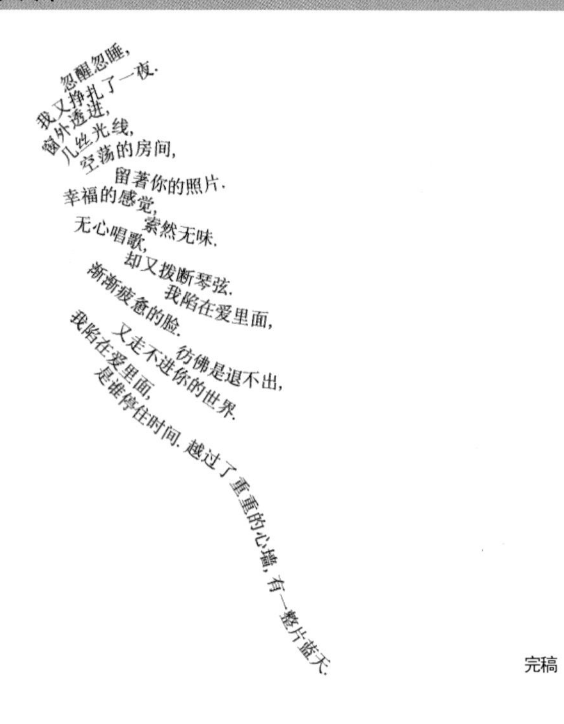

完稿

制作路径，并结合路径文本工具，让文字适合路径，行文变得弯曲或有造型，从而使得文字的排列方式更为多样化 。

1、 准备文本。

在Illustrator中，执行File/Place命令置入所需的文档。这将创建一个包含有置入文本的矩形文本框。或者用文本工具直接在文档中输入文字，并为文本选择一种样式和字号（图1）。

图1

2、创建基线并放置文本。

将填充色设置为无色，边框设置为黑色，使用Pen工具绘制一条弯曲的路径（图2）。使用Path Type工具单击前面得到的路径并逐行拷贝刚才准备好的文字到路径上（图3）。

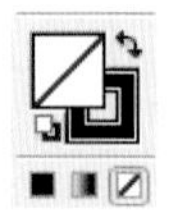

图2

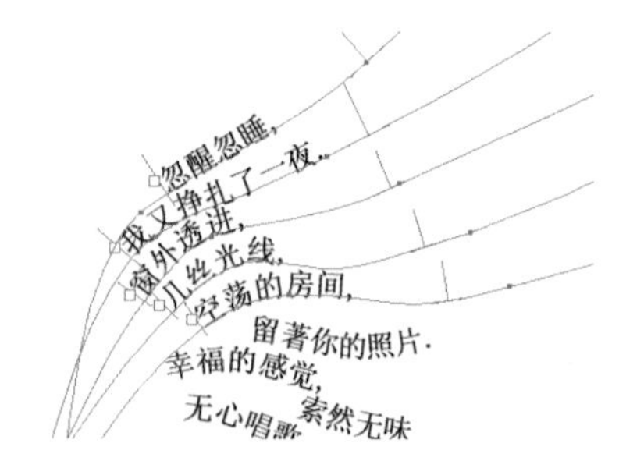

图3

3、 调整文本。

当文本放置完毕后，使用Direct Selection工具调整这些曲线路径（图4）。

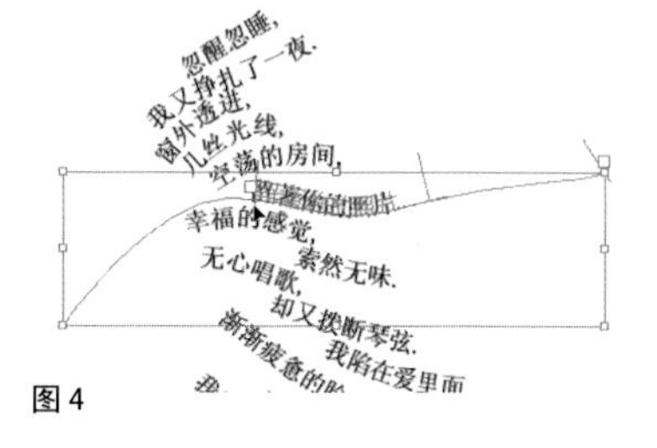

图4

案例：使用弯曲和包围（Warps & Envelopes）变换文本

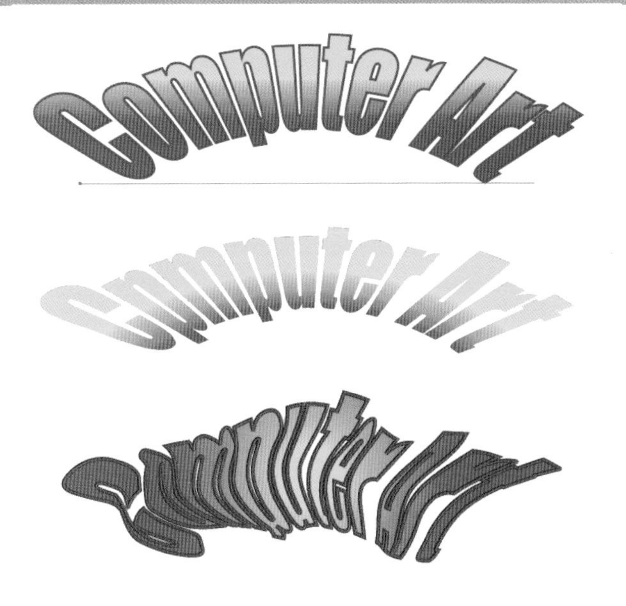

效果一

效果二

效果三

弯曲和包络（Warps & Envelopes）是Illustrator中将大字标题的文本转换为所希望的任意形状的超级工具。使用弯曲和包络对对象进行变形，不再需要将文本转换为轮廓和使用手工的方法来移动每个节点。

使用Warps弯曲——效果一

1、创建要做效果的文字，这里我们用72pt的Impact字体（图1）。

Computer Art

图1

2、选中文本，在Appearance选项板中选择Add New Fill（添加新填充）命令，为文本添加一种渐变填充（图2）。

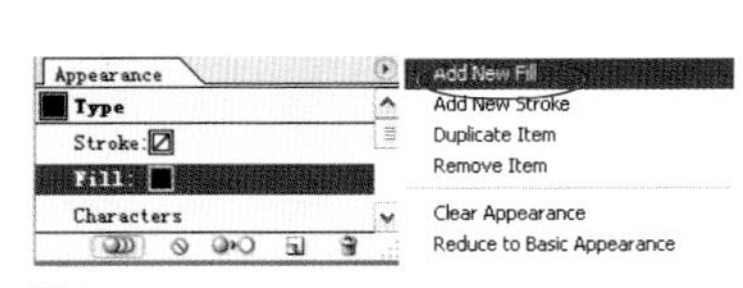

图2

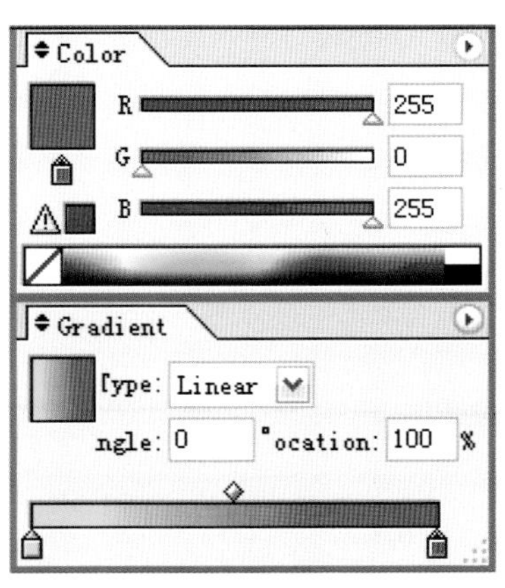

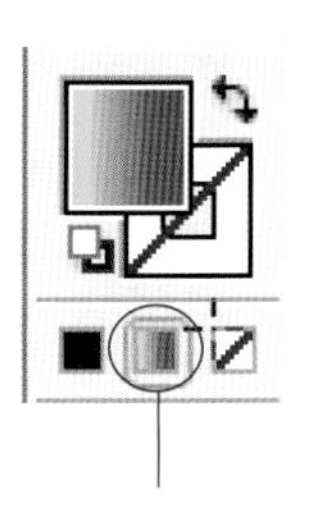

在工具栏中的选色器中选择渐变按钮这样才能给文字上渐变色.

3、使用渐变工具在字母上自上往下按住Shift键拉直线（图3），可以使渐变成为垂直方向的。

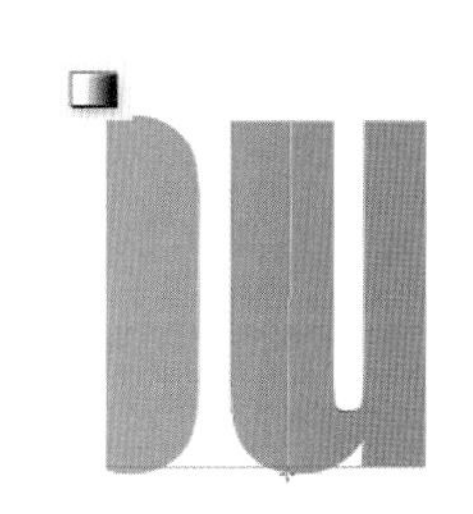

图3

4、选中文本，使用一种弯曲效果(Wrap Effect) 弯曲文本。弯曲一共有15种标准形状。我们在这里选择Arch弯曲样式。在Wrap Option（弯曲选项）对话框中，拖动Bend滑块将字母的下部弯曲至37%，并选中Preview(预览)，然后单击OK 按钮（图4）。

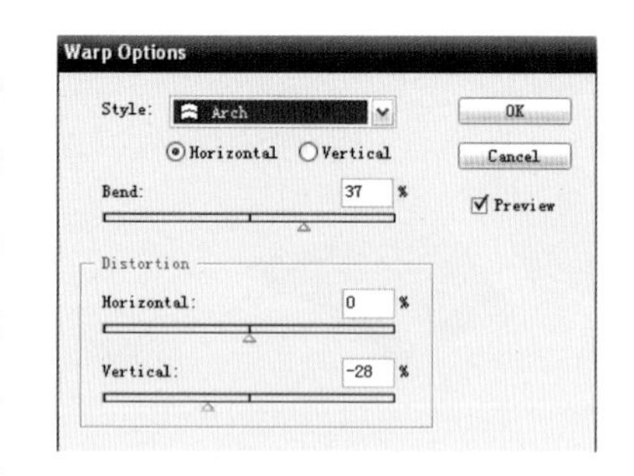

图4

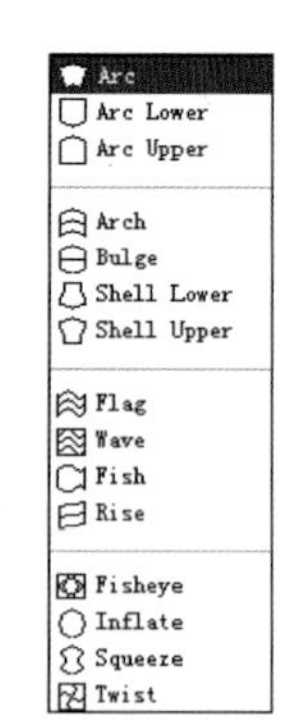

5、这是产生一个变形的文本，但是渐变并不随着文本发生同样的变形效果（图5）。

图5

使用Warps弯曲——效果二

1、为了要使其中的渐变填充也能够随着文字的变形发生同样的变形效果，我们可以对文本执行Object/Envelope Distort/Make With Warp命令（图1）。

图1

2、在使用该命令前保证选中Envelope Option（包络选项）对话框中的Distort Liner Gradient（扭曲线性渐层）复选项（图2）。

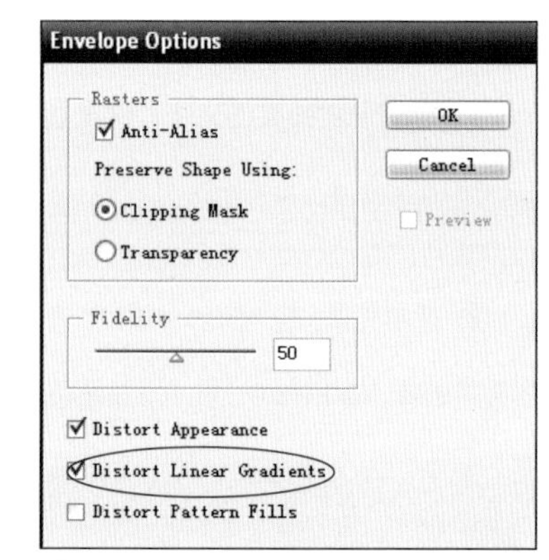

图2

3、接着重复效果一中的第2、3步可以得到效果二的文本变形效果，渐变是随着文字的变形而同时产生扇形的变化（图3）。

图3

使用Envelope包围和Warps弯曲——效果三

1、输入文字进行填充与描边（图1）。

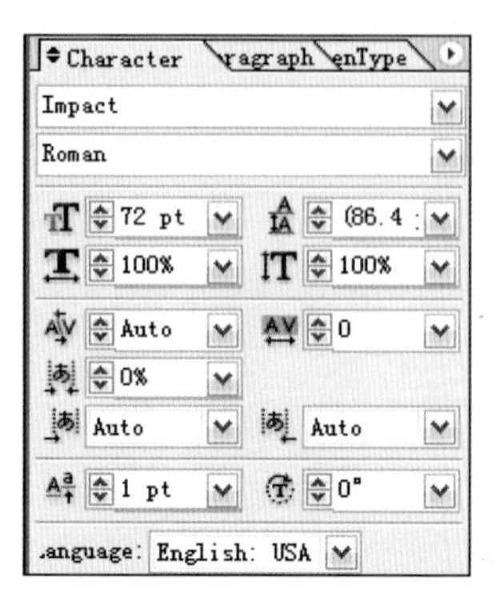

图1

2、接着绘制一个矩形，再执行Object/Path/Add Anchor Point（添加节点）命令，为矩形工具每边都各添加几个节点，然后通过移动矩形的节点形成一个具有动态效果的路径（图2）。

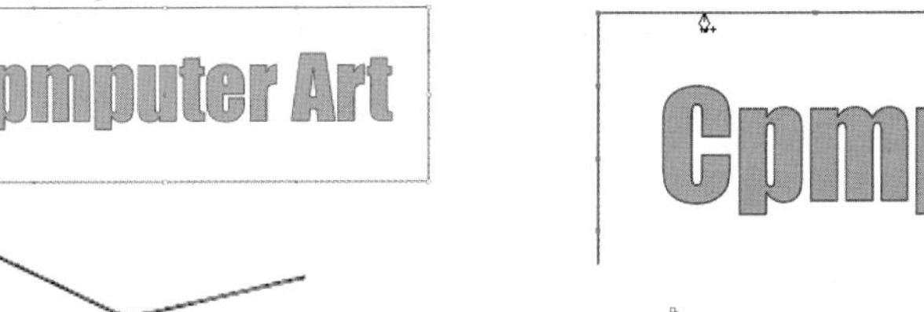

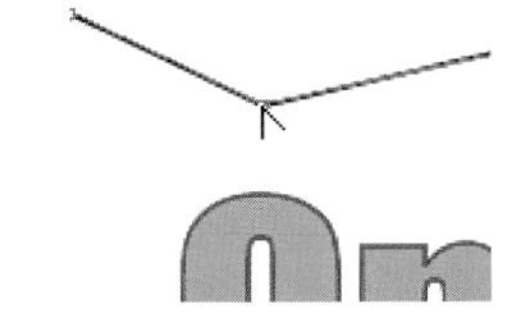
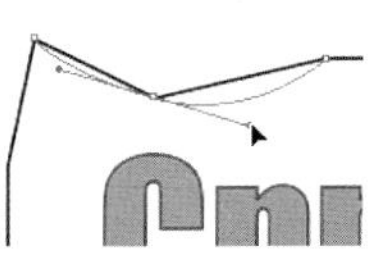

图 2

3、将路径调整为图3样式，然后将路径放置在文本上方，同时选中文本和路径，执行Object/Envelope Distort/Make With Top Object命令（图4）。

图 3

Envelope Distort　Make with Warp...　Alt+Shift+Ctrl+W
Text Wrap　Make with Mesh...　Alt+Ctrl+M
Clipping Mask　Make with Top Object　Alt+Ctrl+C

图 4

4、目前的对象还是文本对象（图5），我们只能对文本对象做一次Envelope(包围)效果,要再次实行Warp(弯曲)效果就必须先将文本进行扩展,执行Object(对象)/Expand(扩展)菜单命令（图6）。

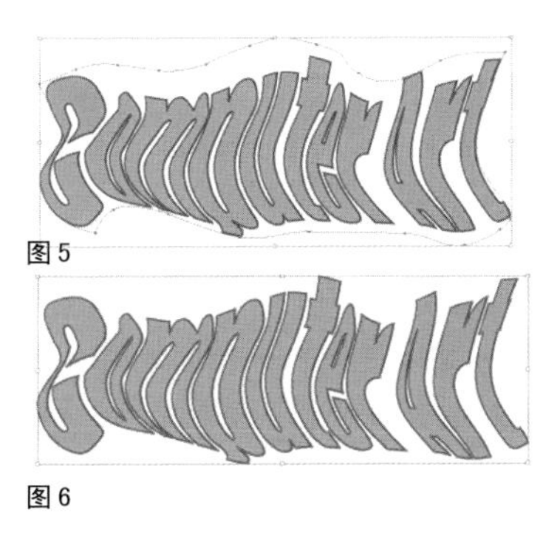

图 5

图 6

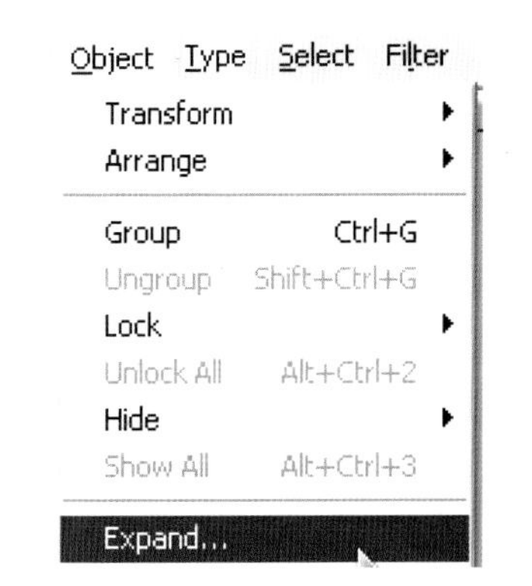

5、选中扩展后的文本，执行Object/ /Envelope Distort/Make With Wrap命令，在Wrap Options（弯曲选项）对话框的Style下拉式菜单中，选择Arch（图7），并调整滑块直到获得希望的曲线透视外观（图8）。为了要获得希望的颜色和边框效果，可以通过Appearance选项板获得双层边框的效果。在Appearance选项板中添加填充色，使用放射状的渐变颜色，在文本中心往外拉直线。（图9）。

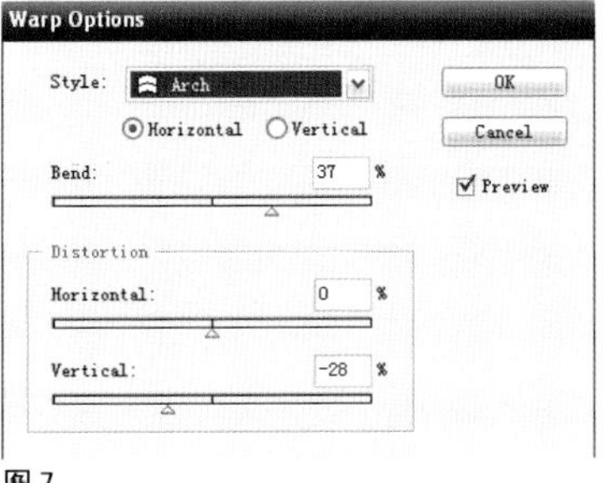

图 7

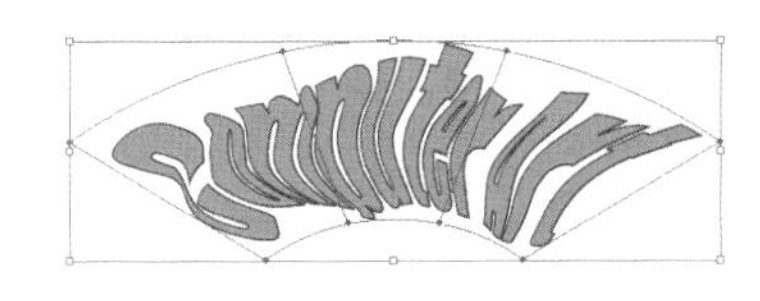

图 8

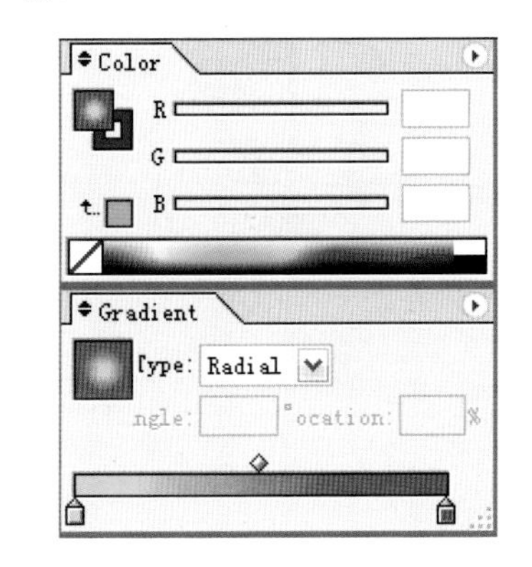

图 9

6、　添加两个边框色，蓝色边框色宽度为5pt，红色边框宽度为10pt。蓝色在红色的上方。在Appearance选项板中的内容是变换上下顺序的（图10）。

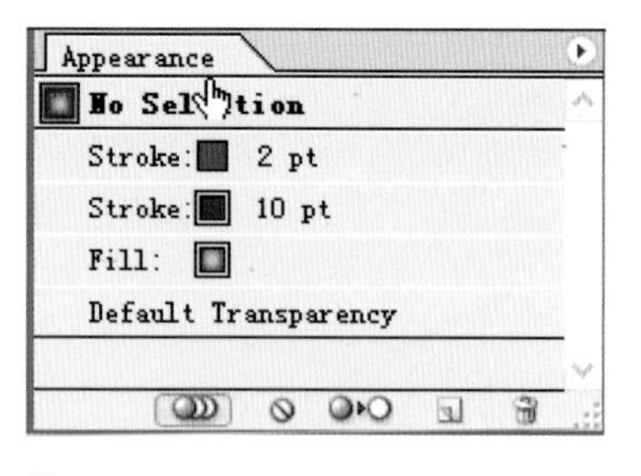

图10

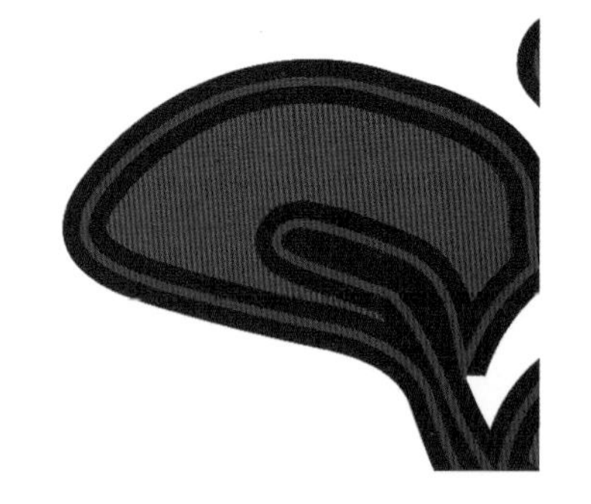

7、我们将在Appearance选项板中Fill内容拖拉到Stroke的上方可以看到不同的填充和边框的叠置效果（图11）。

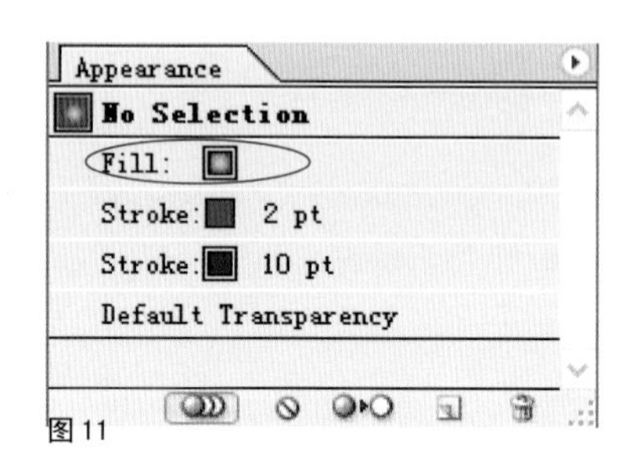

图11

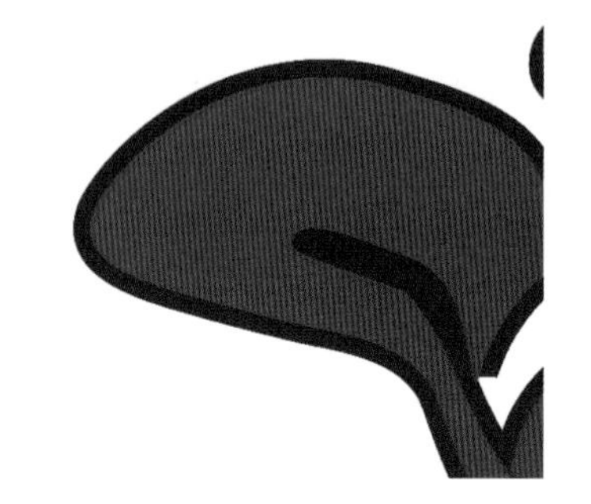

案例：DVD封套单页排版设计

完稿

我们通常运用Illustrator进行单幅页面的设计工作。运用到对准零点、出血、旋转文字等技巧。

1、准备素材。

将草图输入到电脑内（扫描或者数码拍摄），然后在Illustrator中用钢笔路径工具以及形状工具结合Pathfinder调板中的命令绘制图形（图1、图2）。以便在下面的排版工作中使用（路径对草图的数码化工作在第七章中的案例中有讲解。）

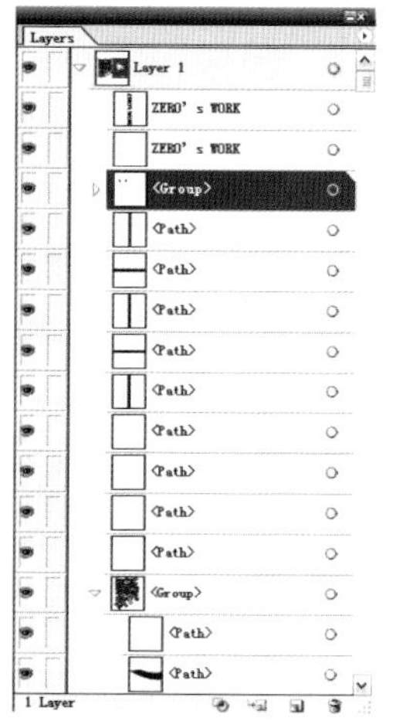

Illustrator 中的图层调板

图 1

图 2

2、 页面设置。

执行File/Document Setup命令为设计工作设置页面。在这个对话框里，我们需要指定页面的方向、尺寸、单位(图3)。

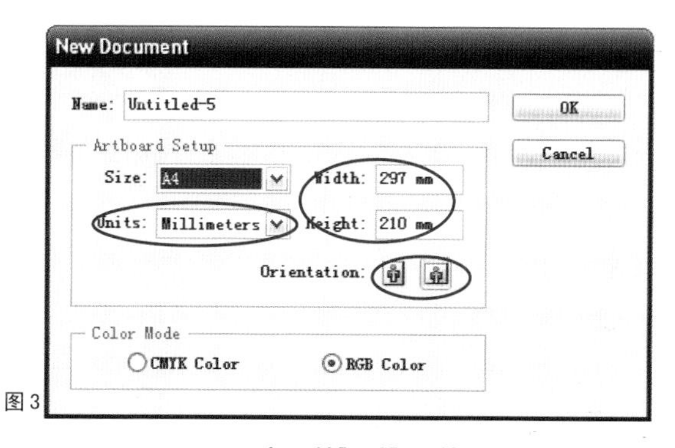

图 3

执行View/Show Ruler命令将显示出标尺，从标尺的相交点拖拉出标尺的原点于页面左上角，即页面的开始处(图4)。

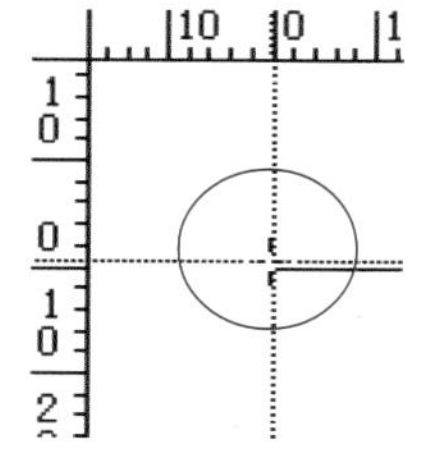

图 4

执行 View/Outline/Preview 命令可以在线条稿视图和预览视图模式间进行切换。

3、我们通常绘制两套矩形边框，里面一个进行修剪，外面一个用来制作血版(Bleed)。外面的矩形比里面的矩形每边多出3mm左右。添加一个新的Layer(图层)，在这个新图层中添加出血标记(图5)。

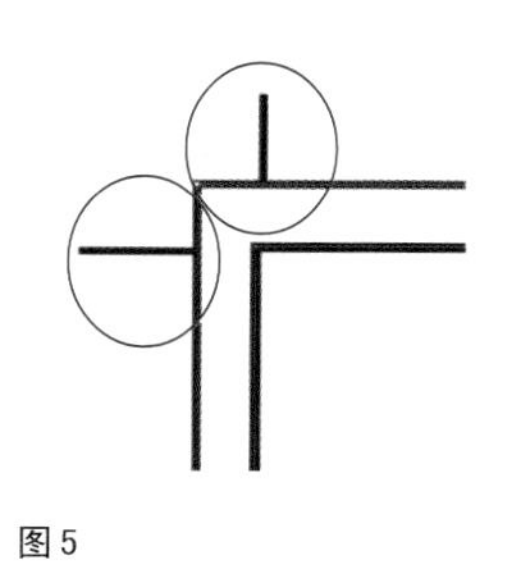

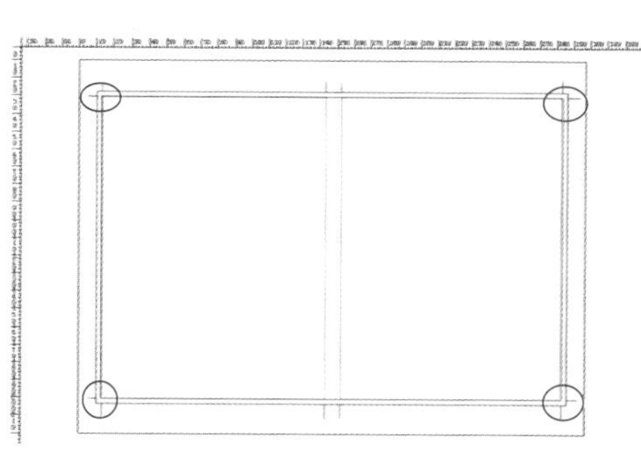

图 5

4、 自定义辅助线。

选中修剪框和血版框之后，执行View/Guides/Make Guides(制作辅助线)命令将它们制作为辅助线(图6)。

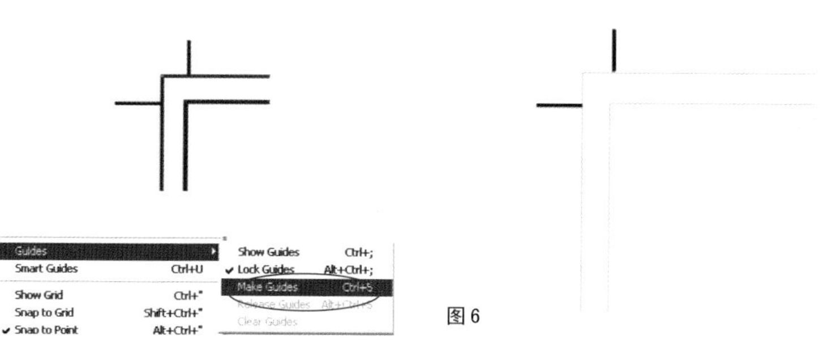

图 6

5、 置入和精练元素。

再添加一个新的图层，并将准备好的图形元素图1复制并粘贴到这个图层中（图7）。

图7

6、继续添加一个新的图层，并在这个图层中用白色方形将粘贴好的图1中多余出血线的部分遮蔽掉（图8）。

图8

7、添加新图层，将做好的图2的元素粘贴进新的图层中（图9）。并再增加一个新的图层，在这个新图层中输入点文字“ZREO’S WORK”给文字设定字体和大小，并放置到适当位置。

图9

8、为了能够在其他的系统中读出文本，我们需要在这里将文本转化为曲线，这样文本就成为图形而不受文本字体的限制了。选择字体执行Type/Create outlines命令（图10）。

图10

9、中缝处的文字可以通过选择Tramsform（变形）调板中的角度-90度来执行完成（图11）。

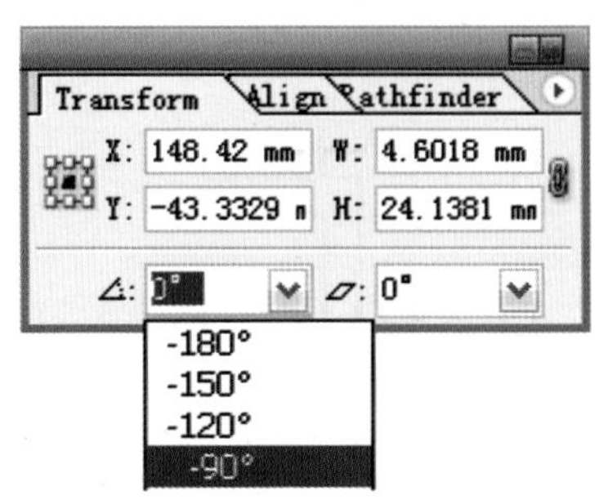

图11

作品欣赏

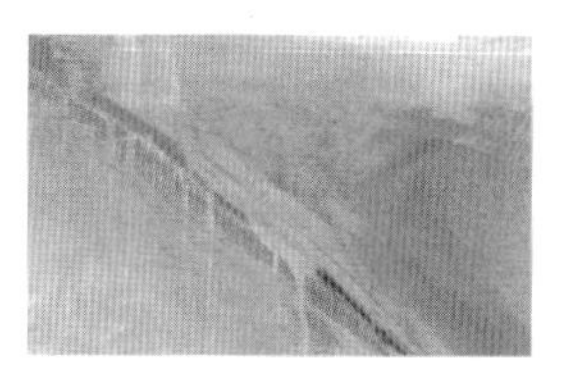

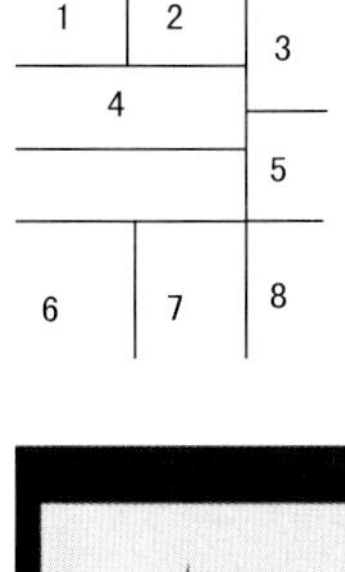

1、2　王一飞《UGLY》
3、王一飞《01STUDIO》名牌排版
4、唱片封套排版
5、杂志封面排版
6、王一飞　《JACK　DANIEL'S 系列》
7、酒瓶包装排版
8、目录排版

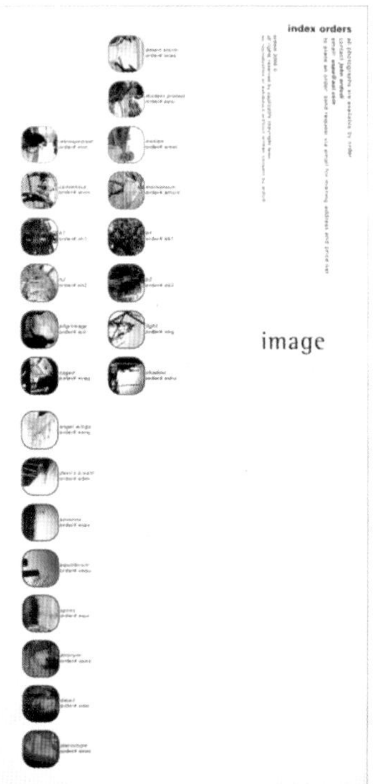

作品欣赏

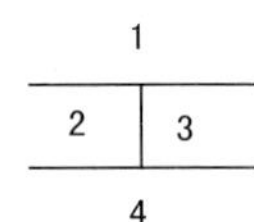

1、4、王一飞 《JACK DANIEL’S系列》
2、3、MIC StudiO《YOU’ RE ALWAYSTHE PART OF ME》(2004neshow中国青年创意营大赛铜奖作品)

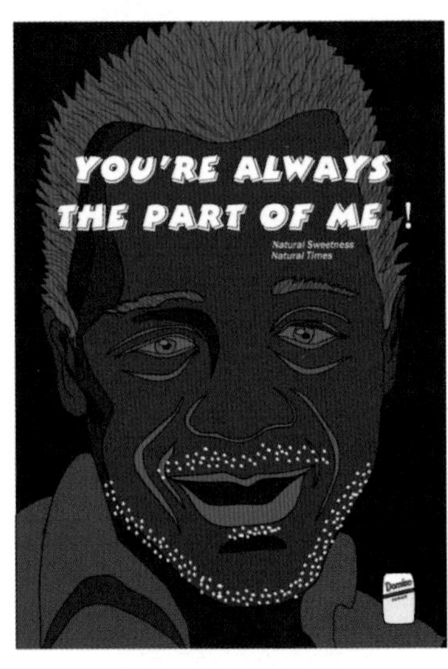

习　题

1、如何在Photoshop中设置文本和段落，并给其设定字体、大小、颜色?
2、如何在Photoshop中编辑文本?
3、如何在Photoshop 中变形文本?
4、如何在Illustrator中设置文本和段落?
5、如何在Illustrator中使用路径文本?
6、如何在Illustrator中将文本转化为轮廓?有何用途?

实验题

1、在Photoshop 中输入文字并改变其属性。
2、在Photoshop 中混合图像和变形文字。
3、在Illustrator中输入文字并改变其属性。
4、在Illustrator中自定义路径文本。
5、在Illustrator中使用弯曲和包围(Warps & Envelopes)变换文本。
6、在Illustrator中进行单页排版。

第九章 Photoshop和Illustrator之间的转换

第九章 Photoshop和Illustrator之间的转换

在将Photoshop和矢量软件结合使用的时候，经常需要考虑：什么时候需要将Photoshop作品和矢量的作品进行组合？在结合的过程中怎么判断是将一幅Photoshop图像置入矢量软件中，还是相反，或者是什么时候在第三方软件中将两者结合？

- Photoshop的Pen和Shape工具可以绘制出平滑的Bezier曲线，并且路径编辑可以很容易实现对曲线的调整。Grid（网格）和Guides（参考线）有助于精确放置和对齐。但是，矢量软件在图形绘制和精确放置和对齐方面更有出色的表现。

- Photoshop由于从本质上来说是点阵软件，虽说在文字的缩放、倾斜、旋转或者变形而不会降低边界的质量。但是对于实际的设计文字或者将文字与一个特殊形状或者路径拟合等操作方面，矢量软件有更强大的能力。

- 对于多页文档，或者要使用精确的对齐控制来集成许多条目，特别是如果要设置大量文字并进行拼写检查的话，最好的文字排版的部分是在矢量软件或排版软件中进行。

一、从Illustrator到Photoshop

1、保存（或者转换）为Illustrator EPS格式

虽然说从其他的矢量插图软件中置入Encapsulated PostScript（EPS）文件也是可以的，但是Adobe Illustrator展示了最强的与Photoshop的兼容性。因此，将插图文件置入Photoshop的最好的方式就是将其保存（或者转换）为Illustrator EPS格式。

- 来自Illustrator、FreeHand8或者更新的版本的文件，可以直接拖动、剪裁或者复制粘贴到Photoshop中，以像素或者路径的方式均可。还可以作为Illustrator文件输出或者以Photoshop格式栅格化。

- 而CorelDraw文件可以通过该软件的File/Save As/Adobe Illustrator菜单命令保存为Adobe Illustrator格式，或者选择File/Export/Adobe Photoshop命令在设置的分辨率下栅格化。

2、以基于矢量模式置入Illustrator对象

可以用以下的方法将Illustrator路径转换到Photoshop中，而不改变其基于矢量的属性：

- 在从打开的Illustrator文件向打开的Photoshop文件拖动作品的时候，按住Ctrl/⌘可以将其拖动并放置为路

- 选择要转换的路径，复制到剪贴板中，然后粘贴到Photoshop中，并在Photoshop的Paste对话框中选择Paste As Shape Layer或者Paste As Paths。要粘贴到图形中心，粘贴的同时按住Shift键即可。

3、将作品栅格化后从Illustrator置入到Photoshop

除了以基于矢量的方式置入Illustrator的作品之外，也可以将其栅格化置入Photoshop，同时转换为像素：

- 在图层不受损的情况下，以Photoshop5的PSD格式输出文件(在Illustrator中选择File/Export/Photoshop5/Write Layer菜单命令)。这将产生一个对象在所属图层栅格化的Photoshop文件，同时包含了Illustrator的原始图层结构。然后再Photoshop中打开文件。

- 然后打开Illustrator文件，将全部文件栅格化为一个在所选分辨率下的单个Photoshop图层文件。

- 置入文件，在一个存在文件的单个图层中栅格化其所有对象，并在置入的同时进行对齐与缩放。

在打开的Illustrator中选择要输出的对象并将其拖动到Photoshop中，在Photoshop中将被栅格化为一个新图层。要将输入的作品放在Photoshop图像的中心，在拖动的同时按住Shift键即可 。

选择一个或几个对象，复制到剪贴板中，然后将其粘贴到Photoshop中，在Photoshop的Paste对话框中选择 Paste As Pixels 选项。

二、从Photoshop到Illustrator

如果要将一个Photoshop图像置入到Illustrator中，来添加文字或者几何元素，或者描绘其一部分图像以制作新的矢量图形作品，有以下三种方法：

1、一种是将Photoshop文件如以下的任何一种格式保存：TIFF、GIF、JPEG、PICT、PDF、Photoshop或者EPS。如果计划在Illustrator中转换Photoshop作品，或者计划分离颜色并且从Illustrator打印，就应该使用EPS格式，并且链接输入的图像，而不是直接插入。然后拖动到Illustrator中并放置，或者使用Illustrator的Open或者Place命令来置入到一个打印或者非打印图层。

2、如果是要使文字与Photoshop图像的一个特殊部分拟合，那么最简单的方法就是在Illustrator中打开文件，制作一个路径来拟合，将文字置于其上转变文字为轮廓（选择Type/Create Outlines），并将转换后的文字作为一个Shape图层粘贴回Photoshop文件中。

3、如果要在一个版面设计中使用剪影图片并同时展示文字，可以在Photoshop中设置文字，并置于要剪影的图片所在的图像文件中，这样可以一起处理元素。然后将文字和剪影独立地输出到版面制作软件中，以获得最大排列与分层灵活度。

案例：将 Illustrator 的文件可以以分层方式置入到 Photoshop 中

1、在Illustrator中，我们绘制图形的时候按照需要将图形的各个部分分层，进行管理（图1）。

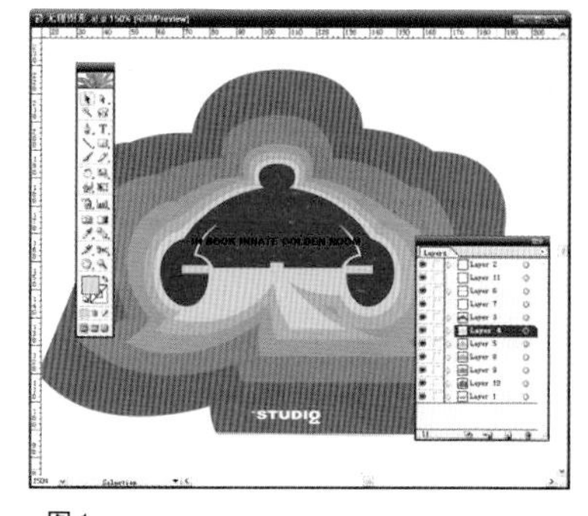

图1

2、执行文件/导出命令，保存类型设置为 Photoshop（*.psd）格式（图 2）。

图2

3、为了保证图形的精度，我们在精度设定中选择300dpi（图3）。

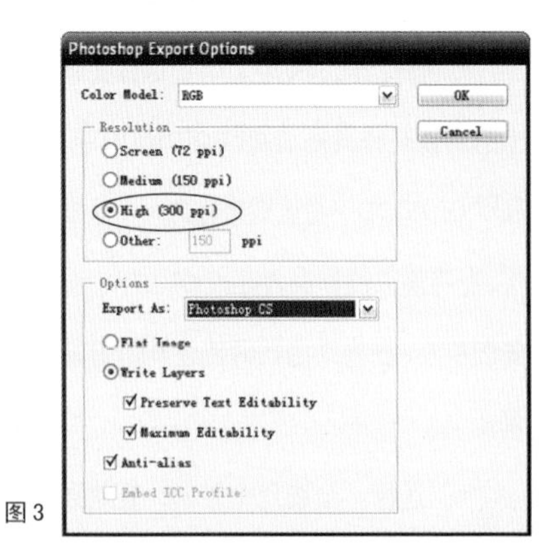

图3

4、在Photoshop软件中打开刚才储存的Psd格式文件，可以在图层中看到有分层。图层的排列与之前在Illustrator中设定的相同（图4）。

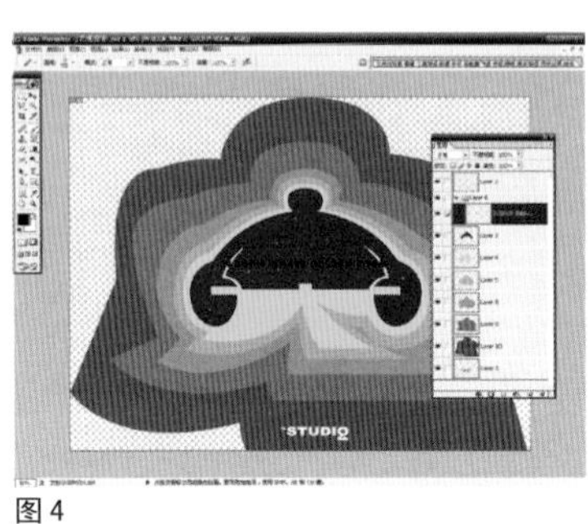

图4

案例：Photoshop图像携带透明背景输出到Illustrator

我们延用第五章第四节选取内容中的修改选区的案例的成果来做点阵图像的透明背景输出。

1、当我们使用快速蒙版、并利用画笔工具使用前后背景色的切换来进行选取的修正之后，我们在选取花主体的情况下，选用选取工具按鼠标右键，执行通过拷贝的图层命令(图1)。

图1

2、创建一个有花主体像素的透明图层之后，关闭背景图层的可视性图标（眼睛图标），然后执行帮助/输出透明图像命令（图1）。

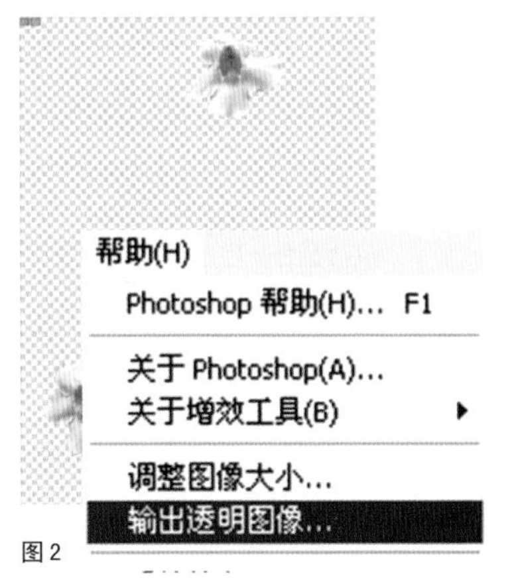

图2

3、因为已经创建了透明的背景，所以选择“我的图像处在透明背景上”选项（图 3 ）。

图 3

4、可以在这个对话框页面上选择我们要输出的目的到底是印刷使用还是网络使用（图 4 ）。

图 4

5、在存储的对话框里输入我们要存储的文件名称，否则就以“输出副本 1”为名称输出文件。文件的保存格式为 EPS（图 5）。

图 5

6、在 EPS 选项对话框内，选择预览：“TIFF（8 位像素）”以及编码“ASC2”，属性进行输出（图 6）。

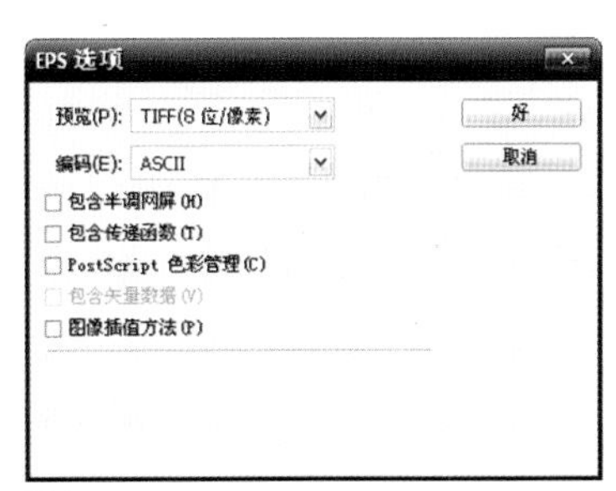

图 6

7、完成之后在Illustrator中执行文件/Place（置入）命令（图7）。在已经做好的版面上置入EPS文件后，用Illustrator中的移动工具将置入的图像移动到需要的位置，然后取消选择即可。我们可以看到图像的背景是透明的，可以显示出下面的色块来（图8）。

图 7

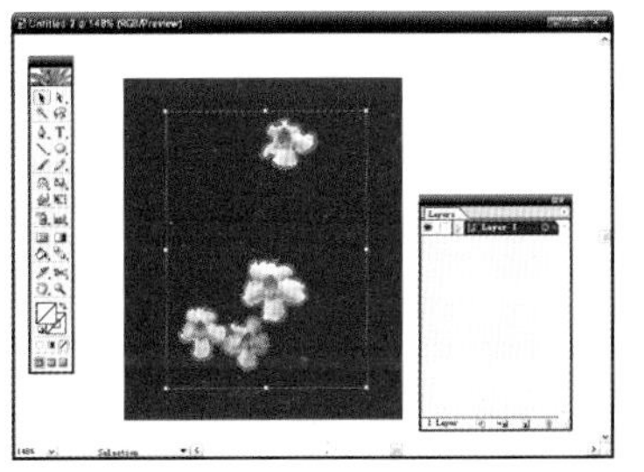
图 8

案例：路径在Photoshop与Illustrator中的结合使用

完成后的图像

为了拟合文字，Photoshop文件被拖动并放置于Illustrator中，在其中将文字设置在路径上，并转换为轮廓。然后被复制并以独立的Shape图层方式粘贴到Photoshop文件中，以便将来添加Layer Style。

1、在Photoshop中，使用钢笔工具沿着玩具猫的周围描绘一根路径（图1）。

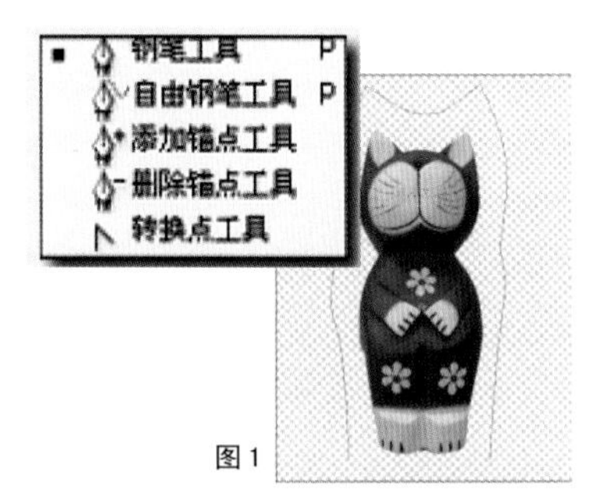

图1

2、复制形状1矢量蒙版到路径调板下方的添加路径按钮，添加为路径1（图2）。

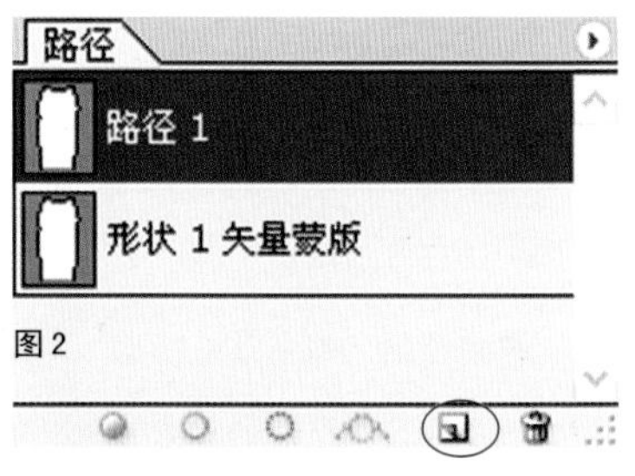

图2

3、执行文件/路径到Illustrator菜单命令（图3）。在弹出的菜单路径选项中选择刚刚复制的路径1。路径作为Illustrator的ai格式储存。

图3

4、在Illustrator中打开刚才储存的Cat.ai文档，选取路径选择文本工具，点击路径，使光标插入路径成为适合路径文本（图4）。

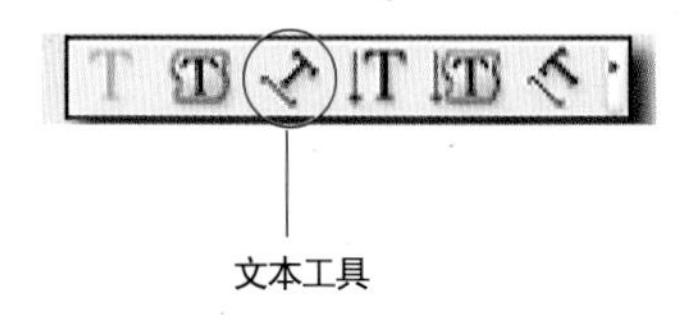

文本工具

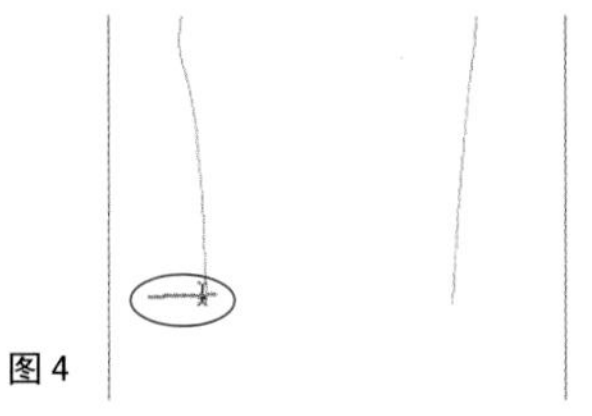

图4

5、输入文字，并在Character（字符）选项调板中设定文本字体和大小，同时可以使用适合的字间距时的文字正好可以适应整个路径的长度（图5）。

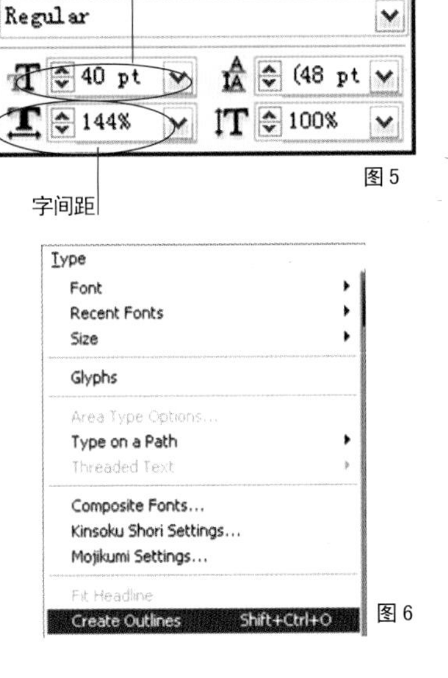

图5

6、选中适合路径的文本，执行Type（文本）/Create Outline（创建轮廓）菜单命令（图6）。使得这些文字转为轮廓。然后执行Ctrl+C命令，拷贝这串文本。

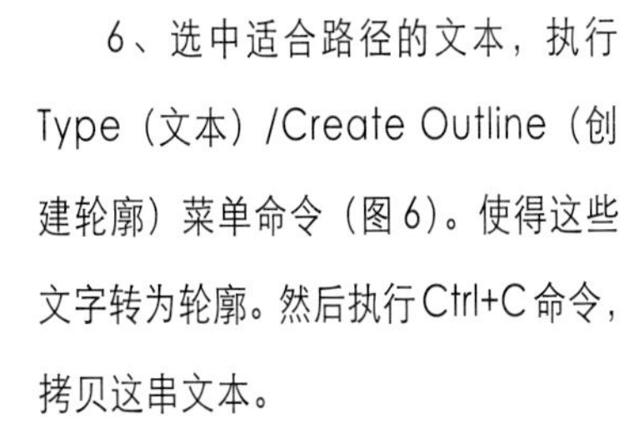

图6

7、回到Photoshop，执行Ctrl+V命令，将刚才复制的文本粘贴到原来的玩具猫的文档中，拷贝进来的文本有一个选框，移动选框到适当位置，然后再选框内双击鼠标，或者按回车就会确认此次导入（图7）。

图7

8、拷贝进来的文本会作为一个新的透明图层存在，给这个新图层添加效果，点击图层调板下方的添加效果按钮，给文字添加阴影和浮雕效果（图8）。

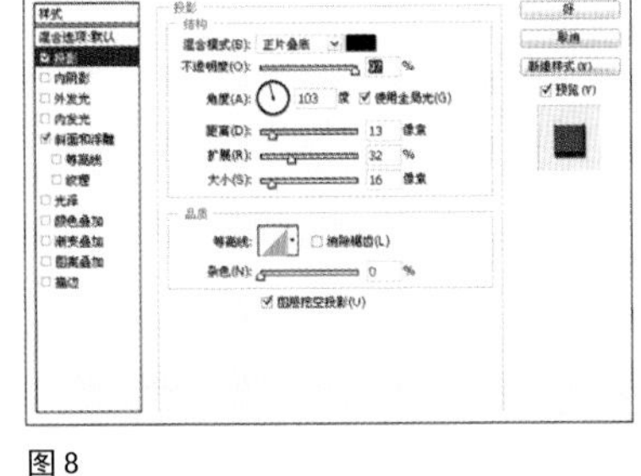

图8

9、如果我们要把这图像作为网络用的Gif图像，可以执行文件/存储为Web所用格式，然后选择Gif的颜色数，即可作为Gif图像输出了（图9）。

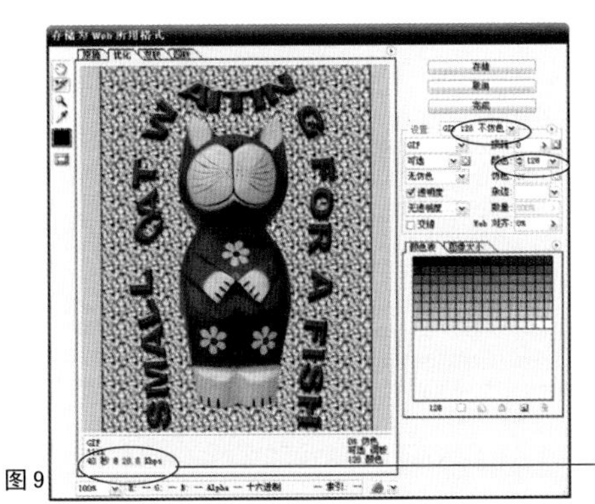

图9

作品欣赏

1	2
3	4
5	

1、2、3、马荷岚《敦煌系列》
4、5、沈冰《乌龟系列》

作品欣赏

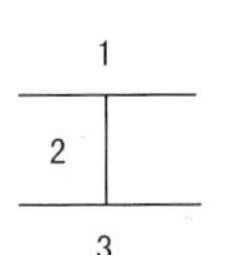

1 、杨玮君《鸽子》
2 、沈冰《乌龟系列》
3 、李玮《鱼》

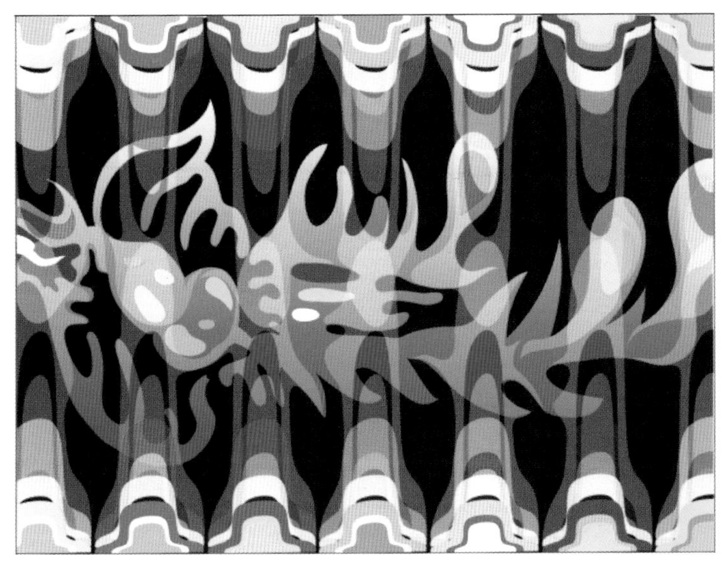

习　题

1、将文件从Illustrator转换到Photoshop有哪些方法？请详细说 明。

2、将文件从Photoshop转换到Illustrator有哪些方法？请详细说明。

3、将Photoshop与Illustrator结合使用有哪些好处？

实验题

1、在Photoshop中将透明背景输出到Illustrator中。

2、路径在Photoshop与Illustrator中的结合使用。

参考书目

《Adobe Photoshop 5.5 基础教程》 Adobe公司 著 戴丽萍 邓云初等 译 北京希望电子出版社

《Photoshop详解》 Adele Droblas Greenberg,Seth Greenberg 著 马力文 陈小军 译 学苑出版社

《Photoshop 4 从入门到精通》(美)G.B.布顿 B.布顿 著 北京希望图书室译 宇航出版社，西蒙与舒斯特国际出版公司

《实用图像扫描技术》(美)Sybil Ihrig, Emil Ihrig 著 翟炯 石秋云 译 电子工业出版社

《The Photoshop WOW Book!》(美) Linnea Dayton, Jack Davis 著 裴红义等 译 中国青年出版社

《The Illustrator WOW Book!》(美)Sharon Steuer 著 杨聪 姚春生 译 中国青年出版社

《画笔与鼠标——商业艺术和数码插图》(英)安格斯.霍兰德 编辑 (英)罗尼.贝尔 助理编辑 上海人民美术出版社

《非凡的设计-案例与排版》(美)斯考特.波尔斯顿 编著 王甬勤 译 上海人民美术出版社

时间过得飞快。回头看，进入大学从教已九年的光景了，教的第一届学生也早已工作了七、八年，各自结婚生子，过着当父母的生活了。

《电脑图文设计》这门课程也在这九年中伴随着我的成长，能够给这门课程编写教材是我这几年里一直盼望着的。

正如许多设计师所认为的那样，电脑软件与电脑制作同传统的绘画和设计所用的 毛笔、铅笔、纸张、尺等工具一样，只是一件工具而已；但是我还是深刻体会到如果不能熟练掌握这最基本的工具，那么就算我们的头脑中有再精彩的创意、再完美的构思，那也只是徒劳。对于一个好的平面设计工作者来说，如果只掌握了图像编辑软件，或是只掌握了矢量绘图软件，都不能算是掌握好了这件工具，他必须能够辗转于这两种软件之间，并能深谙输入输出的技巧，这样他才能够在平面设计领域随心所欲。

我在教学的过程中也一直贯穿着这个宗旨，但是要找到一本能够不只是罗列这两种软件的菜单和工具，而是从运用技巧的角度来包容这两种软件工具并融汇贯通的教材却是没有。因此，我也极想能够自己编写这样的一本教材。

直到接到上海人美的通知着手编写的时候，发现虽然我已经有了大量的教案以及大量的临机经验，但是要将这些整理归纳，并将操作转化为图片和文字，还真是需要我有足够的耐心和忍耐力。原本课堂上讲解的几个简单的操作动作，在这里可能就是半天的截图与半天文字说明。不过，也正是通过这个过程，让我能够再次将概念重新整理与更正了一遍，将案例重新更新了一遍，真的是从心底里非常感谢张晶给我这个机会啊！也十分开心能和金琳又一次地合作。

不过，本书由于篇幅的关系，可能在很多部分还不够全面，留点遗憾待下次再修正吧。

在此，在感谢上海人美的同时，我还要感谢我所带的班级——上海大学影视学院广告学系设计专业03级的同学们，正是由于他们，我才能够在实践教学中更好地贯穿我的想法，并通过他们来验证我的想法，同时也体会到了教学相长的意义。这里，我尤其要感谢被我引用了作品的同学——蒋奇煜、吕纯、盛冬亮、王一飞、姜旻敏、马荷岚、沈冰、杨玮君，还有你们成立的MIC STUDIO以及原来的01 STUDIO。

统统算来，专注于教书有的时候是非常地辛苦，专注于写一本教材有的时候也是非常的辛苦，但是那辛苦之后的甜我是又一次品尝到了。

现在，秋天是真真实实地到了。

赵海频

2006年7月于上海

图书在版编目（CIP）数据

电脑图文设计／赵海频，金琳编著．—上海：上海人民美术出版社，2006.7
（中国高等院校艺术设计专业系列教材）
ISBN 7-5322-4669-8

Ⅰ．电…　Ⅱ．①赵…②金…　Ⅲ．美术－计算机辅助设计－高等学校－教材　Ⅳ．J06-39

中国版本图书馆CIP数据核字（2006）第067244号

电脑图文设计——中国高等院校艺术设计专业系列教材

编　　著：金　琳　赵海频
策　　划：张　晶
责任编辑：张　晶
装帧设计：赵海频
技术编辑：季　卫
出版发行：上海人民美術出版社
地址：上海长乐路672弄33号
邮编：200040　电话：54044520
印　　刷：上海市印刷十厂有限公司
开　　本：787 × 1092　1/16
印　　张：11
出版日期：2006年7月第1版　2006年7月第1次印刷
印　　数：0001–5250
书　　号：ISBN 7-5322-4669-8/G・250
定　　价：45.00元